新时代马克思主义伦理学丛书

张 霄 李义天 主编

人生哲学导论

| 宋希仁 著

重庆出版集团 重庆出版社

图书在版编目(CIP)数据

人生哲学导论 / 宋希仁著 . —重庆:重庆出版社,2023.5
ISBN 978-7-229-17002-8

Ⅰ.①人… Ⅱ.①宋… Ⅲ.①人生哲学 Ⅳ.①B821

中国版本图书馆CIP数据核字(2022)第120778号

人生哲学导论
RENSHENG ZHEXUE DAOLUN
宋希仁 著

责任编辑:吴　昊
责任校对:何建云
装帧设计:胡耀尹

重庆出版集团　出版
重庆出版社

重庆市南岸区南滨路162号1幢　邮政编码:400061　http://www.cqph.com
重庆出版社艺术设计有限公司制版
重庆天旭印务有限责任公司印刷
重庆出版集团图书发行有限公司发行
E‐MAIL:fxchu@cqph.com　邮购电话:023‐61520646
全国新华书店经销

开本:710mm×1000mm　1/16　印张:26.5　字数:330千
2023年5月第1版　2023年5月第1次印刷
ISBN 978-7-229-17002-8

定价:106.00元

如有印装质量问题,请向本集团图书发行有限公司调换:023‐61520678

版权所有　侵权必究

总 序

马克思主义伦理学是马克思主义理论与伦理学研究的结合。对当代中国伦理学而言，这种结合既需要面对马克思主义理论发展的世界性问题，更需要融合中国特色社会主义思想文化的新时代特征。

马克思主义伦理学之所以成为马克思主义理论进程中的一个世界性问题，是因为伦理问题往往出现在世界马克思主义发展史上的重要时刻。这些时刻不仅包括重大的理论争辩，而且包括重大的实践境况。如果说20世纪的马克思主义理论进程是一部马克思主义和各种思潮相结合的历史，那么，20世纪的马克思主义伦理学则从马克思主义与伦理思想相结合的层面，为这部历史增添了不可或缺的内容。无论是现实素材引发的实际问题，还是理论思考得出的智识成果，马克思主义不断发展的历史，总在为马克思主义伦理学添加新的东西——新的问题、新的方法、新的观点和新的挑战。由此，马克思主义伦理学始终处于马克思主义理论的核心地带，马克思主义内在蕴含着对于伦理问题的思考与对于伦理生活的批判。相应地，一个失却了伦理维度的马克思主义不仅在理论上是不完整的，而且无法实现马克思主义所揭示的全部实践筹划。因此，把严肃的伦理学研究从马克思主义的体系中加以祛除的做法，实际上是在瓦解马克思主义理论自身的完整意义与实践诉求。

马克思主义伦理学不是也无须是一门抽象的学问。它是一种把现实与基于这种现实而生长出来的规范性联系起来的实践筹划，是一种通过"实践—精神"去把握世界的实践理论。因此，在马克思主义这里，伦理学的本质不在于它的知识处境，而在于它的社会功能；关键的伦理学问题不再是"伦理规范可以是什么"，而是"伦理规范能够做什么"。从这个意义上讲，不经转化就直接用认识论意义上的伦理学来替代实践论意义上的伦理学，这是一种在伦理学领域尚未完成马克思主义世界观革命的不成熟表现，也是一种对伦理学的现实本质缺乏理解的表现。

马克思主义伦理学之所以成为当代中国道德建设的一个新时代问题，是因为马克思主义始终是中国特色社会主义思想文化的基本方向。无论如何阐释"中国特色"，它在思想文化领域都不可能脱离如下背景：其一，当代中国是一个以马克思主义为指导思想的社会主义国家，马克思主义构成当前中国社会的思想框架。这种框架为我们带来一种不同于西方的现代性方案；在这种现代性中，启蒙以降的西方文化传统经由马克思主义的深刻批判而进入中国。其二，中国优秀传统文化的精髓是伦理文化，中国文化的精神要义就在于其伦理性。对中国学人而言，伦理学不仅关乎做人的道理，也提供治理国家的原则。从这个意义上讲，马克思主义之所以能在中国扎根，就在于它与中国文化传统的伦理性质有契合之处。

如果结合上述两个背景便不难发现，马克思主义伦理学的重要意义已然不局限于两种知识门类的结合，更是两种文化传统的连接。经历百年的吸纳、转化和变迁，马克思主义伦理学虽然在一定程度上已经成型，但是，随着中国特色社会主义进入新时代，马克思主义伦理学又面临许多新的困惑和新的机遇，需要为这个时代的中国伦理思想与道德建设提供新的思考和新的解答。唯有如此，新时代的马克思主义伦理学才能构成中国马克思主义理论的重要组成部分，才能成为21世纪中国道德话语和道德实践的航标指南。

为此，我们编撰的《新时代马克思主义伦理学丛书》，旨在通过"世界性"和"新时代"两大主题框架，聚焦当代的马克思主义伦理学。我们希望，通过这套丛书搭建开放的平台，在一个更加广阔的视野中建构马克思主义伦理学的理论体系，在一个更加深入的维度上探讨当代中国的伦理思想与道德建设。

感谢中国人民大学伦理学与道德建设研究中心的指导与支持，感谢重庆出版社的协助与付出。这是一项前途光明的事业，我们真诚地期待能有更多朋友加入，使之枝繁叶茂、硕果满仓。

是为序。

编 者

2020年春 北京

序

萧焜焘

关于"人生",不管你对它有无深思熟虑,或浑浑噩噩了此一生,它对任何人都是一个客观进程。如何驾驭这一进程,从而将自己导向人生光辉的顶点,而不误入歧途,这就是"人生哲学"要回答的问题。宋希仁教授的这本书,从哲学的高度,深入剖析了现实人生的各个层面,回答了人生是什么,人生应当是什么,人生能够成为什么这样三个问题。他的答案是:人生的真、善、美。他认为,真、善、美三者以及各个发展环节的内在联系,将构成一个比较完整的人生哲学体系。他的书便提供了这样一个体系。

一

人生,对任何人来说似乎都是不言而喻的,但认真想来,它又是难以定义的。关于人生的常识性的感受,有很大的主观随意性。什么"人生如梦幻""人生如演戏""人生当及时行乐""人生应奋进不已"等等诸如此类的个人感受,虽也能触及到人生的某一方面，但都不能确切概括出人生的真谛。

必须上升到哲学的高度，对精神现象进行辩证的分析，然后从整体上予以把握，才能深入领悟人生的意义，从而丰富自己，造福人类。人类之所以能从动物之中脱颖而出，就在于他通过劳动，并在此基础上，经历了世世代代的教化而获得某种精神品格，才成为万物之灵。因此，柏拉图认为，人"是驯化的或开明的动物；不过他得到了正确的指导和幸运的环境，因而在一切动物中，他成为最神圣的最开明的；但是，倘若他受到的教育不足或不好，他会是地球上最粗野的动物"①。人的自然身体在很多方面是不如其他动物的，他没有鹰隼锐利的眼睛，没有狮虎凶狠的爪牙，但是他有日益精进的思想意识与精神世界，从而使他自觉其生活的意义，而不致浑浑噩噩虚度一生。那位年轻早逝的帕斯卡尔深刻指出："人只不过是一根苇草，是自然界最脆弱的东西；但他是一根能思想的苇草。"②正由于人有了思想，才能以弱胜强，才能使自在的宇宙变成自为的宇宙，才能使本然的东西变成应然的东西，才能使宇宙人生具有意义。因此，帕斯卡尔认为人比宇宙的一切高贵得多。"人生"必须予以哲学的把握，才能透析其本质，庶几终其一生可以做到"从心所欲而不逾矩"。这正是人生哲学研究的必要性之所在。

本书的卓越之处就在于，超越了常识浅见，从哲学上整体地把握了人生的真谛。作者从自然生命、社会生活、精神状态之间的辩证联系，揭示了人生的发展过程性。动态的发育的观点，物质的进化的观点，使作者达到了对人生的整体性的认识。

自然生命是人生的物质基础，对生命的起源与发展进行科学的

---

① 《法篇》，《柏拉图全集》，王晓朝译，人民出版社2003年，第766页。
② ［法］帕斯卡尔：《思想录》，何兆武译，商务印书馆1985年，第347页。

分析，从而了解其客观必然性，是研究人生问题的依据。然而人之所以为人而有别于其他动植物，并不完全取决于生理的异同，而如先哲们分别指出，他是群体中的一员，他受过教育与训练，他有发达的思维能力，他能改造自然使之服从自己生存的……这一切便构成了人的社会生活与精神状态。本书的第一部分包括的三章，即人生的寿律、人生的阶段、人生的实存，就是论述从自然生命，经过社会生活的中介，达到人类有别于宇宙一切的精神状态的萌生。作者指出："人是理性的动物，是能过精神生活的动物。"但理性、精神不是天赋的、主观自生的，而是自然生命发展到产生了复杂而又精巧的大脑神经系统的结果。大脑神经系统的形成与完善，不单纯是生理机能的突变，人类生产劳动与技术社会活动也深刻地影响着生理机制的变化。社会生活参与了生理机制的改变，孕育了人类所特有的理性、精神功能，但这种功能尚处于潜在状态，当它充分实现而具有现实内容，形成精神状态时，人类社会生活就起着举足轻重的作用了。一个身处荒村、日出而作、日落而息的孤老，与一个处于高度发展、丰富多彩的社会之中的学者，其精神状态是不可同日而语的。而孤老与学者的遗传基因是没有区别的。可见生理机制对精神状态差异的影响是微乎其微的，可以略而不计。作者指出：人生的本质包含在人的生活之中，这就是劳动、创造、奋斗、追求、拼搏，就是真、善、美同假、恶、丑的斗争。很显然，这里所称的人生的本质，就是社会因素与精神因素。因此，通过社会实践而升华的精神状态才是人生的本质之所在。

关于人生本质的探讨，是人生哲学的基础与出发点的揭示，即对人生问题作出本体论的论证。本书有鲜明的唯物立场：自然生命是其基础与出发点。但如若停留在这一点上，无疑势必将重蹈庸俗唯物论的覆辙。作者论证了因自然生命的发展而产生了人类及其社会。这个人类社会生活诸客观条件，形成了"社会存在"。社会存在才是人生的直接基础与出发点。但如若停留在这一点上，无疑地，势必将重蹈经济决定论的覆辙。因此，作者突出了在自然物质、社会物质的基础上产生的理性思维与精神状态的作用，认为只有归结到这一点上才能完全显现人生的本质与价值。此种从物质到精神、从自然到社会、从存在到意识的辩证运动，归结起来就是"自然生命、社会生活、精神状态"的圆圈形运动。它全面地、生动地、如实地刻画了人生的发展过程性，从本体论的高度论证了人生之"真理"。

二

作者引用了马克·吐温的话："构成生命的主要成分并非事实和事件，它主要的成分是思想的风暴。"我认为，这里强调的是具有思维能力的人在人生中的主动性与开创性。人之所以异于禽兽之处，正是在这一点上。人的主动性与开创性也就是人的主观能动性与行为目的性。这样人就不单纯凭本能适应生活，而是根据科学的原则，根据自己的意愿与目标安排自己的生活。于是，人在客观上进入社会伦理领域，在主观上进入意志行为领域。"社会伦理""意志行为"构成人生进程的核心。人面对客观自然界与社会群体，认识它、顺应它，既仰给依赖于它，又力图征服它，使之服务于自己生存与发展的目的。这样就构成人生的理想，从而选择人生的道路，显现人生的价值。作者所写的第二部分中的三章正是这样展开的。作者指出，人生理想问题，实际上也就是人生目的问题。理想就是对未来目的和目标的合乎规律和需要的想象。目标、目的、理想是相通的，所以，作者用目标与目的来规定理想。但是，我们从辩证过渡、概念推移的角度来审视它们之间的关系，就可看到它们是属于不同层次的，而且有层次递进的特点。作者提出了具体的"生活目标""价值目标""理想目标"等等，旨在说明目标有不同层次。如果我们不从形式逻辑的角度把目标、目的、理想看成是同义的，可以彼此规定的，而从概念的推移而言，它们恰好代表了三个层次。"目标"表示眼前的具体的行动方向；"目的"表示长远的一般的生活追求；"理想"则是个人向往与社会需求一致而形成的人生价值的体现。它们不是并列的、同义异词的，而是后者包容前者、滚雪球式的。于是，目标就成了理想实现的步骤；目的就成了理想不断筛选不断精进的现实内容；理想则全面地体现了目标行为与目的追求的价值。我认为第二部分反复论述的正是"目标、目的、理想"如何推移过渡而臻于人生价值实现的。

如果说，目标行为与目的追求归结到"人生理想"，那么，人生理想的展开就是一个从潜在到实现的过程。这就是本书第二部分所论述的人生的理想、人生的道路、人生的价值。理想、道路、价值的辩证圆圈运动，是从目标到理想的推移而形成的小圆圈的展开。小圆圈动态地论述了理想的确立；大圆圈则结合知与行阐明理想的实现，即价值的实现。理想确立并表明它并非空想、幻想，如作者所宣称的"必然通过生活实践"来完成。在客观的人生的行程中，理想实现的道路是荆棘丛生、崎岖不平的。人生是矛盾的复合体，在矛盾斗争的旋涡中，有人壮志未酬身先死；有人踌躇满志上青云。诸如此类，事有必然，但亦不无际遇。我们常说，不能以成败论英雄。林则徐站在民族国家整体利益的高度，内遭权臣之重压，外受英帝之强攻，他却迎难而上，如他自己豪迈地吟咏的"苟利国家生死以，岂因祸福避趋之！"在内外交困的逆境中，林则徐不惟无功,反被远戍。际遇之不平,令人浩叹,但他的理想与志行,成了中华民族精神的典范。因此,实现自己的理想,有时是以付出生命为代价的,要经受各种磨难自不必说了。而一个伟大的理想,则往往不是一个人或一代人的努力所能实现的,它需要几代人前仆后继、英勇斗争才能实现。我们的共产主义理想便是如此。

作者从个人成长、社会关系等方面辩证地揭示了人生道路中的各种对立面,不但有理论的阐释,而且富于生活的情趣。这里的核心问题是个人与群体的关系,他指出,作为个人的社会特质和内在倾向,人格始终是人生自立的脊梁;个人要有对社会和个人一生负责任的危机感。个人作为社会成员,归根到底必须受社会制约,但又绝不是消极无为完全听任外界摆布的。自然与社会、个体与群体、主体与客体之间的恰当的彼此照应,是理想实现、事业成功之路。因此,理想绝不是个人的主观梦想,事业绝不是个人的名利追求。理想只能建立在社会历史发展的必然趋势上,事业只能是推动社会历史前进的行动。个人只有自觉地"自融"于社会群体之中,才能使自己卓然自立,才能忠于自己的理想,促进事业的成功。人生价值程度的测定,取决于自融的程度。17岁的中学生马克思便已领悟到"为人类福利而劳动"是幸福的、高尚的。马克思也看到了"被名利弄得鬼迷心窍的人,理智已经无法支配他,于是他一头栽进那不可抗拒的欲念驱使他去的地方;他已经不再自己选择他在社会上的地位,而听任偶然机会和幻想去决定他"[1]。人生价值的评定,不在于其社会地位的高低、一生事业的成败,而在于对自融于其中的伟大的社会理想的执著的追求,以及对人类福利事业的忘我的不懈的努力。一个临阵脱逃的将军,其价值远远低于浴血奋战的士兵。

---

[1]《马克思恩格斯全集》第40卷,人民出版社1995年,第4页。

因此,"人生理想、人生道路、人生价值"的辩证运动,是由理想的确立到理想的实现的过程。如果说,理想是生活智慧的结晶,道路是生活实践的轨迹,那么价值则是生活智慧与生活实践统一而体现出来的"生活意义"。于是上述三段式的内在实质就是"生活智慧、生活实践、生活意义"。

人生价值的追求,旨在使生活变得有意义。"人生能够成为什么"就是看你用你一生的思想和实践赋予人生以一种什么样的意义。

三

如果说,人生的实存是人生的自在状态,人生的价值是人生的自为状态,那么,人生的意义便是人生的自在自为状态。自在自为是人生行程的统一复归阶段,它不停留在人生的本然状态,即"活着就是"的状态;又扬弃了人生的应然状态,即"活着应是"的状态;它将"应是"的指令,通过行动使之见于客观了。因此,它是一个客观、主观、主客观统一的过程。这人生的意义是对整个人生行程反思的结果,它表明人生的内涵的揭示与确信。人生的实存自在状态,就其本身而言,并无意义可言,但人可通过自己社会经验的积累与生活智慧的领悟,从中启示出一种意义,要言之,那就是"纯朴真诚"。纯朴真诚源于自然而又高于自然,它是人类自觉的生活向往,是对人类社会滋生的虚骄暴戾、污言秽行的抗议。当人们回顾到那童贞未凿、天真烂漫的时代,深深体会到其中包含的"纯朴真诚"的深意。老子提倡"返璞归真",向往那"沌沌兮,如婴儿之未孩"[①]的意境,并不是叫人回到原始蒙昧的野蛮状态中去,

---

[①]《道德经》第二十章。

而是要求人生达到一种精神意境，即"生之朦胧"的状态。"'朦胧'不同于浑墨，它体现生机初开、方兴未艾和生命躁动的状态。"因此，纯朴真诚是人类在对其自然生命的反思中而领悟出来的"人生第一要义。"

人生的理想自为状态，虽具有道德意识的自觉，但尚未能从整体上达到"社会伦理实体"的高度。如果说，我们对人生的实存自在状态的"自然客观性"赋予主观性灵所颖悟的意义，那么，对人生的理想自为状态的"主体自觉性"则提升到社会伦理实体的高度，从而使其具有了普遍的社会客观性。于是，前者从自在到自为，后者从自为到自在，二者便成为自在自为的人生行程的统一复归阶段的起点与中介。作为中介的"社会伦理实体"是崇高伟大的社会理想。大凡明哲、英雄、天才、圣人，他们之所以不同于流俗者，就在于他们以天下兴亡为己任。他们"在道德状态中，能支配这一切力量，表现出无私无畏的浩然之气"。他们澄清玉宇，扫尽妖氛，开拓人生；他们杀身成仁，舍生取义，拯救黎民。他们追求崇高伟大的社会理想，锲而不舍，惟道是从。于是他们本身就成了"崇高伟大"的化身。崇高伟大是人生理想的最高典范，是社会伦理实体的内在特征。

当人的自我修养达到这样一个最高道德水准时，他就已完全融于社会整体的无限发展之中，从而获得"永生"。于是，人生的统一复归阶段，从"纯朴真诚"开始，进入"崇高伟大"，归于"不朽永生"。不朽永生超脱了自然生谬的生死大限，在有限中实现了无限；从必然中获得了自由；在生命的燃烧中达到了人生的不朽。人的肉身虽然终归一死，但他的纯朴真诚的情怀，崇高伟大的人格，彪炳千古的事功，使他顶天立地，永世长存。

作者对人生归宿的描述，是令人感奋不已、肃然起敬的。

自　序

　　人生问题是很复杂的。经历人生很艰难，讲起来也不那么容易。至于说到人生哲理或人生哲学，自古以来不知有多少哲人进行了探索，更是众说纷纭，莫衷一是，仁者见仁，智者见智。有位政治家说，人不到七十岁没有资格谈人生，这话不无道理。人生的酸甜苦辣滋味无穷，不走到那一步，没有亲身的经验，就体会不到，理解不了。如果人们没有类似的经历，讨论人生哲学也有一定困难；说得过于严肃，会使人感到生硬，难以接受；说得过于平庸，又不免流于轻浮，不能启迪人生。这里不怕人们体验不同，看法不同，只怕根本没有体会，咀嚼人生哲理索然无味。

　　"哲学"一词意味着热爱智慧，追求真理。智慧、真理从哪里来？来自对自然、社会和人生的探求。哲学就是关于自然、社会和人生的智慧。一个人若能从特殊经验中发现和概括出一般原则，就是智慧；一个人善于参照一般原则处理具体事情，解决人生难题，可谓之精明。哲学不仅要使人智慧，还应教人精明。在这种意义上，有所谓自然哲学、历史哲学、社会哲学、管理哲学、经营哲学、生活哲学、精神哲学、道德哲学、艺术哲学等等。任何一个特殊领域的问题，在适当的系统概括程度上，都可以成为一种哲学。人生哲学也可作如是观。

一般说来，人生哲学就是关于人生的哲学理论、人生经验的哲学化或哲学的人生观，也可以说是系统化、理论化的人生观。作为系统化、理论化的人生观，它要运用一般哲学的观点和方法，结合有关人生的科学知识，总结人生的经验，并把经验、知识和哲理融为一体，解释人生的实存，阐明人生的价值，指出人生所能达到的境界，从而展示人生应当所为的生活。

任何一种自觉的人生观，都体现一定的人生哲学，但人生观还不等于人生哲学。人生观人人都有，但普通的人生观带有经验性、偶然性，缺乏理论性和稳定性，因而不能称为人生哲学或科学的人生观。人人都能吃饭，善品其味者不多；人人都会穿鞋，但并非人人都是鞋匠。普通的人生观经过科学的概括和总结形成系统化、理论化的体系，才能成为人生哲学。人生哲学是对人生的反思，它以关于人生的真善美为内容，力求高于直接经验和偶然性，使哲学的思辨和直接经验相区别，使哲学的反思与一般的思想相区别。总之，人生哲学不能是一堆未经整理的经验或人生观点，而应是经过深思的、系统的知识和理论体系。

人生哲学不同于普通的思想问题解答、人生难题解答或"处世秘诀"，它要探求的是贯穿人生的一般理论、原则和方法，要解决个人在其与社会的关系中的地位和作用这个中心问题，是在社会群体关系的大背景下探讨个体的人生过程。把这个中心问题加以分析，就可以得到这样三个问题：人生是什么？人生应当是什么？人生能够成为什么？我所思考的人生哲学体系，概略地说来，就是围绕一个中心，照顾两个方面，回答三个问题，阐明人生的寿律、人生的阶段、人生的实存、人生的理想、人生的道路、人生的价值、人生的纯朴、人生的崇高、人生的不朽；向人们展示人生的真、善、美，启迪人们对真、善、美的追求。

这样一种人生哲学体系，可以称之为"人生哲学导论"，也可以叫做"哲学的生命论"。人们不是都说要珍惜自己的生命吗？究竟应当怎样珍惜自己的生命？碰到这样的问题，可能有父母的嘱咐，有医生的忠告，还有交警的警示等等，但最终还是要由每个人自己去把握自己的命运，明智地驾驭人生。人生哲学或哲学的生命论，都是讲一个主题，即人生的真、善、美，就是给珍惜自己生命的人提供驾驭人生的哲学智慧。珍惜生命就要用哲学的智慧去把握自己的生命，追求人生的真、善、美。

人生要有哲学做指导，没有哲学指导的人生，是不自觉的；同样，哲学要能够指导人生，不能指导人生的哲学是不现实的、片面的。人们的生活实践，自觉不自觉地都有其相应的哲学指导，而各种哲学体系也都直接或间接地指导、影响着人生。哲学不仅要解释世界、改造世界，还要解释人生、改进人生，赋予人生以应有的意义，引导人生得到能够得到的幸福。

人生复杂易变，不能只是跟着感觉走，还要有理性、理想和原则，要有生存的精明和方策。真正有远见、有价值的人生，是经过深思的人生，是有哲学和科学指导的人生。人生是一门艺术，每个人的人生史就是他自己的作品。古往今来，凡是认真对待自己人生的人，都对人生做过认真的思考，力求在这段独一无二的生命时间内创造出一个有价值的人生。因此，他们能及时总结人生的经验和教训，坚定前进的方向和信心，从而实现理想的人生目标。人生的智慧得自于人生的实践，但经过实践并不等于就有了智慧。要从人生实践中得到人生的智慧，还要按照科学的世界观、人生观、价值观去思索和把握实践，找到人生世事的真谛和正确的价值取向，这样才能在人生实践中得到更多的主动和自由，使有限的生命具有不朽的价值。即使做一个平凡的人，也要平凡得堂堂正正，在平凡中显现出人的尊严和价值。

人生就是人为生存和发展而进行的活动。这是一个从生到死的过程。起点是生，终点是死。人生的一切活动都是在这两点限定的时间内展开的。因此，我们的人生哲学体系，就可以合乎逻辑地展开这个过程。但是仅仅如此吗？当然不是。有一首歌词这样写道：

没有梦想，现实有什么意思？

没有欲望，得到有什么意思？

没有感悟，看见有什么意思？

没有付出，爱情有什么意思？

没有死亡，生命有什么意思？

没有永恒，曾经有什么意思？

（原歌词顺序稍有改动）

我们的生命被限定在生与死这两点之间，但我们的人生哲学思考却要超出这两点之间的限制，从梦想到现实，从现实到永恒，从人生的寿律讲到人生的不朽，思考人生的真、善、美，就是要悟出其中究竟"有什么意思"。

为什么要讲真、善、美呢？因为人生本是真、善、美的统一，是同假、恶、丑相比较而存在、相斗争而发展的。真、善、美是人类生活的主流，是人生不息的追求。这里所说的"真"，是指人生的实存和本质；所说的"善"，是指人生的实践和创造；所说的"美"，是指真与善的统一所达到的形象和境界。真是善的基础，善是真的实现，真与善本身具有美的基因，其升华就是美。真、善、美三位一体的极致，就是哲学家们称颂的"理想之神"。

每个时代都有体现历史前进方向的价值目标，人生应该与自己时代的价值目标相一致。能否自觉地、正确地把握时代的价值目标，是贤能之士与愚蠢之人的分水岭，也是一个公民的责任意识是否成熟的标志。

责任意识是人格的精神之骨。高度的责任心是创造性劳动和高尚行为的内在动力。人正是透过自己对社会的责任和贡献，才具有无可代替的尊严；只有履行自己的社会责任做出有益的贡献，才能真正领略人生的价值。

有一句名言"知识就是力量"，世人皆知；还有一句名言"德性就是力量"，还没有引起人们足够的重视。献身于社会主义现代化建设伟大事业的人们，应该把经验、知识和哲理融于一身，在改革的实践中，志其所行，亦行其所志。

我对人生哲学的思考，是从1982年的人生观大讨论时开始的。那时青年们提出了许多人生问题，反映出新时代青年在经过社会动荡之后的困惑和追求，理论界和教育界应该有所回答。然而，对人生问题单从经验上给予回答，并不能使人得到一以贯之的理性指导；有些问题用习以为常的道理去解释，又往往似是而非。我想，就事论事，解决具体问题固然重要，但长远之计还在于建立一种体现科学人生观的人生哲学。当时，有人在青年中演讲人生的真、善、美，虽然没有做出系统的理论解释，但却以其鼓动性为人们呼唤了人生的真、善、美。我感到应和青年们一起思考人生的真、善、美。我虽不擅长鼓动，但自信还能思考。人生需要激情，但更需要理智。只有以理智支撑的情感才能是持久的、坚定的。于是，我开始构思真、善、美的人生哲学。

最初构想的结果，是一个包括群体和个体人生的人生哲学纲目。我对一些朋友谈论初拟的纲目和一些想法，得到许多朋友的支持。1987年春，我的整体思考形成了以个体的人生为研究中心的人生哲学体系，把群体人生作为大背景，回答"人生是什么？""人生应当是什么？""人生能够成为什么？"这样三个问题。这就是所谓"抓住一个中心，照顾两个方面，回答三个问题"的大框架构想。1988年下半年，我按照新框架，在我校哲学系伦理学专业班开设了人生哲学选修课。一边写，一边讲，讲完之后便形成了这部书的初稿，并得到著名哲学家、伦理学家萧焜焘教授的好评。他撰写的评论文章，把我的思路、观点做了画龙点睛的勾画，阐发出一个具有深刻思辨特色的人生哲学体系，思路清晰，观点深邃。我把这篇文章放到书前作序，亦可视为全书的导论。这样做，一方面有助于读者理解全书的内容和较为抽象的逻辑体系，另一方面也是对萧先生的纪念。

自初稿写成以来的十几年间，我只要有机会就重读、思考、修改书稿，断断续续，不知改过几稿；伴随着我的人生过程，真有读不完的兴致，也有改不尽的思想，好像那是我一辈子都要去完成而又完不成的任务。我想，这大概就是所有讲人生的书难以摆脱的命运吧。

这次出版，王思平同志帮助整理了研究参考书目，田俊玲女士曾不计昼夜打印和校对过书稿。此外，还得到张国春、李萍、鄯爱红、肖巍、栗玉仕、牛京辉、张业清、王莹、韦正翔、高兆明、王易、马巨芳、李清栋、王彩玲、胡真圣、孙英、胡林英、靳海山等诸位博士和正在攻读博士学位的卫建国、曹凤月、黄显中、关洁的大力帮助，他们通读过全稿或部分章节，提出过不少宝贵意见，或参加过有关问题的讨论，在此表示衷心感谢。这本书虽然经过长时间切磋琢磨，几易其稿，但仍有诸多欠缺，在此敬请读者批评指正，不吝赐教。

目 录
CONTENTS

总　序 …………………………………… 1

序 …………………………………… 1
自　序 …………………………………… 1

真

第一章　人生的寿律 …………………………… 3
第二章　人生的阶段 …………………………… 40
第三章　人生的实存 …………………………… 74

善

第四章　人生的理想 …………………………… 131
第五章　人生的道路 …………………………… 169
第六章　人生的价值 …………………………… 216

美

第七章　人生的纯朴 …………………………267

第八章　人生的崇高 …………………………308

第九章　人生的不朽 …………………………357

真

人的本质并不是单个人所固有的抽象物。在其现实性上,它是一切社会关系的总和。

——马克思《关于费尔巴哈的提纲》

社会本质不是一种同单个人相对立的抽象的一般的力量,而是每一个单个人的本质,是他自己的活动,他自己的生活,他自己的享受,他自己的财富。

——马克思《詹姆斯·穆勒〈政治经济学原理〉一书摘要》

第一章　人生的寿律

　　水火有气而无生，草木有生而无知，禽兽有知而无义，人有气、有生、有知，亦且有义，故最为天下贵。力不若牛，走不若马，而牛马为用，何也？曰：人能群，彼不能群也。

　　　　　　　　　　　　　　　　　　——荀子

　　从生命学意义上说，人作为类是抽象的、无限的，可以说是"不死的"。但是，人作为生命个体则是具体的、有限的，即有生有死的。就个体来说，人生就是一个从生到死的过程，人生的一切活动又都是在生和死这两点限定的时间内展开的。因此，我们的叙述就可以采取一种人们最容易明白也最好认同的逻辑程序——从人生的寿律讲到人生的不朽。其大思路是：描述从自然生命、社会生活到精神境界的辩证发展，揭示人生的演进和提升过程，以便从整体和过程上自觉地把握人生。按照这样的思路，开章要讲的就是人生的寿律。"寿律"这个词是我杜撰的，其意思是：生命运动的规律。它所讲的是人的生命律动状态，其中包括生命的寿数，人生的过去、现在和将来，物理时间和心理时间，节律和效率。

一、生命的寿数

（一）人的自然寿数

人生的存在和发展，首先呈现的是一个自然生命过程。没有生命，就没有人生。生命过程的标志就是一定的时间，即寿数。寿数，按照生命的自然时间称做"年"，按照人生的寿数就称做"岁"。

动物有动物的寿数，人有人的寿数。一般研究认为，哺乳动物的寿数大约是其生长期的5倍至7倍。例如，老鼠的生长期为2个月至4个月，寿数是1年至2年；狗的生长期为2年，寿数是10年至14年；马的生长期为5年，寿数是30年至40年；猿的生长期为12年，寿数是50年左右。此外，有的爬行类动物如龟的寿命，可达百年以上，甚至可生存到200年。[①]

那么人的寿数是多少呢？从人类史上看，由远及近的平均年龄呈现为上升趋势。在日本学者和过一郎所著的《健康寿命》一书中，有一个人类进化与寿命的历史概率统计表，很能说明这种趋势。

[①] 参看［俄］麦奇尼可夫：《长生论》，佘小宋译，商务印书馆1940年。该书是作者所著《人的性质》一书的续篇，其中详尽地讨论了人类寿命问题，用大量的科学考察资料和深入的理论分析，对人类老年衰老的原因、死亡的原因、人类寿命能否延长等问题，做了科学的和哲学的回答。

年代	平均年龄	最高年限
300万年前	8.5	30~40
40万年前	10	50
20万~30万年前	10	60
纪元前1万~2000年	15	—
纪元前2000年	24	70
纪元后1300年	15	70
纪元后1700年	20	—
纪元后1900年	33	—
纪元后1950年	60	—
纪元后1975年	67	—
纪元后1985年	75~80	95
纪元后2050年	78~84	—

有生命的物种都有生长期，人类的生长期比一般动物的生长期长。科学家根据对人体细胞分裂次数和分裂周期的分析，发现人类的生长期为20至25年，按照细胞分裂次数乘以分裂周期计算，人的自然寿数应为100至175岁，一般不应少于120岁。在理想条件下，人寿天年至极可达250岁。中国东汉哲学家王充曾提出"百岁之寿为人年之正数"的看法，还记载了传说的老子活到200岁。18世纪瑞士生理学家哈雷，认为人类寿命至极可达200年，与王充不谋而合。这些说法虽无严格的科学证明，但认为人的寿命之"正数"要比实际的寿命长，则与现代科学的推测是一致的。

然而，人生的实际寿数远不是这样。据说，我国夏商时代人的平均寿数只有18岁；秦汉时代人的平均寿数只有20岁；唐代人的平均寿数是27岁；宋代人的平均寿数是30岁；清代人的平均寿数是33岁。据新华社记者肖春飞报道，新中国成立前，中国人均预期寿命仅有35岁。古代人一般高寿在60岁左右，上70岁的人不多，所以有"人生七十古来稀"之说。不过，新中国成立后，中国人的人寿平均数增长加快。1957年全国人均寿数为57岁；1981年全国人均寿命为67.77岁；1988年全国人均寿数增至68岁。1990年全国第四次人口普查结果表明，全国人均寿命为70.06岁。据2002年3月28日《北京晚报》报道，我国2001年人均寿命已达到71.8岁。按照世界卫生组织规定的70岁的标准，中国已经属于长寿国家。

外国的人寿情况也类似。欧洲中世纪人寿平均只有29岁；第二次世界大战以后平均寿数为40岁；1952年平均寿数上升到68.5岁；到20世纪70年代，有的国家和地区人寿平均已达到70岁以上。据联合国开发计划署1994年统计资料报道，[①]英国人平均寿数为75.7岁，法国人平均寿数是76.4岁，挪威人平均寿数是77.1岁，荷兰人平均寿数是77.2岁，瑞典人平均寿数是77.4岁。亚洲国家和地区平均寿数差别比较大，印度人平均寿数在50岁上下，而日本人平均寿数已达78.6岁，保持着"世界第一长寿"国家的地位。阿拉伯联合酋长国岁数最大的老寿星阿里·马塔尔·本·古赖尔终年136岁，他留下103个孙子和重孙子。据说，阿塞拜疆的莱里克小山村有数十位百岁以上的老寿星，其中有一位人类有史以来寿命最长的人，名叫希拉利·穆斯列莫夫，享年168岁。据世界银行1999年世界发展指标年报报道，当时平均寿命最短的国家是塞拉利昂，仅有37岁。

自古以来，学者、郎中、科学家都注意研究人的寿命，寻求长

[①] 《数字与事实》，《光明日报》1994年2月6日。

生不老之源和长寿之方。19世纪流行一种"活力说",认为活力就是生命本身,它是在人的生命体上所观察到的所有运动现象的总和。还有一种"不老泉说",认为人的寿命长短决定于他生命中的"不老泉"。现代科学和医学提出了"基因说",认为人类寿命长短的根本在于基因、细胞和激素。不过,一般说来,人的寿数与人的生命构成、人种素质、遗传因素、心理状态、自然条件和社会环境等密切相关。据说,那位活了136岁的阿拉伯老人平常喜欢散步,只吃鹌鹑和面包,不吸烟,一辈子只看过一次医生。日本人均寿命居世界第一,主要原因是随着经济发展和生活水平的提高,中老年人死亡率下降,特别是脑溢血死亡者减少。日本厚生劳动省认为,日本人寿命长的主要原因,在于良好的防病、治病医疗条件,以及以吃鱼和蔬菜为主的营养摄入。也有人说,日本人长寿的原因主要有三个:一是绿色广告,不断向人们展示宁静怡人的乡野绿色景象;二是公共场所安静文雅,令人安神舒心;三是善于适时打盹,小憩片刻以消除疲劳。这种说法颇带幽默,但作为一种适宜的特殊生活方式和养生方式,肯定是有助于日本人长寿的重要条件。不过,就生活条件来说也不尽然,如前面说的阿塞拜疆那个长寿村的老人,生活条件并不好,村民生活穷困,医疗技术落后,体力劳动很重,只是食物新鲜,山水清洁,空气清爽。可以说,新鲜的食物、清秀的山水、清爽的空气有益于人的长寿。

科学家们认为,人类衰老、活不到自然寿命的原因很多,主要有:一是人的呼吸方式的改变,用肺呼吸,使大部分肺叶细胞长期闲置不用,失去活性,肺活量变小。二是人的运动姿势的改变,用两足直立行走,虽然是一大进步,但直立姿势缩小了全身运动系统的活动幅度,使脊柱负荷过重,导致大脑极易缺血、缺氧,心脏的适应能力减退并易发生疾病。三是人的消化功能的萎缩,使咀嚼能力下降，吞噬能力丧失，容易发生致命的代谢病。四是人的循环功能的改变，生活的日益舒适，使血管的锻炼减少，以至于全身微血管逐渐壅塞硬化，再加上不良的生活方式，使人类的心脑血管容易发生硬化。五是人的神经系统高度发达，心理活动复杂，情绪变化多端，也成为导致疾病和短寿的重要原因。当然，单就人活不到自然寿命而言，还有各种天灾人祸，给人带来很多造成死亡的偶然因素，也降低了一些地区的人口平均寿数。

诸多原因概括起来，无非是两个方面：一是生命进化之必然；二是生活际遇之偶然。两者都只能尽量减少，但却不可能完全克服。随着社会的进步、科学技术的发展和生活方式的完善化，人寿增长的秘密终归可以揭开，人生的寿数也可望按照科学的理想有更大的增长。近些年来，抗衰老研究的发展，使科学家们相信现在的一些中年人有可能活到150岁，或活更长的时间。这就是说，人类有理由树立长寿观念，改变"人生七十古来稀"的旧观念，以力争健康长寿。

（二）生命的消费

不过，人的平均寿数再增长，人生的寿数也还是很有限的。有限，就是有生有死。人之生死，是物之生灭的特殊形态。物质的存在是无生无灭的，但物质的具体存在形态即物体，则是有生有灭的。人也是物质存在的特殊形态。虽然人的生死有不同于物体生灭的变化规律，但人和物体都不能永生不灭则是相同的。所谓"万寿无疆"，只是人的情感和愿望的表达，哲学、科学和人类的经验都证明万寿无疆是不可能的。按照弗洛伊德的心理分析，人们往往在存在着的时候习惯于自己的存在，乃至将存在看做自己的本性，总是作为一个旁观者去看待死亡，在无意识中确信自己会长生不老。

其实，这只是一种人类恋生的心理反映。

人的寿数是以时间为标志的，一定的寿数意味着一定的时间。如果以 80 岁为例计算人生时间，我们便可以大略地（不计闰年）列出下列计算式：

80×365=29200（日）；

29200×24=700800（时）；

700800×60=42048000（分）；

42048000×60=2522880000（秒）。

这就是说，人的一生如果活到 80 岁，大约就是 29200 日，转化成小时就是 700800 时，核成分就是 42048000 分，核成秒就是 2522880000 秒。

尊敬的读者，我不知道您今年是多大岁数。我想您一定会理解上面所做这个计算的用意，不妨也算一算，从 80 岁中减去您现在的岁数，看看还剩多少岁。然后再核成日、分、秒，看看您所能有的生命时间是多少。请不要介意，我例举了 80 岁，限定了 80 岁为上限，而没有说百岁或 150 岁，似乎保守了些。不过这只是一种假设，且已高于目前我国的人寿平均值。假设的上限太高，比如 150 岁或 200 岁，您也许会觉得自己可能拥有的寿数还长着呢，不用着急去设计人生，也不用努力去拼搏。所以，还是按照 80 岁计算吧，这样也许能够使您增强紧迫感。经过计算之后，你一定会想到这样的问题：我将怎样利用我所能拥有的有限时间？任何一个严肃对待自己的人生的人，都不能不认真地考虑这个自然生命的事实。

除去对生失去欲念之人，没有谁会抱怨人的寿数太长了。人们都想多活几年，希望长命百岁，更希望活到百岁以上。人生在世虽然不是为长寿而活着，而是要干一番事业，活得幸福而有价值，但是从人生要完成的事业和生活幸福来说,健康长寿毕竟是不可缺少的条件。算起来,人生在世的时间屈指可数,照诗人的形容只是"弹指一挥间"。人生的童年,还没有能够弄懂人生是什么就匆匆过去了。最后的十年,虽然懂得了人生但却失去了享受人生的活力。在这两段中间的岁月,去掉1/3的睡眠时间,再去掉1/3的娱乐、家务、闲谈、来往以及看病、养病的消磨,还能剩下多少真正可以用于干点事业的时间呢?美国人吉米·道南和约翰·麦克斯威尔在合写的《成功的策略》一书中说,一个活到72岁的美国人一生的时间是这样消费的:睡觉用去21年,工作用去14年,个人卫生用去7年,吃饭用去6年,旅行用去6年,排队用去5年,学习用去4年,开会用去3年,打电话用去2年,找东西用去1年,其他用去3年。按照这样的时间安排,真正能够工作的时间还不到人生时间的五分之一。我们不必计较是否每个美国人都是这样,其中各项内容所用时间是多是少,这不过是一种说明问题的方式,具体到个人肯定不一样,但大体上只用1/5的时间去工作,却是值得我们每个人注意的。

　　这就是说,如果我们不能科学地、勤奋地、吝啬地利用人生时间,可以说人的一生是极其短暂的。古诗有言"人生忽如寄,寿无金石固",是说人生犹如飘忽的寄宿,没有金石样的长寿。还有诗说"人生寄一世,奄忽若飙尘",[①]奄、忽同义,是说人生一世,像飙尘一样须臾即逝。这类诗句都是喻言人生短促、生命可贵的名句。有一首自由诗写道:"当我还是婴儿,只会哭声哇哇,时间好像在慢慢地爬。当我是个孩子,整天嬉笑不止,时间迈开前进的步伐。在我长大成人之后,时间变成奔腾的骏马。当我老得皱纹满

---

① (南宋)何汶:《竹庄诗话》卷二。

额，时间成了飞逝的流霞。"①有一位诗人说："别老缠住我，问我现在是什么时间，我不知道。就在你问我的这时候，——时间悄悄地溜走了。"这是诗，也是哲理。它告诉人们，时间不常驻，人生时间有限，而且在很快地流逝。

人生时间有限，这不只是由于人的寿命短暂、有限这种绝对的限制，还是由于人世繁杂，事业艰巨，使人生时间相对加快、缩短。时间就是生命。有识之士应该力求把有限的时间，充分用于有益的事业，以延长生命。马克思说："在一切节约中，时间的节约是最重要的。"富兰克林说："你热爱生命吗？那么，别浪费时间，因为生命就是由时间构成的。"鲁迅说："浪费时间，就等于慢性自杀。"尼采的话更令人震惊："我们眼看着我们短暂的生命时间一刻一刻地过去，恐怕会急得发疯的。"当然，对于世界最富有的美国微软公司的比尔·盖茨来说，他的个人年收入可达510亿美元，每秒钟的资产就增加475美元，他会毫不犹豫地耸耸肩说："时间就是我的金钱。"

其实，说时间重要，并不是说人在生活中时时都要想着时间。那是不可能的，也是没有必要的。对于长寿来说，倒不如忘掉时间。忘掉生日就是长寿，忘掉疾病就是健康，忘掉痛苦就不痛苦，忘掉烦恼就没烦恼。

（三）人生须惜时

时间是生命的存在方式，也是生命限定的标志。时间之河以无情的、规则的洪流向前奔腾，永不复返。由此，我们应当从中得到什么样的人生启示呢？启示当然可以有很多，但有一条最起码的人生启示是：人生须惜时，人生醒悟应从惜时起。

---

①转引自陈红春：《人生价值的要素》，上海文化出版社1988年，第14页。

人生醒悟应从惜时起，首先就要树立一个观念：人生在世只能活一次，不可能活两次。要把自己的生命掌握在自己手里，如劲松一棵，向下扎根，向上生长，顽强地生活。人在有限的一生中，任何时候也没有两个机会是同样的。当你踌躇不定的时候，它已经离你而去；当你错过时机的时候，它绝对不再回来让你补救。

可是，人的通病常常是懒惰和怯懦。有许多时候，时间给我们提供了机遇和事业，而我们则因惰性和怯懦，不能及时地、勇敢地抓住时机，成就事业，或者成就甚少，甚至一无所成。人的一生宛如一支燃着的蜡烛，若不珍惜它的发光时间，时间将会瞬息把它化为乌有。

勤奋而明智的人能够时时提醒自己：我只能活一次，时不我待，机不再来，从而时时珍惜时光，不失时机地去做人生所能够做、所应当做的事业，以至于不放过拼搏、冒险的机会。他们相信：要把时间操纵在自己手里，就能做自己命运的主人。只有珍惜生命，充分把握命运的人，才有权享受人生，品评人生的滋味，而不会蒙受平庸、空虚和愧疚的苦恼。人生苦短，寸金寸光阴，应不为无聊而劳神，不为享乐而乱心，勤奋地工作，健康地生活，创造充实的人生。这样就能心安理得，无憾地度过一生。

二、现在和将来

（一）何谓"现在"

人生是在时间中进展的。一个人只要掌握了时间，就可以使自己的生命活动服从一定的计划，把自己的一生做一番总体的运筹和设计。

人生在时间中流动，有它的过去、现在和将来。过去的岁月已经过去，不能再复返，将来的岁月也还没有到来，我们能够享受的只是现在。要把握人生，设计人生，关键在于把握现在。

可是，什么是"现在"呢？平常人们可以不假思索地说"现在就是现在呗"。然而对于人生的哲学思考来说，回答就不能这样简单。事实上，回答这个问题曾经使许多哲人绞尽脑汁。

公元前 3 世纪古希腊的哲学家亚里士多德，在他的《物理学》一书中专门讨论了"时间是什么"这个问题。他认为，时间就是"使运动成为可以计数的东西"，是"关于前后的运动的数"。所谓"现在"，就在时间计数的前和后之中，是时间从前到后的一个环节。他强调必须把时间与运动联系起来理解，认为没有运动就没有时间，时间本身就是一种运动，是运动的属性。因此，时间总是有过去、现在和将来之分，总是一个时刻接着一个时刻不断地继续下去。"现在"就是过去和将来两者之间的中项，它既连接着过去和将来，同时又是过去和将来的界限；它既是终点，又是起点，永远处于开始和终结之中。所以，我们不能说"现在是时间"，而只能说"现在属于时间"，属于时间里的不可分的东西。①这话听起来不太好懂，可仔细想来也还平实。说"现在"，只能说它是过去和将来之间的时间，不能说它"是"哪一段时间，因为一说它"是"哪一段时间，就是给它做了"一段时间"的规定，那就必定还有前后和中间。"现在"存在于过去和将来之间，存在于时间的前后之间，但又不能把它同前后隔离开，抽取出来，所以只能说它"属于"时间。几百年后，就有人试图这样做出解释。

---

① ［古希腊］亚里士多德：《物理学》，张竹明译，商务印书馆 1982 年，第 172 页。

公元4世纪至5世纪，古罗马的教父哲学家奥古斯丁在他的《忏悔录》一书中，做过这样一个有趣的推论：假设人生百年，那么一百年能否全部是"现在"？当然不能全部都是"现在"。如果当前是第一年，那么第一年属于"现在"，其余九十九年都属于将来；如果当前是第二年，那么第一年已成为过去，第二年则属于"现在"，其余都属于将来。一百年中不论把哪一年当做"现在"，在这一年以前的便属于过去，在这一年以后的便属于将来。一百年不能同时都是"现在"，那么当前的一年是否都是"现在"呢？也不是。一年有十二个月，如果当前是二月，那么一月已成为过去，二月以后的时间就属于将来。如此推论下去，即当前的一个月也不都是"现在"，只有当下的一天属于"现在"，其余的或属于过去，或属于将来。其实，当下的一天也不能都是"现在"，因为一天有二十四小时，只有当下的一小时属于"现在"，其余或属于过去或属于将来。当下的一小时又分为六十分，一分又分为六十秒，秒还可再分。每一秒都是由连续不停的"暂时"构成的。当你说当下的"此时"为"现在"时，此时已经过去，时间永无停驻。可以说，飞驰而去的是过去，尚未到来的是将来。"现在"是什么呢？按照奥古斯丁的推论："现在"没有长度，不能有瞬息延伸，一有延伸便成为过去和将来。因此，我们不能说时间的长短，只能说时间曾经是长的或曾经是短的。

如果奥古斯丁的推论到此打住，那就同亚里士多德的思考一致，而且是对亚里士多德的"现在"观的很好的注解。奥古斯丁有时也强调时间就是"现在"，将来和过去都不存在。如果硬要划分过去、现在和将来的话，他认为只能分为过去的"现在"，现在的"现在"和将来的"现在"。最后得出的结论是什么呢？他说：过去、现在和将来的划分，"只存在于我们心中，别处找不到；过去事物的'现在'便是记忆,现在事物的'现在'便是感觉,将来事物的'现在'便是期望"。[1]如果不掺杂神学的成分,不否定时间的客观性,这个结论还是深刻的。因为,在自然界中,时间总是"来也飞去",并没有现在、将来和过去这些维度的区别,只有在人的主观表象中,在人的记忆中,在人的恐惧、依恋和期望中,这些时间的维度才是必不可少的。时间的过去、现在和将来,作为物质运动的存在方式就是空间,空间和时间是不能分离的。谁要说我们有空间也有时间,就如同说我们有两只手一样,辩证法就要惩罚他。

19世纪的德国哲学家黑格尔,按照理念论的哲学体系,把时间看做"理念存在的方式";但是他又说"正是现实事物本身的历程构成时间",这可以说是在唯心主义形式里面包含的唯物主义的内容。值得注意的是,黑格尔深化了对"现在"的辩证思考。他从否定的方面提示出时间的辩证性,认为时间就是"理念自为地设定起来的否定性",就是"那种存在的时候不存在,不存在的时候存在的存在",即"持续不断的自我扬弃的存在"。[2]黑格尔同亚里士多德一样,把时间同运动联系起来,把时间看做一种变易,即产生和消失的过程。因此,在他看来,"现在"只是不断产生和消失着的时间的点,是存在和运动的中介,是从有到无和从无到有的否定环节。一旦"现在"作为否定的环节转化为过去,空间就成为时间。任何事物都是在时间里存在和发展的,正是现实事物本身的历程构成了时间。因此一切事物和生命,都是有时间性的,即包含着否定性,服从于变易,其"现在"只是暂时的。

---

[1] [古罗马]奥古斯丁:《忏悔录》,周士良译,商务印书馆1981年,第243—244页。按照奥古斯丁的理解,将来和过去并不存在。因此他不同意把时间划分为过去、现在、将来三类,主张时间三类的划分只是:过去的现在,现在的现在,将来的现在。这样,他就可以说时间的划分只在人心中,别处找不到。

[2] [德]黑格尔:《自然哲学》,梁志学译,商务印书馆1980年,第47页。

19世纪俄国哲学家赫尔岑在现实主义观点上,坚持了黑格尔对时间的辩证思考。不过,与黑格尔强调"现在"的否定性不同,他比较注重"现在"的肯定方面。在他看来,在时间的运动中,过去的已经过去,将来的尚未来到,存在的只有"现在"。事物的发展和人生的过程,就是一个"现在"接着一个"现在",逝去的只是无数个"现在",时间就是所有"现在"的集合。只有"现在"是实实在在的、最有潜力的。当然,赫尔岑肯定"现在"的实在性,并不意味着过去和将来都是虚无。在他看来,"现在"只是过去的发展,在"现在"之中又包含着将来。过去就保存在"现在"之中,并在"现在"中得到实现,而将来就是从现在发展出来的理想的"现在"。因此,他的信念是:"真正的东西是不会死亡的。"

对过去、现在和未来的关系论述得既简明,又深刻的,还有中国现代思想家李大钊。他在1918年4月写的一篇短文《今》中指出,世界上最可贵的就是"现在"。为什么说"现在"最可贵呢?因为宇宙大化,时刻流转,最易失去的就是"现在"。当你刚说着"现在"的时候,"现在"就已经成为过去。他认为,强调时间只有过去和将来而并无"现在",虽然包含有深刻的哲理,但对于人生来说,莫如肯定过去和将来都是"现在"。因为"现在"就是所有过去流入的现实世界,所有的过去都成就于"现在"之中,世界的过去和现在有一贯相连的永远性,也必然发展出充实的将来。"无限的'过去'都以'现在'为归宿,无限的'未来'都以'现在'为渊源。'过去'、'未来'的中间全仗有'现在'以成其连续,以成其永远,以成其无始无终的大实在。一掣现在的铃,无限的过去、未来皆遥相呼应。这就是过去、未来皆是现在的道理。这就是'今'最可宝贵的道理。"[①]

---

① 《李大钊选集》,人民出版社1959年,第94页。

（二）今昔与未来

哲学家们对"现在"是什么的思考和论证，并不是无谓的概念游戏，而是要从这种思考中得出指导现实人生的结论。我如此冗长地叙述几位哲学家的时间观、现在观，用意在于说明：不同的现在观，所得出的人生哲学结论也是不同的。人生观与时间观、现在观是密切相关的。

按照奥古斯丁的基督教神学"现在观"，人生的现在实际上是不真实的、不可望的，只有未来才是唯一真实的、可期望的。一切易变的东西都是暂时的，只有不变的上帝和天国才是永恒的。因此，人生的过程，就应当抱着永生的期望，通过内省不断地追求永恒的天国，发现上帝，皈依上帝。这种"现在观"所得出的人生结论，显然是非现实的、虚幻的，甚至是消极的，它使人生的追求归于一个永远达不到的目的，而不能真正理解和把握现实的人生。

黑格尔的"现在观"，虽然从其理念论的出发点来说是唯心主义的，但它却包含着现实的辩证思考，得出了积极、乐观的人生结论。既然生命就是时间，生命的本质就是否定或扬弃，那么人生就应当是不断弃旧图新、永远进取的过程。死只是个体的完成，是个体作为个体所能为社会、历史进行的最高劳动的结果。按照他的说法，"那仅仅直接的个体的生命的死亡就是精神的前进"。因此，人生就应当是以乐观的态度不断奋斗的过程，只有在弃旧图新的奋斗中，才能真正体现人生的本质和价值。

如果说亚里士多德的"现在观"提供了一个现实的生长原则，那么，赫尔岑的"现在观"就是在吸取黑格尔辩证法思想的基础上，在新的历史条件下，重振亚里士多德的生长原则。这个原则就是强调人生应该重视现实，立足于现实，以创造未来。真正的人生并不要求过去为现在作证,而是向着理想的未来,积极地推动现实走向未来。他号召人们,要用积极的行动去"改造旧世界,建设新世界",完成个人对世界所肩负的使命。李大钊的"现在论",正是立足于20世纪初中国面临大革命的现实,运用唯物辩证法的观点所得出的结论。因此,他特别批评了当时的"厌今"思潮和盲目"乐今"思潮,鼓励人们不要厌今徒往,梦想将来,而耗误现在的努力;也不要盲目乐观,看不到变革现实的艰难使命,而与厌今者殊途同归,放弃现在的努力。

　　人的生命活动是有意识的,人能使自己生命的过去、现在和将来变成自己的意志和意识的对象。正是这一点,使人不但能认识自己的人生,而且能够自觉地把握人生的过去、现在和将来。要清醒地把握人生,设计人生,就必须科学地理解人生的过去、现在和将来。人的生命总是在过去、现在和将来中表现的,过去、现在和将来三者纠结关联,相互关照激励:过去是现在的根据,没有过去就没有现在,有什么样的过去也会影响现在;将来是现在的发展,又是现在的目的和向导,理想的将来产生于充实的现在;珍惜过去,相信将来,就会更加热爱现在,努力把握现在;现在只有与过去和将来相联系才有意义,脱离过去和将来的现在,也会失去存在的根基、动力和价值;现在包含着过去、预示着将来,只有不忘过去、奋力于现在,才能争得更好的将来。总之,过去和将来都是在时间中运动着的现在。明智的人生既要重视过去和将来,更要重视现在,全力地去把握现在,创造将来。

(三)既识即行

　　把握现在,就是按照科学的、理想的设计目标,积极地生活,并通过现在的努力确定将来的面貌。只有把握好人生的现在,才能把握好人生的将来。不能把握现在的人生，是没有希望的人生；不能创造未来的人生，是没有价值的人生。失去了现在，就等于失去了整个人生。人生不能有两次，抓住现在，就赢得了人生。不要总是沉溺于对过去的留恋，也不要老是生活在对将来的幻想之中。与其留恋或悔恨过去，幻想将来，不如倾心于现在，奋发努力，只争朝夕，去创造更加充实的未来。

中国汉代大儒徐干作《中论》，对此曾有至言："人之过在于哀死，而不在于爱生；在于悔往，而不在于怀来；喜语乎已然，好争乎遂事；堕于今日，而懈于后旬。如斯以及于老。故野人之事不胜其悔，君子之悔不胜其事。"[1]他说得很对，人的过错和失误不在于热爱现在、理想将来，而在于老是悔恨过去、哀伤死去的东西；不在于关注现在的事，而在于喜谈过去，好争往事，而又贻误、堕落于现在和将来。这正是庸人和君子的区别。明代儒者文嘉写过一首打油诗："今日复今日，今日何其少，今日又不为，此事何时了？人生百年几今日，今日不为真可惜。若言姑待明朝至，明朝又有明朝事。为君聊赋《今日诗》，努力请从今日始。"诗句浅显，意蕴深刻。人生应立足今日，用好今日。今日不做，更待何时？一句"努力请从今日始"，可谓人生至言。

近代日本著名伦理学家丸山敏雄，在他的《人类幸福之路》一书中提出了17条箴言，其中第一条就是"今日最美好"，意思是说，人生的每一天都是宝贵的良机。他说"人生乃是每个今天的连续"，"今天是光明辉煌，充满希望而唯一的良辰吉日，今天不做，何时良机再来？错过今天的人就是错过一辈子的人"，"时间即金钱，然而，金钱失去可得回，时光却一去不再来"。因此，他提出"即行"的道德要求。即行，即觉而行之，就是一旦发现

---

[1]（东汉）徐干：《中论·修本第三》。

和认识到某事要做、应该做，就坚定愉快地立即去做，不要错过良辰吉日，失去做事的时机。他的这些话也是人生的忠告、成事的至理。

得时难，失时易。立足现在，努力请从今日始，这应当是人生成功的基本、处事立身的原则。坚持这个原则，我们才能有充实的今天、美好的明天。当然，在每一个具体的行为活动中，还须注意现在与过去、将来的联系和复杂状态，使现在的立足和努力更明智、更坚实、更有成功的把握。

三、物理和心理

（一）时间的两重性

生命以时间为标志，生命存在的方式就是时间。生命时间是通过生命主体体现的，因此它表现为物理的方面和心理的方面，即所谓物理时间和心理时间。

从时间对于人的生命来说，所谓物理时间，就是与人的生理肌体的运动、发展相联系的时间。这种时间是客观的、绝对的，只具有一向性。它的空间形态的存在，就是包括人体在内的运动着的物质世界。心理时间则相反，它是与人的心理、精神活动相联系的，因而是主观的、相对的，具有多向性。它的存在形态，就是人的内心精神世界。如何对待这两种不同的时间，对驾驭人生的寿律至关重要。

有一种生命哲学，反对把时间看做客观的、绝对的、一向性的物理时间，反对用物理时间来度量人生。19世纪法国哲学家柏格森的人生哲学，可以作为这种观点的代表。他认为物理时间扭曲了时间的本性和人的本性，使绵延不绝、充满活力的人生，分割成无数"僵化的小片断"，给"人生之流"设置了牢笼，套上了锁链，从而使人的心理空间化，使人的活的生命僵化、机械化。显然，他的这些言论是批评当时流行的机械论的。这种机械论忽视人作为主体的主动作用，束缚了人们对人生的积极思考。

按照柏格森的理论，人的心理活动没有空间，"人生之流"在这里没有长、宽、高，因为人的心理、情绪、感受、思想等精神活动，是没有体积的。如果按照物理时间，把人生过程分为过去、现在和将来，再划成年、月、日、时、分、秒等时间碎片，那就会把生命僵化，使人生成为依附于物理时间的僵硬躯体，而失去主动性和活力。在这里，他看到了如果单纯从物理时间上看人的生命过程，就会仅仅把人生看做物体的运动，而忽视人的精神特征和人的主体性、能动性。因此，要把人生当做人生看，就必须把人生看做有精神支配的主体的能动的活动，必须注意人生的主观的、内在的心理时间。柏格森的这些观点，针对当时流行于欧洲的机械论，是有积极意义的。

柏格森认为，心理时间具有多向性、非直线性，因此人可以在心理时间中主动把握人生的整体和全过程，而不再局限于或被束缚于物理时间的过去、现在和将来，不至于被年、月、日、时、分、秒把人生撕成碎片。从心理时间上把握人生，就能够使人生更具有主动性、创造性，具有常新不衰的内容和乐观态度，从而体现出人和人生的自由。在他看来，人生一旦冲破物理时间的枷锁，就是心理时间的解放，也就是人的精神生命的解放。

柏格森的这些思想，也反映出从中世纪教会统治的僵化生活方式下解放出来的近代欧洲人普遍的自由要求。近现代工商业的飞速发展加快了生活节奏，大大提高了时间流逝的主观价值体认，强化了个人的生命时间感。个人更加自觉认识到生命的有限性，从而意识到应该在有限的生命时间内获得自我实现。这种时间感的增强，在一定意义上也提高了个人的自由度。人们可以掌握物理时间，同时也可以驾驭心理时间，通过自己的主动活动来加快或延缓人生时间，创造人生的价值，摆脱封建蒙昧主义和宗教禁欲主义的束缚，享受人生的乐趣和幸福。这是近代欧洲发达国家一般人生哲学的趋势，也是柏格森人生哲学的特殊贡献。不过，他过分强调了心理时间，否认物理时间的客观性、决定性，从而把人生看做是绝对自由的，这就使他的心理时间论陷入又一个片面的极端，成为一种心理决定论。

（二）大脑活动的瞬间

我们肯定柏格森反对把人生时间打成碎片的思想，是肯定他反对机械论，反对教会僵化的生活方式，并不是否定时间的客观划分。实际上，人的大脑比任何其他器官都更加有赖于时间划分的精确掌握。现代科学证明，只有对时间控制精确到千分之一秒，神经脉冲才能在大脑中合成图像、思维，并实现记忆。在一般情况下，大脑总是把时间分割成30/1000秒的片断，在这个界于过去和未来的时间的一瞬间进行活动。当两次刺激间隔达不到30/1000秒时，人便不能分辨先后，也分不清过去和将来。所以，时间和空间是相互联系的、一体的。如果我们离开这个30/1000秒的间隔，我们就进入时间的抽象。人类已经用了千万年的时间，也已习惯了抽象化时间。从这个意义上，我们可以理解爱因斯坦所说的"对过去、现在、未来的划分，不过意味着一种顽固的错觉"。在相对论中，时间与空间是统一的。

人生不仅有时间，而且也有空间。人生的空间就是人体的空间存在及其社会实践活动。否定人生的空间性，就是否定人及其社会实践活动的实在性和物质性。同样，否定时间的客观性，也就是否定了人及其实践活动的空间性和实践性。这无异于否定人生的实在性。应当看到人生时间的连续性，注重人生的现在，但不能否定人生过去的真实性，也不能否定人生将来的可预见性；否定了物理时间，也就从根本上否定了心理时间，否定了人生。因为时间不是别的，只是物质运动的方式。人的心理活动和心理时间，不能离开人的物质运动和人的实践活动。

但是，在肯定物理时间的决定性的前提下，充分肯定心理时间，重视心理时间，对于人生又具有特殊的重要意义。人不是物，人生有自己的特性，在时间上也有与其他一切物和生物不同的特性。其他一切物和生物，都只能受物理时间支配，不能产生心理时间，更不能利用心理时间，其寿律只服从于物理运动的规律，服从生物的生长期和细胞分裂法则。唯有人有理性，能产生心理时间，利用心理时间，因而能够主动地调节物理时间，使其按照自己的需要发生作用。

人的心理时间作为主观化了的物理时间，具有非一向性、可逆性和离散性；可以被人加以主观的利用，使之倒转、交叉、重叠、错位；可以任意剪裁、分割、拼合、颠倒。这就是说，心理时间是与人的精神活动相联系的，因此它可以从人的内在心理上对人生发生直接的影响。人通过对心理时间的认识和利用，表现出人的主体性、能动性，对客观的物理时间发生反作用，从而使人成为生命的主人。

这个道理，中国古人早就有所洞见。东汉魏伯阳作《周易参同契》，借周易爻象的变化，探索人体内的奥秘，研究怎样同衰老、死亡做斗争，以延长人的生命。①人体的内在元气极其精微，可以体察，但难以精确把握和用语言表达。因此他借《周易》卜筮中比较精微的策数概念，用数学的方式，描述出人体内在的元气变化运行规律，有诗曰："大丹妙用法乾坤，乾坤运兮五行分。"他肯定了五行随天地运行而分化，这是客观的，不由人为的。但是，他从人体元气运行中却发现了特殊的生命时间，即所谓"丹"。

丹，在这里是指"内丹"，不是指金银铜铁锡等元素，而是指人身体内部的精气，按照现代科学可以译做"能量流"。所谓"修丹"，就是通过一定程序的特殊锻炼，体察和掌握人身体内部"能量流"的产生和变化运行轨迹，以达到健康长寿的目的。《周易参同契》浅解者王沐诗云："五行顺兮，常道有生有灭；五行逆兮，丹体常灵常存。"这些话的意思都是说，时间不只是顺流的，还有逆流的；不仅是要顺从的，还是可逆反的；人体"能量流"产生和运行的时间不是死的、绝对的、无条件的，而是活的、相对的、有条件的，可以随着人的锻炼程序和体内机能的变化而变化。因此，这种内在的时间，是任何外在的机械计时仪器所不能测准的。它要根据人体内的元气（能量流）运行周期来判断。这种时间不是一个顺流之波，而是有正反逆顺的。道家的这种思想虽然不科学，但在人体生理学和心理学上，也有一些道理，也是打破时间机械论的一种探索。这种思想后来被演义为道教的教义，再被演变为所谓"炼丹术""成仙术""祛病术""长生术"等等。其实，道家、方士所说的那个能量流，不过是个体的复杂生理活动机制，也与个体的心理活动相联系，再怎么灵活、长久也不能使人成仙。如果我们从心理活动上去占据这个能量流，那么，这里就包含着一定的积极意义，那就是人发挥能动性，主动去把握人生的心理时间。

①周士一、潘启明：《周易参同契新探》，湖南教育出版社1981年。

当然,《周易参同契》所描述的时间,还不完全是心理时间,只是一种相对时间,但它包含着心理时间的可逆性意义,可以让人在日常生活中灵活把握时间,在世俗中进入理想境界,在有限生命中进入无限。

(三) 生命的延长

人的生命是有意识的、自觉的、主动的。就是说,人可以把自己的生活同自己的生命区别开来,驾驭自然生命的必然性。动物则是和它的生命直接同一的。动物不能自觉地把自己同自己的生命活动区别开来,它就是它的自然生命活动本身。人有"分身术",能意识到自己的生命活动,并能用自己的意志控制自己的生命活动。人的有意识的生命活动把人同动物的生命活动区别开来。正是由于这一点,人才能在自然必然性规定的限度内去争取生命的延长。

人的生命延长有两种方式:一种是物理时间延长,利用科学手段抑制疾病、强化生命源,从而延长生命寿数。首先是物质生活条件。要有适合的生活环境,要有适当的营养条件,要有公共卫生的改进,还要有抗生素药物的供应,等等;没有这些条件,延长人的寿命是不可能的。其次,是精神愉悦、乐观。据美国哈佛大学老年病专家马杰里·西尔弗的研究报告说,百岁老人在饮食和运动方面并没有共同点,有些人素食,有些人吃肉,有些人好运动,有些人不做任何运动,他们唯一的共同点是控制紧张情绪,情绪稳定乐观。可见,乐观者长寿也是人生的经验。

再一种是心理时间延长。人们都会有这样的人生体验:在同一段物理时间中活动的人,由于心理时间的差异,会产生很不相同的人生心态。有人生活愉快、幸福、心宽、乐观,会感到时间过得太快;有人生活不幸、忧愁、心烦、悲观,常常会感到日子过得太慢。所谓"欢愉惜日短，愁苦嫌夜长"，就是这种心理时间感受的描写。同一个人在不同的情况下，也会存在心理时间上的差异：工作紧张，要在一定时间内完成某项创作任务，就会感到时间特别快；而在悠闲、无所事事时，又会感到时间过得太慢。成就欲强烈的人，往往感到时间紧迫、短促，因而行动积极、乐观；成就欲低弱者，往往感到时间松弛、空旷，行止出神、呆滞，以无聊和闲逛打发时间。所以，注意心理时间的认识和利用，对于时间的把握和人生态度的形塑是很重要的。

从人的长寿规律性来看，人的物理存在固然遵循物理规律，但人的特点是在物理之中有精神心理作用。讲物质生活体验，长寿的人可以说各个人不同，各地域不同，各民族不同，各个时代也不同。即使一家子女，也是一母生八般，各个不同。但是，有一点是共同的，就是有精神的、心理的作用。对人生来说，重要的是掌握心理时间，延长人的生命，丰富人生的内容。有句俗话："忘记生日才能长寿。"这是说，忘掉生命的时间性，就能成为无过去、现在和将来的压迫感的人，就能无忧无虑地把身心放在事业上，使有限的人生和无限的事业同生长。孔子说"发愤忘食，乐以忘忧，不知老之将至矣"，说的就是这个意思。关于忘记生日才能长寿还有这样一则传闻，说是1963年12月26日，毛泽东70岁时，工作人员要给他祝寿，他对工作人员说："你知道做一次寿，这个寿星就长一岁，其实就是少了一岁，不如让它偷偷地走过去，到了八九十岁时，自己还没有发觉，这多好啊！"让"寿星"偷偷地走过去，就是忘掉生日。不整天念及寿数，就可以放心地干事业，岂不更能使人生充实、愉悦而有价值吗？按照这个道理，可以说，延长生命不是顺时序的，而是倒时序的。如果确定年轻时代为心理时间的常态，那么向着年轻时代努力，老人可以永葆青春，充满活力地发挥老年的余热；少年可以早熟，较早地步入有为的人生时期。无论老人年轻还是少年早熟，两者都是生命的延长。经验证明，积极地利用心理时间，人就会有驾驭人生的主动权，常葆生命的活力。

当然，还可以说有第三种生命延长方式，即在有限的生命时间内，做出更多的成绩，为社会和人类多作贡献。这就是后面要讲的提高生命效率问题。

四、节律和效率

（一）生命的节律

人生要能立足现在，创造将来，就要实实在在地把握现在。要切实地把握现在，就有必要掌握生命的节律，提高人生的效率。所谓生命的节律，并不只是指生理变化的节律，也包括在生理活动规律基础上发生的生活节律。按照中国古代《周易参同契》的探索，人体内的能量流是有节律的，在不同的时间，流注于不同的方位，具有生物钟的功能。古代方士们把人体看做一个小宇宙，而把能量流在体内运行一个周期作为一个时间度量单位，然后再细分，分到极细微时，其运转是无形的，因此只能用象征性比喻和符号加以表示。如借四季和月亮盈缺变化，来比喻人体内能量流运行的周期，称为"小周天"。这就是说，《周易参同契》所说的时间观念与我们平常所说的时间观念不同。《周易参同契》以"能量流"在人体内运转一个周期，作为一个时间度量的大单位，然后再将它细分为若干小的度量单位。我们平常的时间观念，是根据客观物质世界的运行，再把它变成钟表的刻度来判断确定的，而《周易参同契》则是根据人自身所体察到的能量流运行的周期来判断确定时间的。

现代生理学告诉我们，人体内细胞的分型、血液的成分和凝血的时间、眼内的压力、肾上腺素的分泌、直肠的温度、尿液的温度等，都有周期性变化。与此相联系，大脑的功能也有与此相联系的变化规律：有时你会觉得精力充沛，情绪饱满，思维敏捷；有时你又会觉得疲惫不堪，情绪低沉，或喜怒无常，这就是所谓生物钟的节律在起作用。据最新研究表明，人体内部生物钟的运行具有精确的时间周期，其长度为24小时11分钟。这一研究结果虽与以往的研究结果有所不同，相差40多分钟，但它有助于说明为什么老年人睡眠时间减少。

苏联生理学家在大量研究基础上，列出人体一天24小时内生物钟的变化和表现如下：

1时：大多数人进入浅睡易醒阶段，对痛特别敏感。

2时：除肝外，大部分器官工作节律极慢。

3时：全身休息，肌肉完全放松。这时血压降低，脉搏和呼吸次数减少。

4时：脑部供血量减少，不少人在这个时辰死亡。

5时：肾不分泌。人已经历了几个睡眠阶段。此时起床，很快就会精神饱满。

6时：血压升高，心跳加快。

7时：人体的免疫功能特别强。

8时：肝内的有毒物质全部排尽，此时绝对不要喝酒。

9时：精神的活力提高，心脏开足马力工作。

10时：精力充沛，是最好的工作时间。

11时：心脏照样努力工作，人体不易感到疲劳。

12时：全身"总动员"阶段，最好不要马上吃午饭，可以推迟到 13 时。

13 时：肝脏休息，最佳工作时间即将过去，感到疲倦。

14 时：一天中的第二个最低点，反应迟钝。

15 时：人体器官最为敏感，工作能力逐渐恢复。

16 时：血液中糖分增加，但很快就会下降。

17 时：工作效率更高，运动员的训练可以加倍。

18 时：痛感下降，希望增加活动量。

19 时：血压增高，精神最不稳定。

20 时：体重最重，反应异常迅速。

21 时：神经活动正常，记忆力增强。

22 时：血液内充满白血球，体温下降。

23 时：人体准备休息，继续做恢复细胞的工作。

24 时：一般是适宜就寝的时间。

以上所列主要是生理变化的节律，但它是人生节律的基础。从上表中可以看出，人的生命节奏是很微妙的，它左右着人的身体、感知和情绪，调节着人生活力的产生和发挥。这种节奏是有规则地重复出现的。这就是人的生命节律，也可以看做人生节律。

（二）节律的周期

所谓人生节律，就是人生存和发展的调节机制。它驱动着人生的节奏，表现为人的体力、心理和精神活动的周期性变化。德国医生威廉·弗里斯和奥地利心理学家赫乐曼·沃博达，经过长期临床实验，研究了人生的节律现象。他们发现，人的体力强弱变化周期为 23 天，心理情绪高低转化周期为 28 天。另一位奥地利心理学家阿尔弗雷特·泰尔其尔，对人的智商进行了研究。他发现人的智力兴衰周期为 33 天。在人生节律从高潮转向低潮时，中间有个过渡时期，过渡时期的时间一般在两三天，称为"临界期"。人生节律处于高潮期，体力强、情绪好、智商高；处于低潮期时，则体力弱、情绪差、智商低。人们只要仔细体验就会发现，在工作过一定时间以后，往往会出现不能再继续坚持下去的感觉。这种感觉的出现，就提示着生活节律到了"临界期"；其表现就是力不从心、情绪不稳定、精神懈怠、智力迟钝、行动犹疑等。这时如果继续从事某项要求比较严格的复杂工作，就容易发生失误，造成事故。如果不及时注意节制，调整生活，往往会造成身体损伤，甚至遭到意外横祸。

在日常生活中，人们往往只注意植物神经系统（VNS）的病变，而忽视生活节律的作用，出现节律临界期就以为是植物神经紊乱，因而生活常处于盲目状态。有时人们依赖"自然调节"，累了就休息，不累就一直干；精神不佳就走走转转，精神好时就不顾一切，忘乎所以。这样虽然也能维持人生的运转节律，但总不是那么自觉地、科学地支配和调节人生。

满足于一般经验的管理工作者或思想工作者，通常也不做这种科学研究，不注意按照人生节律进行对人的管理和指导，沿袭一套世代相传的经验方法。待到被管理者出了事故，就直接处理结果，而不去寻求产生结果的原因，分析生活节律上的问题；或者要追究原因就认定是事故者的思想觉悟问题，责之以"玩忽职守""不负责任""麻痹大意"等等，而对深层次的原因和生命运行的规律则不加考虑。有些管理人员在指导工作时，往往不了解下层人员的现有状态，只按工作要求安排任务，结果造成"临界期事故"。出了事故，在指挥者方面只以为是下层工作者不负责任，在工作者方面则有苦难言，因而挫伤工作积极性，也影响了领导者和被领导者之间的正常关系。特别是有些先进分子，在一种"小车不倒只管推"

的观念指导下，往往不顾人生节律，拼命工作，以致弓弦太紧，终至弦断人倒，对个人和事业都是损失。

因此，注意掌握人生节律，不仅是领导者的责任，而且也是每个人的义务。所谓自制、自律，其中一个重要内容就是要掌握生活节律。这也应该是个人道德或私德的内容之一。

那么，怎样把握人生节律的周期呢？这里介绍一个陈氏计算公式[①]。这个计算式分为三步：

第一步，计算生命总天数，即从出生到计算当天的生活天数。其公式是：生命总天数=365×周岁+周岁／4±今年的生日到计算当天的天数。[②]

第二步，分别用33、28、23去除总天数，得出三个余数。

第三步，对比余数，得出这一天在三个周期中的位置，即智商、情绪、体力处于高潮期或低潮期。如果余数超过周期平均数的半数，就是进入低潮期。

人的生命力是有节奏地运动的。发现这种节奏，并找到适当的计算公式，对人生节律的量的把握，具有一定价值。不过使用这种方法，还需要与其他认识方法相结合。单以这种方法指导人生行为，安排生活，也会陷入机械化、简单化，平常人的生活也很难做到。《周易参同契》也看到"小周天"的节律不是死的、不变的、无条件的，而是活的、可变的、有条件的，是随着锻炼程序和人身内部机能的变化而变化。这也就是说，人生节律的量和变化规律，不是任何外在的计量仪器和刻板公式所能测准的。如果把它作为一种辅助方法，注意到人的社会生活的复杂性，还是可以使用

[①] 参见陈红春：《人生价值的要素》，上海文化出版社1988年。该书中有公式计算举例。

[②] 若计算的这一天在当年生日之前，则第三项为减法。

的。比如，人的经历、思想水平、修养境界、实践能力等方面的差别很大，这种差别对人生节律具有重要影响。有人长期超时、超负荷地工作，精神仍然十分旺盛，效率很高；有的人则三天两头休息，打不起精神，并非完全是身体有病，而是缺乏强烈的事业心和坚强的毅力。这种情况就不是单用节律计算公式所能把握的。

据科学家的研究，人脑活动的最佳时间是在夜间。因为人脑每分钟可接受 6000 万个信息单位，其中 2400 万个来自视觉，300 万个来自触觉，600 万个来自听、嗅、味觉。人在夜间闭目思考的时候，几乎可以完全避免来自各方面的 2400 万个信息单位对大脑的干扰，此时听觉、味觉、视觉的信息干扰几乎等于零，这就有利于大脑功能的发挥。特别是脑力劳动者，尤其要注意把握大脑功能有效发挥的最佳时间，以保持旺盛的精神和工作的高效率。

把握人生节律，对于人生行为的自我调节，对社会人际关系的调解和管理效率的提高，实现社会优化生活方式，具有重要意义。例如，在临界期或低潮期，尽量避免承担高难度的工作，防止事故，有意识地将难度大、要求高的工作，放到节律高潮期去进行，以便提高工作效率，保证工作质量和安全。在智力高潮时，争取处理比较复杂的、费脑力的研究课题，在低潮期尽量避免从事比较复杂的、费脑力的研究。在高潮期尽量回避人事纠纷的处理，把问题放到冷静的低潮期去解决，进行"冷处理"。这些都是自觉掌握和利用人生节律的有益经验。

掌握人生节律，体现着一个人定时定量控制人生活动的能力，也就是体现着节约时间和运用时间的能力。只有按照科学的节律调节生活，克服自然调节的盲目性，才能使人生在一个主旋律之下，谱出和谐优美的乐章。从一定意义上说，人生的一切活动和价值，都体现在人生时间的合理分配和利用中。人们之间的差别不在于他们拥有的时间多少,而在于如何利用时间,这是使人生科学化的前提。这里只说"从一定意义上",就是强调不能忽视更为根本的思想觉悟和品德修养,只有有很高的觉悟和品德修养,才能廓然无累,优化人生,达到沉浮自如,命运自主。

(三)人生的效率

人生的节律是和人生的效率密切联系的。效率是现代化社会生活节奏的表现或结果。讲究效率,是现代社会进步的前提,也是人生进步的保证。

在古代小农经济社会中,人们不把时间看做物质的、客观的、与生命同一的东西,而是注重生活中人为的节奏性、重复性和稳定性。人们虽然是按照自然的节奏、四季更替、日月升沉来安排生活,但并没有意识到自己的生命和时间的同一性。直到有了钟表以后,才把人生同时间的运转联系起来,并自觉、自主地调节生活的节律。

现代社会生活,工业社会,信息时代,显示了快速、紧张的节奏,加强了人们的生活效率感,以至产生了"时间就是金钱,效率就是生命"这样的口号。这种注重人生效率的精神,如马克斯·韦伯所说,它不单是那种到处可见的商业上的精明,而是一种为人处世的精神气质。这是在科学技术、市场经济、生活方式迅速发展、变化的时代,个人自我意识和主体性增强的结果,也是集体和个人相互激励、相互作用的结果。

在社会主义现代化建设和改革的时代,效率观念已经上升到科学生活观的突出地位。改革开放初期,广州、深圳一带的人有一种说法,说特区人之"特",就在于"少些废话,多些行动;少些客套,多些实务;少些依赖,多些自强;少些吞吞吐吐,多些痛快淋漓"。这里所说的"少些""多些",就表明他们对现代生活效率观做出了积极的选择,要务实,要行动,要自强,要痛快淋漓地生活;不要在客套、依赖和无用的废话中打发日子。随着改革开放和现代化建设的发展,特区的这个"特",已经在全国逐渐普及,成为普遍的生活方式和社会风尚。这是中华民族精神文明的历史性进步。

效率就是金钱,不仅从商业的眼光看是如此,从其他工作角度看也是如此,应当重视效率的价值。时间的价值、人生效率的价值,甚至用金钱都不足以表示。当然,有人把上述口号变成这样一个口号:"时间就是金钱,金钱就是生命。"把金钱变成人生目的和"命根子",让"钻钱眼"玷污尊贵的人生,这是对人生的莫大亵渎。有人改了一首诗说,"生命诚可贵,爱情价更高,若为金钱故,二者皆可抛"。这里用"金钱"二字代替了"自由"二字,两字之差,人生境界却相差十万八千里。这是财迷庸徒的人生哲学。当然,此处不是说金钱不重要,也不是说努力挣钱不光彩,而是说不应以钱为命,把赚钱当做人生的目的,当做人生的根本。这正如人生吃饭是为了活着,而活着不是为了吃饭一样,不能把人变成物的奴隶,变成挣钱的机器。

这里是强调人生的效率。特区人在开放的大潮中,为时代的海啸震醒,因而改变了传统观念,加快了生活节奏,创造出新速度、新成就,正在于他们把握了人生时间的高效率。"时间就是金钱"这个口号,意味着时间的价值、人生的效率,与庸夫俗子的生命哲学是不能同日而语的。有人说,中国这个民族有哲理眼光,但比较缺乏效率。这话不无根据,虽说更适合于旧时代的中国,但现在也还不能说高效率的工作生活已成为普遍,因此这句话仍然应为我们深思明鉴,借以自警。

节律和效率是与人的生活条件相联系的。由于每个人所处的环境不同，生活内容不同，生活效率也往往不相同。而人们的生活效率高低，又深刻地表现着他的生活目的、生活方式和价值观念。在一个落后的、管理混乱的单位工作，人们的积极性不能充分发挥出来，生活的效率必然很低。在一个闭塞的农村小镇从事学术研究，资料缺乏，杂事干扰，自然效率不高。当然从事农村实地调查研究，又当别论。

常言道："有志不在年高，无志空活百岁。"依此而论，一个人的生活效率如果仅为当时人生效率标准的50%，那么他即使活上100岁，实际也只相当于活50岁。如果一个人的人生效率为200%，那么他即使活了30岁，也相当于活60岁。如果一个人能达到生活目标的60%，他就是生活中的胜利者了。古罗马哲学家塞涅卡说得好："生命如果是很充实的话，它是长久的。当精神把生命应有的美给了它，使它本身具有能力，则生命就是很充实的了。死气沉沉地活八十年是为了什么呢？这不是在生活，而是苟延残喘……应当以事业而不应当以寿数来衡量人的一生。"17世纪，法国有一位年轻人布莱士·帕斯卡，只活了39岁，但他是那个时代著名的数学家、物理学家、哲学家、散文作家。他是几何学中帕斯卡定理的创立者，是数学概率论的奠基人，是流体力学和静力学的奠基人。他最早发明了自动进位的加减法计算装置，制作了水银气压计、水压机等。他是哲学中直觉主义学派的奠基人，他的《思想录》一书成为近代哲学思想的源泉之一。试想，他的一生效率相当于多少高寿之年呢？可以说，胜过百岁。法国一位活到122岁零164天的老寿星珍妮·卡尔门特是世界著名画家梵·高的同龄人，梵·高只活了37岁，但他创作的800幅油画和700多幅素描，给人类艺术殿堂增添了无价之宝，对现代绘画的发展影响极大。他的一生是宝贵、光彩的一生。当然,珍妮·卡尔门特以长寿载入史册,也给人类做了可贵的贡献。

有一篇科幻小说,写的是两位医德高尚的中医大夫,在关于人应该活多久的问题上发生了分歧。张大夫希望人能长生不老,王大夫则主张人只要健康生活,充满活力,百岁亦足。两人各不相让,坚持己见,最后只好各自探索有助于人生的奇药良方。几十年后,张大夫研制出一种"长生不老丹",王大夫研制出一种"轻身祛病散"。两种药同时上市,人们根据两种药性和各自的心理要求做选择,绝大多数人选用了"长生不老丹",只有10%的人选用了"轻身祛病散"。服药后,各自发挥了功效。服祛病散者,果然病害清除,个个健康有活力,人人皆大欢喜。服不老丹者果然也得到长寿,可是他们发现自己行止缓慢,步履维艰,一步要走十几秒钟,一顿饭要费时两周。如此下去,即使活一万年也只相当于服药前的30岁。看看人家服祛病散的人们,矫健轻捷,强壮有力,效率日益增高,一年顶十年。于是服不老丹者悔不当初,只想长生不老而没想到人生效率,原想延长生命得到幸福,结果丢掉了生命效率,得到的却是苦恼和厌烦。

效率等于创造价值与其活动时间之比。人生是在有限的时间中运动的,只有提高人生效率,才能得到更有价值的人生。现代日本学者桑名一央提出一个奇怪的等式:一天=25小时。[1]他以这个等式为题写了一本书,鼓励人们延长自己的生命,其办法、其秘诀,就是提高人生的效率。[2]

人生的内容很广,效率测定的范围也很大。不同的生活内容,

---

[1] [日] 桑名一央:《一天=25小时》,融直、柳君编译,红旗出版社1988年。
[2] 天文学家推算:45亿年前,地球上一天是4小时;15亿年后,即距今30亿年前时,一天18小时;距今5.7亿年前时,一天21小时;目前,一天23.95小时,一年为365.26天。据此推算,再过2亿年后,一天便是30小时。

要用不同的效率测定。如读书的效率，要看单位时间内掌握的知识量和理解的程度。工作的效率，要看单位时间内所完成的任务和所创造的价值。学习、工作，或事倍功半，或事半功倍，关键在效率。人生效率，就是看各项生活效率之和，即在一生中所创造的价值与一生时间之比。科学地测定人生效率，就是从总体上计划人生，创造人生。

测定人生效率，首先要有明智的头脑。从哲学上深刻理解人生的意义，懂得生命在于运动的道理。人生是为着一定的目标，按着一定的生活节律和规矩进行的复杂运动。活动内容有主次、先后。只有分清生活目标的主次、先后，把握矛盾的主导方面，才能掌握人生的主旋律，先后有序地实现目标。所谓"物有本末，事有终始，知其先后，则近道矣"，《中庸》里讲的这个道理用于人生，就是教人掌握提高人生效率之道。从生活经验上说，一个人在特定时期的生活职责、任务是什么，就应当以什么为主安排生活程序。例如，在学校读书期间，学习是主要任务，就要集中精力抓学习，而不能把主要精力用于经商、恋爱、下棋、跳舞等。在企业工作时，工作职责是主要的，就要把精力集中用于搞好工作，而不能把家务、会友、交际等事作为主要的。要克服生活中的随意性、随机性、盲目性，增强计划性、规范性、自觉性，这是提高人生效率应有的理性和素质。

其次，要善于安排行动。就具体生活行为来说，可以把当日、当周的生活内容划分为两部分，以主项目为生活效率的计算根据，安排行动，计算效率。每日、每周定量完成任务。要尽量培养这样的气质：有一件事没有完成就心里不安；有一日无所事事，就想尽办法加以补偿。应该有"当日事当日做""能做之事立即做"的作风和习惯；说干就干，不偷闲，不拖沓，尤其不能对公事和别人的事拖拖拉拉。有句话说,"站在起跑线上,犹豫等于失败"。生活也类似赛跑,投入生活就是站到了起跑线上,尤其是在竞争的时代,不能当机立断,立即去做,并且坚持成功,就必定是生活的落伍者。生活就是竞走,不停步,要进步;坚持日日新、月月新,不断有所成就,有所创造。当然,对辅助性的次要的生活项目,也要给予适当的注意,按时完成。不要因为事小就不去及时完成,小事积压多了也会变成难以背负的大包袱。忽视次要项目、小项目的完成,也会影响主要项目、大项目的完成,同样也会降低生活效率。这里要学会一个老方法,就是"弹钢琴",既抓住主要的,又照顾次要的,把主次、先后、轻重协调起来。

再次,要抓紧有效时间,不要浪费时间。时间不抓是浪费,抓得不紧也是浪费。人们掌握时间和利用时间的权利是相等的,但生活的效率却是不等的。利用时间是一个极其高级的规律。在高效率的生活之中,应该包含节约时间的要求。时间的浪费并非都是由于外加因素的干扰,如不必要的会议,意料不到的来访,偶然的事故,代办人不得力等等。这些因素固然会使人浪费一些时间,但浪费的关键原因,还是在于自己生活的无效率或低效率。19世纪德国哲学家费尔巴哈曾说:"不要抱怨人生短暂吧!我们生命越短促,我们的时间越少,我们就越发会有时间的;因为时间的缺乏,使我们加倍努力,使我们专心致志于必需的东西、重大的东西,教导我们沉着、有进取心、机智、果决。通常所谓的时间不足乃是没有足够的愿望、力量、机警来打破自己日常的因循惯例。"[①]费尔巴哈的忠告,正是劝告人们要通过提高生活效率延长或增加生命时间,不要一味地抱怨人生时间短促。

[①]《费尔巴哈哲学著作选集》上册,生活·读书·新知三联书店1962年,第235—236页。

有人说，大多数人由于生活无效率浪费了50%的时间，这话至少可以使人警惕时间的浪费。有的专家提出三条避免浪费时间的秘诀：1.不要做浪费时间又徒劳无益的事；2.做事先易后难，不要因先难而贻误下面的工作；3.掌握几件做事的技巧。还有人提出一些原则，如善于掌握必要的信息，确立必要的目标，坚持不懈的行动，重视偶然因素的影响，善于同他人协作，集中精力于重点工作，有尽可能周到的计划，对成功的未来抱有信心等等。这些都是保证时间、提高效率的重要经验，应当认真汲取。

掌握生活效率，不是机械的、程式化的。这就像作画写文章一样，有法又无定法。各种生活内容的效率，不同人的生活效率，不可能也不应该拘于死法，套用一种程式。一切要看客观条件和主观努力。同样的环境条件，废寝忘食地工作与懒懒散散地工作，两者的效率计量是不能同样对待的。环境好，如果不去积极地利用，也不会有效率；环境虽然不好，但由于主观努力，充分利用时间，也会达到高效率，创造有价值的人生。

生活效率体现在很多方面，如思维效率、决策效率、体力效率、手段效率、创造效率、劳动效率、学习效率、休息效率等等。每个人生活效率的差异，除了工作、劳动之外，还有各种文化、娱乐和家务活动。人生活动的内容是丰富的、多绪的、变易的，但又是有规可循、有律可依的。现代社会已经形成快速化的形态，节奏快、竞争性强，只有不断提高生活效率，才能适应时代的要求，创造有价值的人生。一个人所做的任何事情都需要时间，能否在事业上取得成功，实际上主要取决于是否会有效地利用时间。时间虽然不能增添一个人的生命寿数，但是珍惜光阴、提高效率，却能在有限的生命旅程中，留下更多的光彩足迹。

第二章 人生的阶段

人对体力没有很大的渴望，他也就不会感到烦恼……一生的进程是确定的；自然的道路是唯一的，而且是单向的。人生的每个阶段都被赋予了适当的特点：童年的孱弱、青年的剽悍、中年的持重、老年的成熟，所有这些都是自然而然的，按照各自其特性属于相应的生命时期。

——西塞罗

人生的存在和发展，不仅是有定数的，有节律的，而且是有阶段性的。在人生过程中，有生理上的生长、成熟和衰老；有心理上的形成、发展和丰富；有事业上的选择、奋斗和成就。人生过程中的每个阶段，都有其多方面的内容和活动方式，因而也都有不同于其他阶段的特征。如何把握人生过程的主旋律，做出正确的、有价值的人生目标选择；如何把握人生各个阶段的特征以及各个阶段之间的联系，为人生的不断进步做好充分准备；如何把握人生的关键阶段，继往开来，稳操胜券，获得事业的成功和生活的幸福。这些问题都有待于对人生阶段的科学认识。因此，研究和理解人生过程，正确地划分人生阶段，就成为人生哲学要解决的最重要的问题之一。

一、过程和阶段

（一）人生"预定论"

人生过程是否分阶段？怎样理解人生的阶段？在人生哲学史上，对这类问题的解释存在许多歧义，但也有大体一致的看法。歧义的存在与科学发展的水平、哲学和宗教思想的影响有关，而一致的看法则是与人类生活经验的共同性和现代科学的成就相联系的。

这里我们先谈谈关于人生过程的歧义，着重分析两类比较典型的人生过程论。这样可以使我们关于人生过程的思考泾渭分明。

有一种人生过程论，可称为"预定论"。它认为人生过程和过程中的各个阶段，都是预先由某种神秘的力量注定的，个人没有选择和改变的自由。中国古代的"天运论"，就是一种典型的预定论。这种"天运论"，把人生及人的伦理、道德都看做天定的。"天"是主宰宇宙、人生的神，是道的大源，是至善的化身。这类拟人化的自然神的观念，贯穿了中国古代社会思想几千年，给中华民族的人生观造成了长久的消极影响。这种观念在欧洲基督教人生论中，也是根深蒂固的。按照基督教的人生论，人是由上帝创造的，人生就是经过世俗生活的磨难，赎清"原罪"，拯救灵魂，以求得天国永生的过程。在这个过程中，无论是青少年，还是中老年，生活的目的和方式都是一样的，其意义和价值也都是决定于对上帝的态度和追求。最理想的人生，就是在修道院生活的圣徒的人生。按照奥古斯丁的说法，这是"优于有家有室的生活方式"。他们终生活动的内容就是做"圣事"，完成洗礼、坚振礼、领圣餐、告解、圣职、终敷等等。他们远避世俗生活，没有社会事业的目标和责任，也没有创造的成就和欢乐。在基督教人生论看来，人的一生，就是在人对上帝的爱和对天国的追求中，连续不断地经受考验。在这个过程中，只有不断地抛弃旧我获得新生的区别，没有人生阶段的划分。因为对他们来说，划分人生阶段是没有意义的。

19世纪德国思辨哲学的人生论，实质上也是一种预定论。按照这种思辨的人生论，人生不过是纯粹精神的自我发展过程，即精神由低级阶段向高级阶段的自我实现。在黑格尔那里，它是绝对精神的自我完成。个体的人生只是绝对精神发展的一个阶段或表现形式。在这个阶段上，个体的人生就是自我意识的展现。黑格尔从多方面描述了自我意识从儿童、少年、青年到中年、老年的发展过程，透过自我意识发展阶段的描述，他揭示了人生各个阶段的特征。他把辩证法作为人生的推动原则，处处包含着对人生经验的深刻反思。他的自我意识发展的逻辑，就是他的人生过程的逻辑。所以，从其唯心主义的形式来看，黑格尔的理念自我实现论，是一种唯心主义的预定论，但从其所描述的现实人生内容来说，他的人生论又是很现实的、辩证的人生过程论。

19世纪最后一个黑格尔主义者，德国青年黑格尔派哲学家麦克斯·施蒂纳，从形式方面发挥了黑格尔的人生过程论。他把人生看做个人自我意识预定的实现过程。施蒂纳认为，人生的发展，从儿童到青年、成年，完全是人的自我意识"希望的预定目的"的实现。人生的每个阶段只是个人的自我实现，这种实现归根结底是人的一定的意识差别。而这种意识的差别，就构成了人生的阶段，也就是构成了个人的生活。

在施蒂纳看来，儿童是"唯实主义的"，一生下来就拘泥于现实生活的事物，但他的天性使他企图洞察事物，爱事物的本性更甚于爱他的玩具。由于这种意识的本性，促使儿童进入青年阶段。青年阶段是"唯心主义的"，他第一次发现自己就是精神。他力求掌握思想，领悟观念，陶冶心灵。这使他"沉湎于自己的思想"，并为思想所鼓舞，要把外部世界的物质对象搁置一旁，努力摆脱世俗伦理和宗教说教的缠绕，达到"只服从唯一的自我良心"的境界。达到这个境界就是成人阶段。成人阶段是"唯实主义和唯心主义的统一"，即利己主义。这种利己主义是"自我一致的利己主义"，它能随心所欲地支配一切事物，并能将自己作为"唯一者"置于一切之上。这是"第二次自我发现"。所谓"第二次自我发现"，就是不像青年阶段第一次自我发现那样，发现自我是精神但又在普遍性中丧失自身，没有把握住作为精神的自我，而是真正发现了精神的自我；意识到自我不但是精神，而且是"有形体的精神"，是独立自在的、唯一的自我精神。一句话，成人就是"他自身""唯一者"，也就是把世界作为我心目中的世界来把握，"我把一切都归于我"。[①]

把这些话解开来说，就是把个人作为世界的中心，把自己的个人利益置于一切之上。这样一来，施蒂纳就把人生过程和阶段，完全归结为自我意识的纯粹思辨的推演。看起来他是反对绝对理念的思辨的，但实质上他的自我意识还是把精神、意识看做脱离历史和社会实践的独立力量，看做最高的精神力量，因而把人生过程及其阶段完全归结为思辨的虚构。

（二）人生"机械论"

再一种人生过程论，可称为"机械论"。这种"机械论"，只承

[①] ［德］施蒂纳：《唯一者及其所有物》，金海民译，商务印书馆1989年，第14页。

认人生是从生到死的进化过程，承认人生过程是一种形态向另一种形态的进化，而不承认过程中有本质差别的阶段。

这种人生过程的机械论，在欧洲 18 世纪的人生哲学中比较流行。最典型的就是法国机械唯物主义的人生论。这种人生论根据当时解剖学和生物学的研究，依靠狭隘的经验，机械地看待人的本性和人生过程。《人是机器》一书的作者拉·梅特里，把人看做一架机器，看做宇宙里的一种物质实体，认为人只是依靠食料支持和依靠体温推动的物体，人的精神、心灵完全随着肉体的变化而变化。在他看来，人有多少种体质，就有多少种不同的精神、不同的性格和群体风习；身体状态决定着心灵、精神和道德状态。梅特里把人体看做一架自己会发动自己的机器，是一架永动机，体温推动它，食物支持它；一旦没有了食料，心灵便会瘫痪下去，很快就会死亡。如果你拿些食物喂一喂这个躯体，把食物、水、酒，从人体的各个管子里倒下去，那开朗的心灵立刻就会活跃起来。他认为自然的年龄对人的心灵有必然的影响，心灵随着肉体的生长而发展，就像随着教育程度的增进一样。单是一个生理性的发育，就可以决定人从儿童到老年的生长过程。因此，不仅人与人的差别取决于肉体状态的差别，而且人生的各个阶段也取决于人的肉体状态的进展。人生阶段只是一种状态向另一种状态的进展，就像燃着的蜡烛一样，最后死灭，只有形式的变化，而没有本质差别的阶段之分。

18 世纪法国唯物主义哲学家霍尔巴赫，坚持按照自然主义原则解释人生，认为"人的生命，不过是必然而相连的种种运动的一个漫长的连续"。[①]在他看来，人生就是由无数点连接而成的一条线。每个点都是组成人的生命的元素。点的各种配合方式就形成人生的

---

① [法]霍尔巴赫：《自然的体系》上卷，管士滨译，商务印书馆1977年，第68页。

存在和活动方式，构成人的生长、发展、生存和死亡的过程。人生的过程就是自然过程的特殊表现，是自然用一些事件、事物构成了人生的历程，并以各种方式和力量改变着人的生命，直至最后把人毁灭，使之重新返回自然。所以，在他看来，人在其一生中没有一刻是自主的、自由的；人的每一步活动都要受情欲的支配，情欲又要受体质左右，而体质又是由构成它的物理元素决定的。所以整个人生过程，只不过是一种肉体的或物理的感受性决定的必然性过程。根据这种理论，霍尔巴赫机械地描述了人从出生到死亡的过程和阶段。

按照霍尔巴赫的描述，具有灵魂和精神活动的人，也是遵守着和其他自然物相似的法则活动的。人生的活动始终不能同肉体活动分离，而是在同一进度中产生、生长和改变的。童年是孱弱和幼稚状态。此后便接受外部影响，积累经验，形成自己的行为体系，进行追求幸福的活动，并达到某种活动状态，这也就进入了青年阶段。在青年的成熟和茁壮的肉体进一步发展的过程中，人的精神也随之达到一个新阶段。到了老年，人体衰弱了，神经僵化了，精神和灵魂也一起衰微，以致最后死亡。在这个描述中，尽管大体划出了人生的几个阶段，但各个阶段实际上都是同一肉体活动的不同状态，是同一自然过程的连续变化。这种变化只是量的变化，而不是本质的变化。

19世纪后半叶，进化论产生以后，人生过程机械论有了新的理论根据。按照进化论，整个宇宙万物都是统一的由低级到高级的生命进化过程，人类只是这个过程的一个阶段。在人生过程中，虽然有生有死，经历少年、青年、壮年和老年的各种阶段，但是，这种阶段只是作为生物体进化的形态变化，各种形态之间只有量的差别，而没有本质差别。19世纪英国进化论哲学家和伦理学家赫伯特·斯宾塞,从动物进化的类型来分析人生进化过程,强调人的"机能进化与构造进化相并行",把人生过程归结为行为进化过程。在他看来,行为的进化不仅促进生命的延长,而且也在动作的进步中促进人的生命力的增强。文明人与野蛮人的差别,只在于行为的量的差别;同样,中老年人与青少年的差别,也在于行为的量的差别。所谓行为的量,就是构成行为的各种因素的多少和进化。斯宾塞之所以强调行为的量的变化构成人生阶段,在于他把人的个体生命只看做手段,这个手段只是为达到人类生命延续这个根本目的服务的。所以在他看来,人生各个阶段的变化,只是为着一个目的的手段变化,各阶段之间并没有本质的差别。

如果说进化论的人生过程机械论,还承认人生有目的的话,那么现代人生论中的"实现论",连人生目的也抛掉了。他们只从欣赏和享受的方面看待人生,认为"人生只是一个欣赏、享受过程",因此划分阶段是没有意义的。美国心理学家肖斯汤就是一个典型。他认为人生就如同跳舞一样,只是一种活动过程,无所谓阶段。人作为"实现者",只是在他的各种潜能中跳舞,重要的不在于达到什么目的,实现什么要求,而在于尽情地"欣赏、享受生活过程"。在他看来,人作为一个"实现者",乃是一个自由主宰自己生命的主体,其自由就在于当他进行某种"生命游戏"时,能意识到他"在进行",意识到"他的所行,以及何以他那样进行"。这种意识只重视行动本身,注意于"到达某处",而不在于"到达"确定的目的,永远悠游于生活过程之中,而"不让严肃的生活目的和责任伤害生活的情趣"。与此相反,作为操纵者型的人,则把生命视为鼠辈竞走,过于严肃地面对生活,缺少对生活的欣赏和享受。他们的人生单调、空虚,以至于陷入精神崩溃境地。肖斯汤主张人生要以"实现"代替"操纵",使每个人都成为自我实现者,享受生命的丰盈，发挥人的潜能[1]。显而易见，这种过程论是渗透了唯我主义和享乐主义的人生论，与其说是享受人生，不如说是游戏人生。

(三) 浓缩看人生

"预定论"和"机械论"，虽然都看到了人生过程的某些事实，在一定程度上也肯定了人生过程中的阶段性，但是这两种人生论对人生过程和阶段的理解，都带有主观性和片面性特征，不能科学地反映人生过程和阶段。

"预定论"把人生的发展看做是由上帝命定的，或者是超然于人世之外的天意、精神预定的过程，完全否定了人生的自主性和独立性，离开了人生的社会物质生活条件和社会实践，把主观的幻想同人生的实际生活混为一谈，以幻想、虚构的人生阶段代替现实的人生阶段，使人生阶段之间的过渡、转化陷入主观主义。正如马克思所批评的，这种人生论实际上是把人生过程变成"乔装打扮的思辨范畴"，把人生阶段变成"先入为主的精神怪影的神话"，因而颠倒了观念的人生历程和真实的人生历程，颠倒了社会意识和社会实践的关系。

"机械论"把人生的发展看做人的个人的活动的实现，或者是机械的运动过程，而没有看到人生的客观的内容和复杂的社会联系，没有看到人生过程中总的量变过程中的部分质变。特别是肖斯汤的人生过程论，否认了人生目的和阶段目标，实际上是把人生过程降低为动物的活动过程，把有意义的人生变为只是吃喝享受的人生。这种人生论不得不伴随着一个消极的阴影。

事实上，人生如果没有最终目的和阶段目标，就失去了它应有

---

[1] [美] 肖斯汤:《实现者——操纵者的选择》，孙庆余译，成都科技大学出版社 1987 年。

的意义。人生之为人生，全在于自觉的目的，可以说全部丰富的人生内容，就浓缩在生活的目的和目标之中，人生过程不过是这些目的和目标的展开。人生过程就是经过一个一个生活目标，最后实现理想目的的过程。单纯从进化的观点上，很难分清人生的阶段，就像把时序切割成分、秒等小段而不能分辨出白天和黑夜的过渡界限一样，把人生分成它的微观构成元素和事件，也很难分辨其过程中的阶段性飞跃。然而，人从生到死，中间确实要经历几次质变，使人生呈现出童年、青年、中年、老年等几个不同阶段，并形成各个年龄段的生活特征。人生的每个阶段，都是生命的再生过程，也都是不同的人格特征的形成过程。

二、阶段的划分

（一）阶段的分界

人由出生到老死，这是谁都不可逃脱的路程。半路而亡也是有的，或因急病，或因意外事故突然死去，这是例外。在人生的过程中，发育和衰老是同时并进的；人一天一天生长，同时也一天一天衰老。这个发育、成长、衰老的过程，并没有明显的分界线。但阶段性的相对分界还是有的。一般说来，25岁以前发育的成分多，25岁以后或者生育年龄以后，则衰老的成分逐渐增多。①大致如此，

---

① 人类个体为什么会衰老，人生学研究中有种种假说。一种是基因遗传说，认为衰老是机体基因内在的一种机制。另一种是细胞假说，认为衰老的主要原因在于细胞分裂次数有限。还有机体系统假说，认为机体是一个系统，其安全性是有限度的；在系统内，每个成分、因素发生故障都会引起机体系统安全性的减弱，即健康生命的衰老。

细分则比较复杂。人生过程究竟应当划分为几个阶段,历来众说纷纭。事实上,划分人生阶段常常是与研究的需要相联系的。根据不同的需要,采取不同的标准,就可以做出不同的划分。大略地说,从两段划分到十几段划分,都有人尝试。

最简单的是两阶段划分,即把人生全过程划分为前后两段,或称做肯定阶段和否定阶段,或称做上升阶段和下降阶段。大体上是根据人生从生长、成熟到平衡,之后是平衡的破坏,走向衰老和死亡,所以又称做兴盛和衰老。所谓"肯定"和"否定",是19世纪德国哲学家叔本华的人生哲学用语。"肯定"是指"生命意志"肯定自身,就是不为任何认识所干扰,满足生命的欲求,特别是强烈的生死欲求;"否定"就是指"生命意志"通过认识和仁爱的道德约束,克制自己,以至达到禁欲、涅槃,使个体生命复归于整个宇宙生命,即所谓"小我"归于"大我"。按照他的描述:"如果说人生前半部分的根本特点在于不知满足地追求幸福,那么,其后半生则充满着不幸之惶恐。因为在后半生,我们多多少少都愈发明了这一认识:所有幸福皆为虚无缥缈之物,而所有苦难则为实实在在的东西。"[①]显然,叔本华根据人生阶段的这种划分所得出的人生观,是悲观的、消极的。不过,他对人生阶段更常见的划分还是四段,即分为童年、青年、中年和老年。各个阶段的发展,还是贯彻他的两段论的思想,在某些具体问题上也有些积极的、有价值的思想。

三段说,有几种不同的划分标准,因此也有几种不同的模式。第一种是按人的知性发展程度来划分,如荷兰哲学家维恩格登提出的三段说,就是按知性发展程度把人生划分为三阶段,即认识世界阶段(0岁至18岁)、接受世界阶段(18岁至42岁)、反应世界阶

---

① [德] 叔本华:《意欲与人生之间的痛苦》,李小兵译,上海三联出版社1988年,第146页。

段（42岁至死）。第二种是荷兰心理学家勃纳德·利维古德的划分。他根据人的生理、心理、精神三方面，大体上把人生划分为相应的接受阶段、扩展阶段和社会阶段。与生理相适应的是接受阶段，对成年之前影响最大；与心理相适应的是扩展阶段，在青年时期表现最突出；与精神阶段相适应的是社会阶段，主要是中老年的特征。第三种是丹麦哲学家克尔凯郭尔的划分。他把人生过程分为审美阶段、道德阶段、宗教阶段。审美阶段主要受情感冲动支配，及时行乐，精神空虚；道德阶段受责任意识支配，注重陶冶心灵、境界升华、献身事业；宗教阶段注重人格的完善，积善行德，最后献身于上帝。按照他的模式，人生每一阶段的衔接，都是靠人的顿悟和瞬间抉择实现的。还可以举出奥地利心理学家弗洛伊德的划分。他把人生过程按照性成熟程度，划分为自恋期、依赖期、成熟期。这类划分只是为研究的需要，就其所注意的标准来说有一定意义，但并不能真实地、本质地反映人生的阶段。

四段说比较普遍，即通常所说的人生四项性。印度、巴基斯坦的宗教哲学，按照"达摩原则"，把人生分为四个阶段，即学习阶段、理家阶段、林居阶段、遁世阶段。所谓"达摩原则"包含两种意义：一是印度教、佛教的要求；二是传统种姓制度的要求。按照这一原则，人生就是实现宗教和种姓制度要求的过程。因此，人生四阶段主要是婆罗门的人生要求，一般人也应遵循达摩原则，但实现四阶段只能是理想。按照《摩奴法典》规定，在有生命的物类中，依赖智慧生存的最高；在有智慧的人中婆罗门最高；在婆罗门中精通经典的人最高；在精通经典的人中熟知义务并完成义务的人最高，其中达到解脱的人又是最高的。[1]显然，这种人生阶段说是与种姓等级和宗教观念相联系的，是为宗教和种姓制度服务的。

---

[1]《摩奴法典》，马香雪译，商务印书馆1982年，第21页。

德国哲学家叔本华也主张人生四段说。他在提出人生肯定阶段和否定阶段的同时，把人生具体划分为童年、青年、成年、老年四阶段。他认为童年是"认知的存在"阶段，智力尚未成熟，没有明确的人生目的，对世界事物只做直观的把握；青年是"意志的存在"阶段，理智已经成熟，向往现实生活，要有所作为，同时面对茫茫世界也充满不安和忧虑；成年是"经验的存在"阶段，以经验的眼光观察生活，发现幸福的虚无，苦难的实在，因而不求进取而多求缓解、安宁，也开始愤世嫉俗；老年则是"反省的存在"阶段，常以反省的思考回顾人生，领悟人生的真正目的和目标，领悟自身及自己对他人和世界的关系。叔本华对人生阶段的划分与现代人生阶段的划分大体是一致的。他对人生各阶段的描述，总的来说是他的悲观论的贯彻，但每个阶段的内容还是比较真实地、生动地反映了他那个时代不同阶层的人生现实的。在某些方面和特点的概括上，也不无普遍意义。

（二）从五段到十段

人生四阶段划分是较常见的划分模式，但在人生科学研究中还有五段以上的划分。这些划分方法，从形式上看似乎意义不大，但是对于人生科学研究却是必要的。

五段说不多见，比较典型的是古罗马哲学家的划分。这种划分的根据主要是时间，如从出生到15岁为童年；从15岁到25岁是青年；从25岁到40岁为第一成年期；从40岁到55岁为第二成年期；55岁以后为老年期。这里所说的第二成年期，相当于四段划分说的成年或壮年阶段。美国心理学家夏洛特·布勒也提出了五段说。她把划分的根据集中在人生指向的主要目标及其实现途径方面，强调人生阶段是取决于生理冲动的主导因素。她认为，由于生理的基本冲动的影响不同，人生就形成不同的阶段。每一生命都有一个基本倾向，即人生目标指向的主旋律。决定这种基本倾向的力量来自两方面，一方面是生理的冲动，另一方面是精神的动机。两方面的相互联系和作用，影响着人生各阶段的特征。

六段说，从不严格的经验概括的形态上，我们可以举出中国古代思想家孔子的划分。他曾说："吾十有五而志于学，三十而立，四十而不惑，五十而知天命，六十而耳顺，七十而从心所欲，不逾矩。"这个划分是就他自己的人生历程而言的，但也在一定程度上表达了当时关于人生过程的理解，特别是对士、君子和圣贤的人生过程的理解。中国古代的传统观念，很重视成家立业。成家是20几岁的男子成人的标志，立业大体是30岁左右的事。当然在实际生活中成家同时也是立业，如《春秋·井田记》所说，"人年三十，受田百亩，以食五口"。五口为一户，包括父母妻子。所以，孔夫子以30划一阶段是很切合当时的人生实际的。30以后是按10年一段划分的，其标准主要是智慧和处世，这也是具有普遍意义的。

关于六段划分的现代科学观点，当推德国心理学家马瑟·摩斯的研究。她把人生看做一个连贯的发展过程，其中包括肉体的、心理的和精神的发展。她特别重视人的精神方面，认为精神力量使人生具有深刻的意义。按照她的划分，14岁以前属于童年阶段。从14岁到20岁属于青年阶段，这是心理奋斗时期。从20岁到28岁属于第一成年期，这是目标奋斗时期。从28岁到42岁，属于第二成年期，这是精神奋斗时期。这三个时期的奋斗及其交互作用，决定着以后的人生阶段。她强调人生的三个奋斗时期，突出了对人生创造和价值的重视。

说到人生七阶段的划分，我们先说一说16世纪英国大作家莎士比亚在《皆大欢喜》一剧中对人情世态的描写："咿咿呀呀在奶娘手上抱的是婴儿；满面红光背着书包不愿上学去的是学童；强吻狂欢，含泪诉情，谈着恋爱的是青年；热血腾腾，意气刚强，破口就骂，胆大妄为的是壮年；衣服整齐，面容严肃，大声方步，挺着肚子的是中年；饱经忧患，形容枯槁，鼻架眼镜，声音带颤的是老年；塌了眼眶，没有了牙齿，聋了耳朵，舌头无味，记忆不清，到了尽头的是暮年。"这是我国著名科普作家高士其在讲人生分期时对莎翁的描写所做的概述。他自己所做的人生分期是按照生理变化进行的。他以母体子宫内受孕卵为起点，母卵受精即新生命的开始。自开始至三个月为第一期。这一期虽然不过是一颗单细胞，但已包含着成人所必须具备的一切重要结构了。第二期是胎儿期，由三个月起至脱离母体时为止，"哇"的一声啼哭开始了新生的婴儿期。第三期是从胎儿出生到长出乳齿，大致到3岁。第四期为幼儿期，从3岁到十三四岁，这一时期每年以9%的速度增加体重。第五期是青年期，在营养适宜的条件下，体重和身长按每年12%的比例增长。这种状态大致持续到二十二三岁，基本上发育完全。有些青年到25岁还可能在身长方面长，俗话说"二十五鼓一鼓"。第六期是从25岁到60岁（女到50岁），算做中年期，这是人生最长的时期。当然对百岁老人来说，中年还不是最长的。第七期即老年期，是指60岁以后。

八段说，有美国精神分析学家爱利克·埃里克森提出的划分。他按照心理变化和社会实践的发展来理解人生过程。他认为，在人生过程中必然要解决一些重大的课题，每个课题的解决都标志着人生成熟的阶段。按照他的划分，有乳儿期阶段、早期儿童期阶段、游戏期阶段、学龄期阶段、青年期阶段、早期成人阶段、成人期阶段、成熟期阶段。埃里克森认为，人生在发展的每一阶段上，都存在着一种危机；而危机的解决，就标志着前一阶段向后一阶段的转折。前一阶段危机解决得如何，会影响后一阶段危机的解决。这种划分注意了人生过程的四个基本阶段，也注意了一些过渡阶段，对人生过程的研究具有一定意义。类似的划分模式，还有哲学家加第尼的八段说。他强调人生阶段的主导因素，这些主导因素决定各阶段的特性。

九段说当推中国古代的划分。《礼记·曲礼》中提出："人生十年曰幼学；二十曰弱冠；三十曰壮有室；四十曰强而壮；五十曰艾服官政；六十曰耆指使；七十曰老而傅；八十九十曰耄，虽有罪不加刑，百年曰期颐。"这是以十年为段的划分，其中有生理发育的根据，也有社会生活能力的考虑。显然，10 岁以前已划为一段，只是还没有进入社会生活而未计。10 岁算幼年，开始学习。按古人说法到 19 岁都算幼学阶段。10 年出就外傅，或居宿于外，学书计或技艺。20 岁算成人，行加冠礼，但体质尚弱，所以称弱冠，直到 29 岁都属成人阶段。"三十而立"是一个关键的转折。这时血气已定，身体益壮，并且已成家立业，到 39 岁以前都算壮年。壮久则强，一则智力强，二则体力强，能力也更强，可以为仕，也就是做侍人、当差的士官，这是从 40 岁到 49 岁。50 岁叫做艾，是说此时气力已不如强壮之年，鬓发也开始上白，但人已成熟，可以称大夫，可以为官执政，可以担当官府大事，委以重任。60 岁到了老境，但尚未完全进入老境，一般不再亲自理事，但可以指导别人做事。到 70 岁就完全进入老境，可以称老者了。此时只是传授家事和祖业，付委子孙，不再指事。八九十岁称耄，并言二时，皆可尊敬而罪不加刑。此二时合为一，也可归于八段说。

十段说是古代希腊哲学家提出的。划分的外部标志是年岁，即以七年为一阶段。亚里士多德在《政治学》一书中曾肯定了这种划分。具体划分如下：从出生到 7 岁为幻想阶段；从 7 岁到 14 岁为想象阶段；从14岁到21岁为青春阶段；从21岁到28岁为发现和把握人生阶段；从28岁到35岁为实证和强化人生阶段；从35岁到42岁是按内心要求调整人生阶段；从42岁到49岁为性情转换、动荡阶段；从49岁到56岁为与衰老搏斗阶段；从56岁到63岁为理性成熟阶段；从63岁到70岁为最后阶段，又称之为第二童年期。为什么古希腊哲学家以7数为纪划分人生阶段？这主要是与当时对人体发育规律的认识有关。根据亚里士多德的研究，妇女受孕后最短妊期为7个月，婴儿生后7个月茁牙，婴儿死亡往往也发生在最初7日，所以古希腊习俗是婴儿出生后7天题名。这是7数为纪的根据。至于以7年为纪也是同理。儿童的第一个7年是生长期，这是大脑定型、行为定势、发生两性分化以及自我认知时期。第二个7年开始蕴生精液，阴处长毛，声音变粗。第三个7年进入青春期，即先前蕴生的精液具有了生殖能力。这以后的生命发展，大体也显示出以7年为纪的规律性。所以，亚里士多德说，"那些对人生历程以7数为纪的古哲大体无误"。①这种人生阶段的划分具有比较充分的动物学和解剖学的根据，并为生理学、医学和教育学的实践提供了科学的指导，所以为亚里士多德所肯定。当然，亚里士多德在分析人生阶段的社会内容时，还是使用四分法，即把人生分为童年、青年、中年和老年四阶段。按照他的理解，人生阶段犹如春、夏、秋、冬四季，是自然的规律，不同阶段有不同的目的和实现目的的手段、途径。他在《政治学》中对此做了细致、深入的分析。

（三）永葆青春

人生过程有不同的阶段，按照不同的标准可以做出不同的划

---

① [古希腊] 亚里士多德：《政治学》，吴寿彭译，商务印书馆1965年，第405页。

分。除以上几种划分外,还有十一段说、十二段说、十三段说。各种划分都有一定的合理根据,都是根据某种研究需要,取其某一方面或因素作为划分标准进行的。总体上都反映着人生发展和成长的规律性,同时又注意到各种不同的阶段性的差别。我们应该灵活地掌握这些划分方法。

不过,对于人生的旅程来说,最明显也最适用的划分,还是划为四阶段,即童年、青年、中年、老年。了解人生四阶段的基本特征和阶段过渡的规律性,对于自觉地把握人生过程,实现人生价值,还是很有必要的。关于人生四阶段的问题,在本书第三章中还要做专节说明。

在这里,我特别要强调青年阶段,呼吁青年精神。因为青年阶段是人生中最美好的一段时间。青年人不仅能够享受追求理想爱情的幸福,享受没有琐碎家务缠身的自由,而且能够从事不为世俗狭隘私利所左右的科学研究,勇敢地去追求真理和正义。人生的真实和伟大,不在于其生理的成就,而在于其对真理和正义的追求,在于其保持勇于追求真理和正义的青年精神。正因为这样,少年渴望成为青年,中老年惋惜失去青春,整个人生都力求保持青年的精神活力,追求永远年轻。

三、划分的根据

(一)人生的实证

人生过程分为若干阶段,不仅符合人生过程中量变质变的客观辩证规律,而且也符合人生发展的具体科学原理。人生阶段是人生发展的再生过程。把握人生阶段的意义，在于认识和解决过程中的矛盾，显示人生各个时期的需要、状态、目标和责任。研究或理解人生阶段，单从一般哲学方法论上进行是不够的，还应该在辩证唯物主义哲学方法的指导下，借助于实证科学研究的成果和人生经验，揭开人生过程中各个阶段的秘密。

从实证科学的视角看，人首先是一个生物体，受到肉体活动和遗传规律的支配。生物学揭示了人的生理发育过程：肌体的生长，性的成熟，生理机能的平衡、衰退和老化，都使人生过程呈现出阶段性特征。人作为心理活动的生物，要受到教育和社会文化的影响，受到心理活动规律的支配。意识的个体发生学，从一个侧面揭示了人生过程的阶段性。幼儿意识的萌发，儿童自我感的形成，直到青年期自我意识的成熟，都是与意识和心理机能的发展相联系的。从青年到中年，伴随着性成熟，个体意识、精神活动也发展到一个新阶段。心理学家认为，这是第一个"心理革命"或"心理危机"时期。它迅速发展着青年期的自我表现力量和要求，进入所谓"尴尬之年"。随着精神世界的丰富和经验的增长，在以后的人生阶段，就会实现创造的愿望，对家庭、社会和国家作出贡献。

一般说来，人到四五十岁，已达到最佳年龄段，即从"不惑"到"知天命"之年。这时人体组织协调，心理平衡，能够适应变化，有充沛的精力和应变的能力；能够承担社会责任，并能保持和发挥创造力，结出人生的硕果。从生理上说，一般到60岁开始进入耆老之年，按照现代国际标准，85岁算做老年。人到老年时，高级神经活动才慢慢衰退，这是老年的标志。但是，从智慧和精神状态来说，往往是越到老年越成熟，以至达到智慧的顶峰。当然这不是绝对规律，许多人过了70岁就糊涂起来，颠三倒四，而有些老年人直到八九十岁，仍然思路清晰，谈谈富有哲理。有的人虽过耄耋之年，仍然能从事力所能及的工作，或者从事翻译、著述、绘画等创作活动。陈若曦的《域外传真》一书中写了一位美国达拉斯市的老人乔治·道森，他出身贫寒，8岁开始做工，12岁到木材厂做壮工，退休后一人独居，自食其力，98岁时还在工作；他感到一辈子没有文化之苦，对人说"现在该是学习的时候了"，于是进入一个成人教育学院学习，到他100岁生日时不仅会读而且会写了。他的事迹在美国传为佳话。

人的精神发展，尤其深刻地体现着人生阶段的变化。这里包括认知理智的成熟、价值目标的确定、人生取向的选择、自我实现能力的拓展、承担社会责任能力的增强以及行为方式的变化等等。人作为社会的人，要以社会生活丰富和充实精神内容。一般地说，完善的理智应当具备自我思考、他我思考、辩证思考的能力。自我思考，是个人对自己理智活动的反思；他我思考，是从自我和他人的关系上思考问题；辩证思考，就是全面地、发展地看问题。这样的理智能力大约在20至35岁之间形成。这种理智的进一步发展及其与经验的结合，就表现为处世的精明。所谓精明，就表现为善于把握事物的顺序、层次，处理人际关系，调解他人和自我利益，应对复杂的局面，以达到人生理想的目的。能够比较精明地自处和处世，是四五十岁左右的人的特征，借用孔夫子的话说，就是"不惑""知天命"。智慧的成熟，是六七十岁左右的特征。这时人们常常反思过去，以批判的态度审视人生。因此，与七八十岁的老人相比，四五十岁的人可以说还是孩子。大量研究显示，智慧成熟之年当在七十岁左右。孔夫子说"七十而从心所欲，不逾矩"，与现代结论不期而合了。

(二) 从实践看人生

以往的人生哲学，大多数是以人的生理、心理、精神方面的特征来划分人生阶段。全面地观察人生，分析人生的发展阶段，我们就会看到还有一个更广阔、更实际的方面应当注意，这就是人的社会生活实践。要有实践的眼光。所谓社会实践的眼光，就是从社会实践的观点观察人生发展过程及其阶段，把人的生理、心理、精神的发展同人生各个阶段的社会实践内容结合起来。为什么要对人生做这种综合的以实践为基础的观察呢？因为人生的事实如此，对人生的认识也应如此。人们的心理、观念和思想，不言而喻，就是关于人们自己和人们的各种关系的心理、观念和思想。这些心理、观念和思想不是天赋的、自生自灭的，而是在人们的社会实践中产生、发展和交替的。人们怎样进行社会实践，人们的生活是怎样的，反映在人们的意识中就是关于人自身、人生阶段和生存方式的观念。毛泽东把人的认识过程的规律性概括为下列公式："实践、认识、再实践、再认识，这种形式，循环往复以至无穷，而实践和认识之每一循环的内容，都比较地进到了高一级的程度。"[①]毛泽东把这个公式称作辩证唯物主义的知行统一观。这个知行统一观也是观察、认识人生阶段的哲学理论基础。

这就是说，按照辩证唯物主义划分人生阶段，不仅要根据人的生理、心理、意识发展的阶段特性，而且要根据人的社会实践内容和发展规律来划分。这样才能真正揭示人生各个阶段的社会意义。人生的内容就是人生的现实，就是人生在各个阶段上的实际生活。人生的社会属性和个性特征，就是通过这些社会实践的不同阶段形成的。以丰富多彩、变化多端的生活内容为标志的人生阶段，从总

[①]《毛泽东选集》第 1 卷，人民出版社 1991 年，第 297 页。

体上给人生一种搏击的力量，使人生过程比按年代计算的寿数更富有诗意，更具有活力。而人生的每个阶段都是人生目的的展开，每一阶段的努力即是向着人生的全体和至善发展。在人身上天生的只有生理的欲求，并没有天生的追求社会进步的冲动。人类的进取、追求和发展，都是有一定社会目的和生活目标的，无非是要解决社会实践和自身生活所提出的要求，要实现一个又一个的实际目标。人不能靠幻想生存，也不能靠喝西北风活着。

在人生阶段的划分问题上，人们往往只注意生理发展的阶段性标志，认为童年、青年、中年、老年这些人生阶段，完全是由生理上的生长、成熟、平衡、衰老的过程决定的。这种认识，就从生到死的过程是由生理规律决定的这方面来说，是正确的；尤其是人们看到红颜易逝、青春难留的人生，更会产生这种认识。但是，单从这方面看，还不能全面认识人生阶段。因为人是社会的，人生的内容是社会实践的过程，离开社会生活实践内容，就等于把人生看做一般动物一样的生命过程，或者把人生仅仅看做抽象的范畴，其生命发展的阶段只具有生物学意义或理论意义，而没有社会人生的实际意义。这是不难理解的，有很多"狼孩""狗孩""虎孩"的事例，说明完全脱离社会生活，在某种动物中长大的人，虽然有有生有死的过程，但其人生阶段则只是生理发育的阶段，而没有其他任何社会人生的内容，因而也不是真正人生的阶段。

（三）需要与阶段过渡

人生的过程和不同阶段，就其内容来说，就是人在特定历史条件下的现实活动。人生各个时期的社会实践不同，给人生各个时期打上不同的烙印，决定着人生在不同时期的心理特征和精神特征。从人的职业生活来看，在不同的职业生活中，人们从事的职业实践不同，便有不同的理智和性情，自然而然地，在他们之中就形成了不同的品质和行为方式；同样的道理，不同的生活阶段也会具有不同的性情和行为方式。在青年人身上，会表现出灵活、轻巧和生机勃勃；在老年人身上，我们会看到稳健、钝拙和饱经风霜。对于人生来说，正是社会实践的要求，才导致天真的童年的结束，开始青年时代对生活的追求；也是社会实践的需要，一旦承担了家庭和社会的职责，青年便进入中年和老年。人生阶段的递进，并不是沿着预定的路线进行的，也不是服从某种抽象的宗教观念，而是一步一步地进入社会生活，一段一段地走完人生之路，是人自己在生活，在走路。人是社会实践的主体，正是社会实践，给人生阶段的递进提供了基础和动力，同时构成人生阶段的现实内容。人生的阶段是与社会的需要和实践相联系的。

现代社会学和心理学，比较充分地研究了人生的需要，肯定了人的生物本能需要、职业安全需要、社会交际需要、创造价值需要、自我完善需要等；指出正是这些需要的发展，刺激和推动着人生由一个阶段向另一个阶段递进。应当注意的是，这些需要并不都是人性中固有的，但也并非都不是人性中具有的。要做具体分析，其中的生物本能需要是人性中固有的，在社会中又得到了培育和诱导；其他需要，主要是后天生活中发生的，是社会实践的需要。区分这两种需要的先天性和后天性，对理解人生阶段是必要的。

一般来说，先天人性中固有的需要，如食色的需要，是从生理的变化上直接影响人生过程和阶段的，是人生遵从自然规律的表现。前面讲的18世纪法国唯物主义者和后来的进化论者，就是在对这种自然必然性认识的基础上立论的。他们之所以陷入机械论错误，就在于片面地坚持这种自然主义的观点，而忽视人生过程的社会实践的基础和动力，忽视社会需要对人生过程和阶段的作用。事实上，就需要的内容来说，无论何种需要都是社会实践的结果，都带有实践性和社会性。在社会生活实践中，人发生和发展了各种需要，形成了心理的、精神的和社会实践的特征，从而形成具有特殊现实内容的人生阶段。

四、人生四项性

（一）幻想的童年

在人生过程中，童年常常被称作"神学家"或"幻想家"。这种戏称表明，童年的人生还是处在现实的人生视野之外的，严格地说还没有真正进入人生。当然，从生理学、生命学上说，在娘肚子里的胚胎就算有了生命。但是从人生论的角度看，还是要从脱胎入世算起；再进一步，从人进入社会生活来说，幼儿还没有进入社会实践，从这种意义上也可以说还没有进入人生，叫做"儿童阶段"，主要是指具有一定意识的时期。儿童作为一个独立的个体，其人生也构成一个独立阶段，而且是全部人生的预备阶段。在这个阶段上，要满足生理的需要，为人生的身体素质打下基础；要发展心理、智力的能力，为人生复杂的未来生活做好准备；甚至还要初立人生的"理想"，养成影响一生的生活习性和精神气质。所以，儿童阶段对人生过程如何发展是很重要的。欧洲一些国家的科学家，于16世纪开始便划出儿童期专门进行研究，并建立了多种研究儿童的学科，为人生研究提供了重要的科学根据。有的学者甚至认为，儿童期的发现为人类了解自己开辟了新天地，其重要性在某些方面要胜过人生的其他阶段。

一般认为，人的生长期持续到 20 岁左右。在生长期中，儿童的生长发育对后来的生长影响很大，特别是大脑的发育至关重要。按照一般发展规律，幼儿大脑在头 5 个月是细胞数量的增长，此后便是脑细胞尺寸的增长。在这个过程中，细胞的分裂与生长是相互联系的，但两者相比，数量的增长更为重要，因为尺寸的增大在以后还要进行。在发育的这个时期，如果营养不良或遭疾病，其损害将会影响终生。荷兰心理学家勃纳德·利维古德指出，儿童的身体发育与大脑发展之间有着紧密的联系，胃部的轻微不适或其他疾病都会使儿童变得易怒和呆滞。他认为在儿童发育初期，身体与大脑发展的联系带有绝对性，这种情况直到青春期才会结束。

儿童的心理、智力发展过程比较复杂，也很难分出明确的阶段界限。一般来说，儿童心理和智力的发展是在与外界环境相互作用中，在与成人的相处关系中进行的，有一个较长的自我意识和自我体验的发展过程。这就是所谓"认知的存在，而非意志的存在"的基本特征。因为，儿童面对敞开的世界，新奇、认知、幻想，以至常常想入非非；世界对他们充满诗意，而他们对世界则带着"沉冥的神光"，热爱和了解世界似乎是他们天赋的使命。在道德方面，他们开始学习、模仿，接受家庭和学校的约束，形成道德行为的他律和幼稚的自律阶段。中国台湾学者韦政通提出了这样的问题：对儿童究竟是道德训练重要，还是激励兴趣重要？他认为二者都重要，但就一生的发展来看，在儿童阶段激励兴趣更重要。因为这是人一生兴趣最为勃发的阶段，如不及时培养，以后就很难有弥补的机会，而道德的学习则是一生的事，有很多机会可以弥补。这是很有见地的思想。

事实上，道德是自觉的意志选择，儿童阶段作为"非意志的存在"，可以说还没有真正进入能够做出道德选择的阶段。当然，这是就道德主体的整体能力而言的，并不是指儿童行为的一切方面。儿童在某些行为方面也是有善恶意识、能够做出道德评价和选择的，往往是幼稚的自律，还没有进入成熟的意志自律。叔本华说："我们世界观的坚实根基及其深浅，皆是童年之时确定的。这种世界观在后来可能会更加精致和完善，但根本改变是不可能的。"[①]此说不免有些夸张，但也颇有启发。叔本华所说的"世界观"虽然不是严格意义上的哲学世界观，但他告诉人们，儿童阶段的基本精神素质，是人一生发展的重要基础和根基。所谓"少成若天性、习惯成自然"，就是这个道理。因此，人生之完善，必须从小做起。儿童阶段天真单纯，自由自在，享受着人生的权利，而不承担人生的义务。尽管如此，伦理的人生要求，还是应该让儿童在享受权利的同时，逐步懂得人生应尽的义务，不断增强义务感、责任感，使他渴望成为一个真正的人。不过，在现代科技、传媒迅速发展和普及的条件下，儿童的发育、成长都比较快，早熟者多，更有英雄出少年。

（二）自立的青年

青年时期是人生的关键阶段，被称作"诗的年代"。在这个阶段上，身体的生理发育成熟，不断激励、增强着的体质和精力推动着青年的发展，完成着从儿童到成人的转变。一般来说，这个转变包括自我意识的成熟，社会情感的丰富，特别是爱情和事业情感的增强，智力和精明处世能力的增强，职业选择和处理问题能力的增强，道德选择和承担责任能力的增强，等等。青年时代热情洋溢，憧憬未来，志在四方，是一个完成多种任务从而改变自我的时期。

[①] ［德］叔本华：《意欲与人生之间的痛苦》，李小兵译，上海三联书店1988年，第142页。

在这个意义上，也可以说青春期只是从童年向成年的过渡，并非一个独立阶段。在这个时期，个人所面临的问题，主要是由这种转化过渡所造成的。

青年时期，按照国际通用标准是15岁至44岁。一般在法律上又把18岁定为成人标准，即所谓成熟时期。青年时期的个人生活，在很大程度上是由内向外的，是超越自我的。面对复杂的社会期望和要求，有各种理想的人生目标要去选择；有无限的知识和技能要去学习；要独立地养成自己的品性和人格；要成家、立业，取得社会地位和荣誉；要奠定一生的主要价值观、生活目标和处世方略。所有这些任务，每一项的实现都会遇到困难、挫折，都要付出青春的劳苦和美好时光。而任何一个重要目标如果没有实现，或者没有很好地实现，都会在近期或远期影响其一生的发展和成就。因此，青年阶段是人生的承上启下的关键阶段。

青年时期最重要的问题，是认清他与其所生活的时代和社会现实之间的关系，这是一个自我发展和自我确定的关节点。在这一点上，最困难的任务就是人生观的确立和人格的形成。任何自我确定同时也都是自我限定，这就是要确定价值目标，学习知识技术，认识社会规范，扮演社会角色，从而能够自尊、自重、自立、自强。当今世界进步的步伐太快了，要在这个世界上生存、发展、成功，就必须跟上时代，提高自己，努力奋斗。正因为这样，也使青年处于一个矛盾时期，即个人生活成熟与生理成熟的矛盾时期。身处复杂的但又不能完全驾驭的生活之中，有希望和激情，也有困惑和苦恼。一般地说，幻想多于务实，情感重于理性，幸福的追求多于对痛苦的回味。有人把青年时期称为"第三次诞生"，即具有独立意识的人格的诞生。

在青年时代，时间观念具有了新的意义。如果说童年时代的时间观念重在现在，那么青年时代的时间观念就重在将来。在青年的时间观念中，有了童年的过去可以回忆，可以比较，但更有着长远的、紧迫的、令人向往的未来。青年人强烈地意识到人寿时间的连续性，感到时间是一种具体的与生命、事业、成就和价值密切相连的东西，因此把未来作为自己生命时间的主要量度，来考虑自己的前途、目标和能力。对正在为未来做准备的青年来说，未来具有空前的挑战性。强烈的时间不可逆转性和不愿青春流逝的心理混合在一起，在青年意识中并存，因而产生前所未有的心理冲突和压力，时时挤压着青年人的心灵，甚至有"在低谷中痛苦沉思"之感。可以说，青年时期也是一次"心理危机"的关头。这种心理危机解决得如何，将深深影响一个青年的生活态度和一生的道路。爱因斯坦曾描述他在青年时代处于心理危机时的情形，说他像布里丹[①]的驴子一样，在两边等距离的水和草料之间，不知该首先选择吃还是选择喝，陷入两难境地。许多求知者、事业的开拓者，都曾在青年时代发生过这种心理危机。

有位著名作家不赞成过多地颂扬青年，因为对青年的颂扬多半是着眼于青年时代拥有无限的发展的可能性。但是，在他看来，这种可能性落实到一个具体青年身上，往往是窄路一条。错选了一种可能，也就失去了其他可能。若说青年人生活的日子还长，还可以重新选择，那只是理论的设想。实际上不大可能，因为每个人都生活在一定的社会关系中，都被种种客观条件所限制，重新选择的自由度是很小的。因此，即使不是一失足便成千古恨，一次选择的失

[①] 布里丹（Tohannes Buridan）是 14 世纪的经院哲学家，曾任巴黎大学校长。他在论证人的自由意志时举了驴子作例。假设一个驴子处在同距离的两簇青草之间，或处在同等距离的食物和水源之间，它的饥与渴的程度同样强烈。如果这头驴子没有自由意志做抉择，就必然会饿死或渴死。后人将这个例子引为典故，称为"布里丹的驴子"。

误也会留下终生的遗憾。

所以，在青年人面前，既有美好的前景，也有许多意想不到的陷阱，尤其是在充满陷阱的时代。当然，人的一生都有可能遇到陷阱，但青年时代所能遇到的陷阱会最多、最大、最险。

那么是否因此就应该裹足不前，贪图安逸呢？不是，不应该。青年人之所以是青年人，正在于他有能经风雨的头脑、胆量和时间。充分利用这种有利时机，就能得到一种向成年和成就的更高阶段跃进的动力，从而完成人生的关键转折。再说，前辈犯下的失误，需要青年去纠正；社会布下的陷阱，需要青年去拆除。这也是人类历史发展的不可抗拒的残酷性。

青年时期的一般弱点是容易使理智趋于极端，而理智发挥到极端，就会转化到它的反面，产生不切实际的幻想。有生活阅历的人，不大做非此即彼的抽象思考，而青年人总喜欢驰骛于抽象概念之中，好做非此即彼的抽象思考。所以人们常把青年比做"玄学家"，是"雄辩与戏剧"或"小说式的青年时代"。对于青年来说，要成功地实现人生的关键转变，必须在保持理想和热情的同时，力求切近现实，增强冷静的判断能力。在参与社会改造和创造的过程中，注意尽可能早地掌握一些实用的知识、技能和处世本领。一般来说，人的创造力的最活跃时期是在25岁到30多岁之间。所以，要力争在40岁前做出成就，取得成功，不仅是人生的宝贵经验，而且也是国家、民族的期望。

（三）不惑的中年

中年阶段，是生理和心理上从发展到达平衡的时期，是丰富的内心生活和广阔的外部生活发展的时期，人称"小说时代"。在这一阶段上，个人的人格已经定型，自我形象已清晰可辨，个人对自己更有了信心，对事业也更加坚定。一般来说，人到中年，由于生活和事业所累，已摆脱不切实际的幻想，更多的是用经验和理智指导生活，其实际活动主要包括两个领域：工作和交往。所谓"工作"，包括一切对象性活动即体力劳动和脑力劳动。所谓"交往"，包括一切人际交往、爱情、友谊、家庭及社会事务。成年人的人格、成就感、价值评价，都是在这两个领域的活动中确定的。这是一种重要的人生转变。黑格尔对这种人生转变曾做过生动的描写：青年人在此以前只注意一般的对象，只为自己工作，现在他正变成男子汉，他必须进入实际生活，为别人做事，并且注意小事。所谓"注意小事"，主要就是事业之外的家务事，不得不放下琴棋书画，操持柴米油盐。黑格尔认为这是在常理之中的，但对一个不大适应这种转变的人来说，也会成为痛苦的事情。由于不能立竿见影地实现理想，很可能患上怀疑病，无法克服自己对现实的怀疑、厌烦、憎恶态度，因此处于相对无能的状态，而这种相对无能在一定程度上，到一定时期就变为真正的无能。

中年阶段最重要的伦理要求是要目标坚定，恪尽职守，充分发挥才能，立德、立功、立言。如果说这一阶段的人生在于奉献的话，那么奉献的大小就在于尽责的多少。工作、劳动和交往，即职业生活，确定了中年的社会角色，这是成功的必由之路和根本手段。所以，青年人应知进取，中年人应力求成功。生命这篇小说不在于长而在于好，在于生活得有创造、有贡献。

一般说来，人到中年，生活之路是最艰难的。从生活上说，上有老下有小，不免家室之累；从事业上说，有最多最重的工作，承担最多最重的社会责任。因此，人到这个阶段常被"逼上梁山"，积极工作，奋发图强，参与开拓，贡献社会，完善人格。四五十岁，历经求学、就业、立家和各种坎坷，有了一定的生活经验、工作经验和社会经验，有些人已经有了重要成就，担当了重要的社会角色，可谓如日中天。联合国根据人类发展趋势，已将青年的范围扩大到44岁，可以说，40岁才是人生的真正开始。然而，年过40以后的人，生理状态和心理境界开始变化，也易于使人产生安守现状、不求有功但求无过的想法，开始对"知足常乐"抱有好感。有的人则随波逐流，或在富贵中堕落，或在穷困中沉沦。因此，中年也是人生的一个岔路口。从这里出发仍然有上坡路和下坡路、正路与邪路之分。许多人一到40岁，就会自然地发出"人生似箭"的感叹，重新唤醒生命意识，这是人生之常情，寿律之定理。人到中年仍不知扬鞭奋进，建功立业，到耋老之年回首往事必定深为遗憾。而中年省悟，疾步挺进，也还为时不晚。年年岁岁花相似，岁岁年年人不同。步入不惑之年的中年人，应及时地领悟人生不惑的真意，扬帆启程，再度拼搏。

（四）智慧的老年

人生的老年阶段被喻为"散文年代"。老年的界限在哪里，古代以60为界，现代人类年龄普遍提高，根据联合国的人口标准，老年人的年龄界限已被提到85岁。人到老年阶段，无疑是生理、心理机能衰退的阶段。在这一阶段上，人们一方面要同衰老、死亡搏斗，但同时开始把视线收回关注内心，反思人生，总结经验，仿佛要重新体验人生。按照消极、悲观的说法，人到老年已是跨过人生之山巅，看到了死神的真面目，神情消退，悲凉忧戚之感代替了人生的快悦。但是，人生的真实并非如此。事实证明，人到老年，生理、心理机能虽然衰退，但智力并未大减，而在哲学的智慧方面反有增强，反省思索比中青年更加成熟，并且保持着一定的创造力。一般说来，青年人富于直觉，而老年人则长于深思。古希腊哲学家德谟克利特说得好:"身体的有力和美是青年的好处,至于智慧的美则是老年所特有的财产。"人们说青年是诗歌丰收的季节,而老年则是哲学的收获季节。青年人的干劲鼓舞人心,老年人的稳健令人放心;中年人靠成功,老年人靠智慧。老年人,应适当参与社会工作,发挥余热,并总结人生经验,传带晚辈,以完成理想的未竟之业,并固守一生事业的高贵与尊严。

值得注意的是,人到老年阶段,倾向于内心的善德,同时也喜用道德标准评价别人和别人的品行。一些老人眼界比较开阔,道德评价比较温和、宽容,但也有一些老年人随着思维方式的僵化、偏执,往往产生狂热的"说教癖",这也是许多老人与青年人思想和生活不融洽的重要原因。

(五)行动着的精神

以上所述人生阶段,只是人生各阶段的一般描述,而且是挂一漏万、失去五彩缤纷的素描。人生各个阶段的生活,是极其复杂和多变的,很难用一套一般化的模式包罗具体内容。有人说少年在求健康、青年在求进取、中年在求成功、老年在求安乐,不无道理。有人说天赐梦幻的童年、热血沸腾的青年、吃苦耐劳的壮年、羸弱可怜的老年也是事实。有人说少年的浪漫、青年的热情、中年的理智、老年的明达也是生命的基调。人生有预料不到的境遇,有尝不尽的滋味,不到那一步就体味不到。在人生的链条上,缺少哪一环,都不能完成和完善人生。还应该说,用任何语言描述和概括都难以表达复杂、多变的人生阶段。

人生从旧阶段向新阶段过渡,不能坐待年龄到数,而应发挥自觉性、主动性,积极过渡。从少年到青年的过渡,一般来说,宜早不宜晚。早过渡等于加长青年阶段的时间,有利于求知和能力的准备，增加创造的生命时间和能力。从青年向中年的过渡很重要，重在掌握好时机。这当然不是指年寿，而是指世事，如成家时间、生子时间等。如果成家过早，影响求学和创业就不利于人生的后来发展；成家过晚，待 50 岁正当成就之时再抱个儿子也会成为包袱。这里要审慎权衡时机，考虑条件和自身能力，要待客观条件与主观条件齐备，才能理顺过渡的程序，做出抉择。有的人早熟、老成、小大人，有的人晚熟、大器晚成。一个人成熟的关键，是生活的主要兴趣使他摆脱了短暂的仅仅作为个人的东西，而专心关注社会的事物或科学事业。这种状况正是客观的社会环境和主观的自我努力促成的。见识广、阅历丰，自然早熟。正如一句俗话所说：一个人到 18 岁如果还不老，他多半是还没见过世道人情。

有一种比喻说法：30 岁的人，60 岁的心脏；60 岁的人，30 岁的心脏。意思是说，有的人论岁数还年轻，但心理上已经老了；有的人论岁数已经老了，但心理上还年轻。心理学上把这称做心理年龄。心理年龄是人的心理状态的反映，究其原因，主要是与社会期待和个人选择有关。年轻人面临社会转型和生活负担的巨大压力，几乎需要用全部生命去换取一切，所以心理压力等于增加 30 年；而老年人已经退休，一般家境过得去的也用不着操多大心，只找乐呵，逍遥自在，所以心理压力等于减轻 30 年。这种年轻与年老的人生阶段的错位，提醒人们注意心理调适，把握好人生阶段的过渡。

人生从一个阶段向另一个阶段过渡，要有充分的心理准备。有充分的心理准备和盲目地承受过渡，是大不一样的。前者心理通顺，后者心理压抑，往往使意志薄弱者陷入心理危机而不能自拔。有人说："青年时代是被问题包围的时代，没有充分的准备就会被压倒。"这话说得不错。有些青年人对人生四项性历程缺乏清醒的认识，对自己要走的路缺乏认真负责的思考和执著的精神，成家还没立业就失败了，甚至还没成家就垮掉了。不仅是青年、中年如此，老年又何尝不是？人到暮年，如何对待死亡？这样的人生转变，没有充分的心理准备将会如何呢？在人生的过渡和转化问题上，应该有清醒的头脑、高瞻的目光和积极乐观的态度，只有这样才能稳妥地、健康地、愉悦地实现过渡。对于那些没有能力过美好和幸福生活的人来说，人生的每一阶段都是沉重的；而对那些依靠自己的努力寻求幸福的人来说，绝不会相信自然赋予他们的一切都是可恶的。人只能在有限之年努力去争取美好生活，岁月流逝，不管活多久，都不能慰藉庸碌之人的晚年。

　　人生的过渡或转化，就生理的变化来说，那纯属自然。生命是自我行动着的存在。就其自然而言，每一个生命阶段都是完成了的规定。人从孩童到老年，每前进一步都是按自身条件和自然规律规定了的，是生命的自我规定，如古罗马思想家西塞罗所说："人对体力没有很大的渴望，他也就不会感到烦恼……一生的进程是确定的；自然的道路是唯一的，而且是单向的。人生的每个阶段都被赋予了适当的特点：童年的孱弱、青年的剽悍、中年的持重、老年的成熟，所有这些都是自然而然的，按照其各自特性属于相应的生命时期。"[①]但是，从人的社会生活来说，人又是过着社会生活的自觉行动着的存在，不同于植物，不同于动物，而是体现着社会本质的精神的存在。在这个意义上，哲学家们往往把人看做"行动着的精神"。作为"行动着的精神"，每时每刻都像他所能够是的、从而所应当是的和所希望是的那样去生活。正是人之为人的这一方面，预示着人生每个阶段向下一阶段的超越，决定着人生从有限到无限、

---

　　① [古罗马]西塞罗：《老年、友谊、义务》，高地、张峰译，上海三联书店1989年，第21—22页。

从生死到不朽的可能。理解这个道理，是深刻理解人生实存和本质的必要的哲学思考。

本书开始曾说，人类为什么活不到自然寿命所能达到的限度，是因为人类在生理活动方面把生命的潜力极大地浪费了，例如直立行走，胸式呼吸限制了肺活量，双足行走缩小了全身的运动幅度，大脑高位运动导致缺血缺氧，心脏易患冠心病；物质生活的舒适缩小了人的血管活动，消化功能也萎缩，导致代谢病、"文明病"等等。动物一般都能活到自然寿命，即发育期的七倍，唯有人只能活到发育期的三四倍。自然所赋予人类的生命，大半被人类自己抛掉了。然而，有一点是一切其他动物所不能的，就是人类神经系统的发达，精神生活的丰富，使人类成为万物之灵。这是有悖于人的自然寿律的最具人类特点的社会性因素。人类是唯一只能活到自然寿命一半的动物，但也是唯一能够在自然寿命一半的奋斗中实现无限价值的动物。所以才有了"伪万物之灵"这样的断语。

第三章　人生的实存

> 人对于自己，就是自然界中最奇妙的对象：因为他不能思议什么是肉体，更不能思议什么是精神，而最为不能思议的莫过于一个肉体居然能和一个精神结合在一起：这就是他那困难的极峰，然而这就正是他自身的生存。
>
> ——帕斯卡尔

讨论了人生的寿律、人生的阶段之后，应该进一步讨论人生的实存问题。通俗地说，人生的实存就是人生的实际存在，或实际存在的人生。把人生放到普遍联系和发展着的社会环境中看，它不是孤立的、静态的存在，而是经过无数中介过程的动态的、历史的存在。因此，实存就是在人生过程中的个体自身与他人的统一，是从自身与社会的统一中产生出来的结果。讨论实存问题的意义在于，深入认识人生的本质，回答"人生是什么"，以便确认人生的使命，为解决人生应该如何提供根据。

一、受动和主动

(一) 人生的界定

人生是什么？这很难用一句话说明。通常的讲法：人生就是人的生活。可是这样说不过是同义反复。"生活"又是什么呢？用"生活"一词概说人生，实际上并没有多说出什么，因为"生活"本身还是需要加以说明的。当然，可以揭示人生概念的外延，说它包括个人生活和集体生活、物质生活和精神生活、现实生活和理想生活等；也可以把生活加以具体描述，说生活就是生存、学习、劳动、恋爱、交往、服务、尽职、精神活动，等等。但是，这样虽然可以从生活的范围、形式上经验地说明人生，却不能揭示人生的本质特征，使人对人生有一个概括的把握。

从本质上认识人生并不容易。有一幅漫画，画着一位画家坐在大海的岸边作画。他要描绘他所面对的大海，可是最后画在他的画布上的不是蔚蓝海水、汹涌波涛的美景，却是水的化学式 H_2O。这是讽刺画家或某种人，该用形象思维的时候，他用抽象思维；该做具体景物的描绘时，他却脱离现实，陷入理论的抽象，把生动的现实公式化，结果必违背初衷。如果他不是画家，而是一位化学家，他对着面前的海水写下 H_2O 这个化学式，倒是可以理解的了；或者说他是善于思辨的哲学家，那么他把复杂的事物简单化、公式化、符号化，也是可以理解的。我们要说明人生是什么，正是要像一个化学家和哲学家那样，透过人生现象的重重迷雾，揭示出人生的本质，用思辨的概念来概括无穷无尽的人生经验。

但是，问题在于认识和说明人生与揭示大海的本质是不同的。要揭示出水的化学结构，任何人都只能有一个答案，就是H_2O。但是要认识和说明人生的本质，却是古今中外众说纷纭。古希腊哲学家曾把人看做一个"小宇宙"，中国古代哲学家说人有"一壶天"，也有同样的意思。这些说法不仅向人们揭示出人和自然的同一性，而且也向后人指出了人的复杂性和认识人生的困难。几千年来，中西哲学家对人生做了无数的描绘和说明，但至今没有一个统一的、公认的关于什么是人生的概括定义，说明人生是什么几乎成了一个斯芬克斯之谜。我并不奢望谁说出一个人人赞成的一劳永逸的人生定义，但我认为每个自觉地把握人生的人，必须有一个对人生是什么的正常认识，用以指导自己的人生或评说他人的人生。其实，人这个"小宇宙""一壶天"，同人类生存其中的大宇宙、大世界一样，是可以认识的，并非是不可解的斯芬克斯之谜。问题在于是否以现实的、科学的方法去观察和认识人生。

用现实的、科学的方法观察和认识人生，就要从人生的实存中寻求人生的本质，回答人生是什么；否则，就会陷入人生认识的迷途。

（二）宗教家的观察

宗教家对待人生是很关注、很苛求的。可以说，他们正是由于关注和苛求，人生才走向宗教的。按照基督教教义的说法，人是上帝创造的，人类最初的祖先亚当和夏娃违背上帝的旨意，接受蛇的引诱，吃了智慧之果，犯下了原罪，受到上帝的惩罚。因此，他们的后代——人类，就必须世世代代生养、劳作、吃苦，借以赎去原罪。在基督教的人生哲学中，第一个问题或说根本的问题就是："我怎样才能得救？"基督教人生哲学告诉人们，人生就是由上帝安排的赎罪得救的过程。赎罪得救，就要终生克制肉欲、净化灵魂，热爱上帝，信仰上帝，期望天国，最后进入天国，获得永生。基督教宣道师的任务，就是宣传《圣经》的人生论，告诉人们如何"逃避将来的天罚"。基督教和《圣经》讲了很多人生的故事和经验，包含着深刻的人生哲理，在道德上对人生起着净化作用，但是它脱离历史的真实和社会生活的实际，神秘地、畸形地看待人本身的情理、福祸和生死，所以从根本上说，它还是人生的神话，常使人在幻想中陷入迷茫。

前面说过的古罗马教父哲学家奥古斯丁，他写的《忏悔录》就是以自己的人生为典型，陈述基督教的理想人生和进入天国的过程。在他看来，人是属于上帝的，人的一生就是连续不断地接受上帝的考验，一切行为都是为了上帝的；人生就是"为上帝"的信仰同自己的灵魂和肉体欲望进行无情的斗争，从而挣脱世俗人生的锁链，最后皈依上帝，进入天国。为了进入天国、皈依上帝，奥古斯丁抛弃了家室，接受基督教的洗礼。他说，他从人性中看到的是骄傲、贪婪、轻薄、暴虐、愚蠢、懒惰、奢侈、挥霍、吝啬、妒忌、报复等可恶的东西，认为自己活着只有呻吟自卑，自惭形秽，自我唾弃。他认为，肉体的存在是没有价值的，只有心中有上帝，投入上帝的怀抱，一切行为以上帝为目的才有价值，才能"在至善之中享受圆满的生活"。这就是古代基督教所说的人生的"解脱"和"进步"。

17 世纪，英国的清教徒约翰·班扬，因不信奉英国国教而被关押 12 年。他在监狱里反思社会人生和基督教教义，写了一部讽喻性小说《天路历程》。小说通过说梦，叙述一个名字叫基督徒的人，为了逃避末日天罚，听从宣道师的指导，抛弃家室，走上了去天国永生的路。一路上经过灰心沼、艰难山、屈辱谷、死荫谷，又闯过浮华市、快乐山，经受了种种艰难险阻、享乐诱惑和内心斗争，最后终于到达天堂，才发现原来这只是一场梦。他与奥古斯丁不同，不是信奉基督教教义，宣扬脱离尘世、皈依上帝的人生道路，而是借助隐喻小说揭露、批判基督教教义的虚妄和社会上的邪恶势力，伸张正义，启发人们坚持真理，摆脱《圣经》的束缚，去争取人生的解放。

在各种宗教哲学中，佛教人生论是一个典型，也最为丰富。佛教不承认有上帝或神，只信有佛。佛就是"显佛性的生者"，也可以说是觉悟了的修行者；一切众生是平等的，佛陀与众生也是平等的。正宗的佛教所关心的是人，所宣扬的道义主体也是人。佛教人生论研究了人类的物质生活和精神生活，讲世间法和出世间法。按照佛家所说，人生应以出世的精神去做世间的事业；认为超出世间的利欲，才能做成世间的事业。佛家教人在精神生活上讲慈爱、忍耐、诚实、平和，在物质生活上讲勤劳、节俭、知足、惜物；教人祛恶扬善，为善积德，普度众生，为社会服务。这些都是对人生的有益教诲。

佛教人生论中有些看来新奇实则朴实的说法，对人生修养也有启迪。如佛家认为，人身是由地、水、火、风、空、根、识七大要素和合而成，或说由"五蕴"和合而成。"五蕴"是指构成人的五种要素，即色、受、想、行、识。"色"即物质，指人的肉体，具体地说包括地、水、火、风，亦即"四大"。皮肉筋骨属于地大，精血口沫属于水大，体温暖气属于火大，呼吸运动属于风大，"四大"和合构成人的身体。"受"是指感情、感觉。"想"是指理性活动、智力活动。"行"是指意志活动。"识"是综合受、想、行三者的意识活动。这样说来，佛教所认识的人就是物质和精神的统一体。但是，在佛家看来，精神是人之本，作为色身的人的肉体只是一个"臭皮囊",里面装的全是腥臊烂臭的东西,而且九窍常流不净,单单看这肉体,一点儿也不值得爱恋。可是世俗的人偏偏都爱恋这个肉体,舍不得抛弃,于是使人生有了色身之累,终生逃不脱受色身累赘之苦。这样贬低人身的肉体未免有点过了,因为如果没有这个肉体,精神也就失去了载体,其活动也就没有了形成的机制。当然,佛家并不是从不需要肉体这个意义上看待人身的,而是看到了人身肉体给人生带来的苦。

在佛家看来,人生之苦多多。有所谓三苦、八苦、十苦、百十苦。最常见的苦有八苦,即生苦、老苦、病苦、死苦、离别苦、怨憎苦、不得苦、粗重苦。人生要脱离这个苦海,就必须皈依佛法,克制生命,发扬无生无灭的"慧命",即发扬人人本有的"佛性";必须仗佛力,增自力,超脱世俗肉体生活的世界,皈依佛界,彻底脱离苦海。因此,佛教人生哲学的一个基本命题就是:一切众生皆当成佛。佛教人生论认为,纵是薄地凡夫,既然本有佛性,就应该直下承当,勇猛精进,实现成佛的人生目的。

在佛家看来,人的肉身即色身,像个东西一样是死的,只有慧命即佛性才是有生命的。因此,人从肉身出生到最后涅槃,就是"出死人生"的过程。六千卷大藏经所讲的,归根结底就是这四个字的人生教义。尽管佛教大师们宣传的佛教经典字字句句放射着"真理之光",但照实际的人生看来,却不完全符合事实。佛家所说的那些人生之苦,对每个人来说都是不同程度地存在的,但人生是否只是苦而没有甜?只有痛苦而没有幸福?这种对人生的观察虽然符合部分事实或一方面事实,但是不可否认也带有很大的片面性,并非人生的真实。再说,要摆脱人生之苦是否只有皈依佛法一途?过分地以强制克制肉欲去摆脱人生之苦也是不合人之常情的。从常人的观点看来,用这种人生观指导人生也只是万不得已时才可理解或接受的，不能把人生的特例当成人生的常规。

佛教宣传的观察人生的方法，也有消极的因素，对世间事常常得出悲观的结论。举一例便可知。佛教有典故说，弥勒佛有一次向众菩萨发问："善者有人欺他，恶者有人怕他；强者有人让他，弱者有人害他；富者有人骗他，穷者有人吓他。此六等，佛菩萨以为如何？"达摩祖师答曰："尔莫管他，且自由他，再过数年，尔且看他。"这段禅语的内容是反映世间生活的，其中暗含着因果报应的佛理和从变化中看事物的哲理，但是它也表达着一种消极的处世态度，坐观等待因果报应和变化，而不是主张积极地参与社会实践，扬善祛恶，扶正压邪，推动社会进步。正因为这样，这种人生观为主张积极人生实践的人们所不取。

佛家注重行善，讲究行善就是行善，就是应该行善，很高尚的人生行为；慈悲就是慈悲，就是应该慈悲，激励不求功利的入世情怀。在这个方面，它要比基督教更高明，可与康德道德论比高低，可与儒家圣贤论比精微。当然，人们说佛教不科学，可是佛教本来就不是科学。科学只是有限的领域，也有它的相对性。人生的问题，也许大部分是应该而且可以用科学方法来解决。可是，常人的人生又何尝是完全按照科学方法安排的呢？既不是完全按照科学方法安排的，那么人生就还有不是依照科学方法安排的方面，这个方面就会由经验和宗教去填补，至少世上有一部分人是用宗教去填补生活中这个空缺的。正因为这样，有些邪教也盗用佛教和佛学的某些内容，欺世盗名，毒害众生，以达到其不可告人的目的，这是值得世人警惕的。

（三）哲学家的态度

第一种是自然主义哲学家的态度。他们反对宗教家对待人生的态度，主张根据自然的本性和规律来解释人生。他们中有些人把人看做自然的、机械的生命运动，甚至就看做如同机器一样的、按照物理运动法则运动的实体。有些自然科学家按照生物学、生理学的法则解释人生活动，把人生看做是生存竞争、适者生存的过程。如前所说，18世纪法国机械唯物主义哲学家拉·美特里，可以作为一个典型。他认为人是机器，是一架自己会发动自己的机器。发动的力量就是食料和热能。人生百年既不是靠上帝，也不是靠佛祖，而是靠食料和热能维持的人生物质的持续运动。这种运动只服从实体的结构和静力学的运动规律。后来还有一位机械唯物主义哲学家霍尔巴赫，他在《自然的体系》一书中，把人分为"物质的人"和"精神的人"。他认为，人这部机器的活动方式——外观的也好，内在的也好，无论它们看起来或实际上是多么神妙、多么隐蔽、多么复杂，如果仔细加以研究就会看出，人的一切动作、运动、变化，各种不同的状态、变革，都是经常被一些自然法则所支配的。自然为万物制定了这些法则，它使它们发展，丰富它们的机能；使它们长大，保存它们一个时期；最后使它们改变形态，以消灭或解体告终。霍尔巴赫在这里说的就是人生的过程。尽管他把人分为物质的人和精神的人，但他不是二元论者，而是认为人的精神来自于感觉，服从于"物理的感受性"或"肉体的感受性"。所以，物质的人和精神的人这两种形态，实质上是一样的，只服从一种规律，即自然规律。在他看来，"外观的也好，内在的也好"，人都是被自然制定的法则所支配的。

再者，19世纪英国进化论者达尔文，主张由动物的进化来解释人生的发展。他在《人类的由来》一书中，力图证明人作为生物体是从结构低级的动物演化而来的，人生的理智、道德、欲求等活动，都可以追溯到低等动物阶段，因而也要服从生存竞争的规律。

这种态度有一定的科学性，它尊重人类与动物的历史联系，重视人类从低级向高级的进化过程，如生理的进化、欲求的进化等。但是，如果用进化说明人类的道德生活，就不是科学的态度和方法了，因为动物的自然生活和人类的社会生活有本质的区别，对人类社会的道德必须从社会历史上去说明，必须遵照辩证唯物史观才能得出科学的结论。

不过，人生的自然主义态度也并非都是机械的。中国古代的道家人生哲学，主张顺应自然的人生，有它消极的一面，但这种顺应自然的人生并不都是消极的，它也包含一种积极的人生追求。它试图超越世俗功名利禄的诱惑和人我关系的束缚，给人一种豪放、豁达的精神气质，这是一种比安贫乐道更为精明、雅致的人生哲学。对于有知识的人来说，它是淡泊明志、宠辱不惊的人生怀抱，是清明自重的道德情操；对普通老百姓来说，它意味着与世无争的生活方式和自得自立的精神。它使人生在自然而然之中，保持一种自持潇洒的自立态度；使人在艰难的人生旅程中，能够平衡倾斜、幻灭的心理，泰然以处之。道家人生哲学虽然有消极、空谈之弊，但它所具有的人生智慧和处世的辩证思考，却显示出中华民族人生思考的早熟与独到，即使在现代西方社会也为许多过度紧张生活的人们所慕求。

第二种是唯心主义哲学家的态度。他们看到了自然主义机械论的错误，一般也不相信神佛。他们强调理性、思维、精神，视人为"万物之灵"。在他们看来，人有两重生活：一重是外在的、肉体的、物质的生活；一重是内在的、理性的、精神的生活。他们认为，人是理性的动物，理性、思维、精神体现着人之为人的本质。理性、思维、精神高于一切，统治一切，甚至创造一切。因此，人是自由的，人的本质就是自由；人是目的，其他一切都是手段。从这种观点出发，他们认为人生不是机械的、被动的，而是主动的自由意志、自我实现的活动，是精神的自我完善的过程。这样，他们就把人生归结为不受上帝主宰和环境决定的精神主体的活动。黑格尔的哲学就包含着这样一种人生哲学体系。他在《精神现象学》和《法哲学原理》中，都揭示了作为绝对精神的自我完善的人生过程。他特别赋予理性以行动的意义，让理性能动地向意志过渡，让道德向伦理过渡，让个人向社会过渡，并在社会意识、客观精神中展开种种壮阔而深邃的人生画面。他的人生哲学虽然是乐观的、向上的，有时说得也是很实际的，但是从其理论根基上说，从总的人生哲学体系上看，还是偏于理性主义的思辨。他的理念自我实现论，也不能科学地解释人生。说到底，还是没有"踏着人生社会的实际说话"，理论与实际相脱离。但是，就处世态度而言，黑格尔的人生哲学是积极入世的，可以得出革命的结论。他在61岁时写过一首诗，其中有这样的警句：

　　去行动，
　　用道理来促进大众，
　　至爱亲朋，齐奋起，
　　把胡作非为扫净！
　　切莫空耗在无益的哀怨之中，
　　把希望带给人民，
　　带给劳动！

显然这是一种积极入世的人生哲学，表达着黑格尔的人生进取和社会进步愿望。这就是说不同的哲学体系，会产生不同的人生哲学；同一个哲学体系，由于方法不同，态度不同，也会产生不同的人生哲学。这里有多种复杂的因素，不能简单地由自然观、世界观推论出人生观，对具体哲学体系要做具体分析。

（四）人生的受动和主动

一般说来，人有着大体与动物相同的生理活动，需要有一定的外部环境和物质条件。但是，人毕竟与一般动物不同，人是过社会生活的动物。人作为社会动物，虽然不能完全摆脱动物性需要的方面——其生理活动要受生理法则支配，但由于人在社会生活中能够自觉地、有目的地控制自然和改造自然，控制生理和调节生理，因此也使生理活动的自然性实现了社会化改造。这种改变之大，使一切非人类的动物与人类相比已有天壤之别。

人类不是通过简单的刺激反应来适应环境，求得生存，而是用自己的智力和体力去改造环境，创造物质财富和精神财富，主动地生存和发展。人在社会实践中，依据先期积累的物质条件、精神文化资料和教育管理手段，不断地丰富和完善自己的人生。这就是说，人的生存和发展决不能脱离社会生活，不能脱离一定的社会环境及其历史过程。人类社会的历史，是遵照生产力和生产关系辩证发展的规律，按照一定的社会发展法则向前发展的，在阶级社会里，还要受到阶级斗争规律的制约。因此，人生不能离开社会历史的制约性，绝对自由地自我完善或自我实现。从这个意义上说，任何个人都是社会历史车轮上的一个螺丝钉；任何一个人的生活过程，都不过是在社会历史所提供的舞台上进行的有限活动罢了，而不可能从自己的头脑里去创造、外化社会历史，不可能自己孤立地实现自己的人生。夸大精神、自我意识的能动作用是错误的。精神活动、自我意识，都是人脑活动的机能，其内容不过是实际生活过程的反映。应当在初看起来只有人在活动，只有意志在活动的地方，看到客观关系的作用。正如马克思所说"不是意识决定生活，而是生活决定意识"，就其内容来说，"意识在任何时候都只能是被意识到了的存在，而人们的存在就是他们的实际生活过程"①。

那么，人生是否就是完全顺从历史条件和环境支配的消极被动的生活过程呢？是否如斯多葛主义者所说，是被拴在历史车子后面跟着跑或被拖着走的动物呢？当然不是。唯物辩证地对待人生，不但要肯定人生必然受制于历史规律，由社会条件所决定的方面，同时还应当看到人作为主体的主动方面，肯定人是社会历史的创造者，是自觉的、能动的人生实践者。所谓"螺丝钉"，只是用以比喻人的个体有被社会规定的一面，并不是说整个人生只是被拧在一处不可移动的螺丝钉。

人作为主体，是有思想和行动能力的生活实践者。在一定的社会历史条件下，人能够发挥主体的自主性、主动性和创造性，按照理想的目标，支配自己的行为，通过活动和劳动，改造环境，推动社会进步。可以说，人是唯一能够由于劳动而摆脱动物状态的动物。人的正常状态是和人的意识相适应的，并且是由人自己创造出来的。恩格斯说："动物仅仅利用外部自然界，单纯地以自己的存在来使自然界改变；而人则通过他所做出的改变来使自然界为自己的目的服务，来支配自然界。这便是人同其他动物的最后的本质的区别，而造成这一区别的还是劳动。"②以生产劳动为核心的人生活动，不仅在人类产生的过程中起了决定作用，而且在人类产生后，在人的生存和发展中，也起着决定性的推动作用。劳动创造了世界，也创造着人生。

这里所说的"主动"和"能动"，词义相通，又稍有区别。主

---

① 《马克思恩格斯全集》第 3 卷，人民出版社 1960 年，第 31—32 页。
② 《马克思恩格斯全集》第 20 卷，人民出版社 1971 年，第 518 页。

动是相对于被动而言的，能动是相对于所动而言的。主动也是自动，也相对于受动。但是不论用什么词，被动、所动、受动，其动皆由于有所受，即受到外力的作用而动；而主动、能动、自动，其动皆由于自身而始动。唯有人能如此主动、能动、自动，能自强不息、生生不已。战国时期的大思想家荀子是很讲究守礼的，但他在讲如何解蔽的时候，特别强调了心的能动作用。他说："心者，形之君也，而神明之主也。出令而无所受令，自禁也，自使也，自夺也，自取也，自行也，自止也。"①这番话正是就人是自觉的主体，能够自主、自择而言的。

对人来说，环境有不可忽视的决定作用，但这种作用只是人生的客观方面，更具人之特性的还是其主观方面。人能够认识环境、利用环境，因而不但能够适应环境，而且还能改变环境，使之为自己的目的服务。人生究竟如何，还在于发挥能动性，正确地认识和有效地利用环境条件，实现预设的目标。在环境条件相同或大体相同的情况下，由于人们的主体性不同，就可能产生截然不同的人生状态。在环境条件不同的情况下，有人可能在好的环境条件下无所作为，而有的人可能在恶劣的环境条件下，创造出大有作为的人生。从这个意义上说，事在人为，人生是各个人自己创造的。自强的现代青年都奉行这样的人生箴言：成功由自己开始，环境由自己创造。

由上所述，可以说人生既不是机械的、被动的生存过程，也不是纯粹精神的、绝对自由的自我实现过程，而是在一定社会历史条件下，在一定环境条件基础上，能动的、创造性的生活过程。人生之道，不仅在于做自己喜爱的事，还在于把历史之必然和事业之要求，变为自己自觉、自愿、自动去做的事。人生就是主观能动性与

---

① 《荀子·解蔽》。

客观受动性的统一。

二、内在性原则

（一）内在性与目的性

人有双重生活，即个体生活和类生活、精神生活和物质生活、内在生活和外在生活。动物只有单一的个体生活、外在生活和物质生活，而没有类生活、内在生活和精神生活。人的内在生活，即心理、思想和精神世界，是个体对类发生的关系，是社会实践和社会关系所产生的生活再现和想象。在这种生活中，每个人本身，既是个体的"我"，同时又是群体的"类"。人能够对自己进行思考，对自己说话，把自我当做对象，内自省，以致内自讼；人能够根据一定的理性原则，认识外部环境和时机，调整情感和欲望，做出符合一定理想目标的行为选择，从而成为驾驭自己情感和欲望的主人。人首先要成为自己的主人，才能自主、自立，过有为的社会生活；才不至于像动物一样，成为自己情欲的奴隶，成为外部环境的奴隶。这里就包含着人之为人的内在性原则。

人之为人，首先决定于外在的社会历史原则，亦如上述。但就人作为个体的生活来说，还必须同时重视其内在性原则。没有内在性原则，人就会成为完全被决定的、没有独立性和主体性的物或动物。所谓"内在性原则"，也就是目的性原则。具有内在目的性，是有理性的、自觉的主体的本性。动物也有从事极简单的"有计划"的行动的能力，但是一切动物的"有计划"的行动，都不能在自然界打下它们的意志的烙印，只有人才能做到这一点。因为动物仅仅是借助外部自然界，本能地以自己的存在来使自然界改变；而人则自觉地改变自然界来为自己的目的服务。恩格斯说，"这便是人同其他动物的最后的本质的区别"。在这里，"有理性的""合目的性的""自觉性的""主体性的"这些概念，都具有同一意义。人生的一切努力和奋斗，都是趋向于某种目的、为实现某种理想目的而进行的。盲目的行为是无理性的表现，也是缺乏自觉性和主体性的表现。

目的对于人来说，是一种理性的选择，也是一种主动的、始动的力量。它的内容就是主观化了的客观利益即主观利益。主观利益形成人的行为目标和利益感，通过手段和效果实现自身，构成人生活动的原动力，从而使人成为主体。人决心做出某种事情，就是主体从内在目的性趋向于外部的结果，也就是使内在目的外在化、对象化。正是这种主体性活动，体现着人的个体性或个性。

康德把人的特性分为两方面：一方面是说某个人具有某种性质，另一方面是说它特别具有一种精神的个性。个性是指唯一的，是一个人的性格特点。若不是唯一的、特殊的，就是没有个性。前者是人作为自然的存在物的标志，后者是人作为一个理性自由存在物的标志。一个有原则的人，人们不能从他的本能上去测度他，因为那是一般人都可能具有的。如果有把握地知道只能从他的意志来测度他，那么，他必定是有某种个性的，因为他必定是按照他自己的意志去做事的。前种素质表明可以从一个人身上产生出什么；后一种素质表明他决心从自身中产生出什么。这就是作为有个性的个体生活的人生。

（二）大体与小体

就个人的人生来说，他生存所追求的无非是他最内在的目的，以及由最高目的而选定的目标。有了生活的目标，就有了一个明白的根据和支柱，就有了前进的方向和力量。在这个意义上，人生就是一个由内向外的主体的创造，人生的命运就来自于人自身的内部。有一句有名的箴言："失去金钱的人损失甚少，失去健康的人损失极多，失去理想目标的人损失一切。"此言用于人生的内在性原则，其意义就在于：人生有为就先要有理想，有目标，要有实现目标的主动行动。当然，正确的有为还要有智、有谋。但不论有智或有谋，都决定于人的内在性原则的发挥。一个失去内在性原则的人，决不会有生活的智谋和勇气。

中国古代思想家很重视人心的作用，常把心看做一种内在的主宰，也就是人生的内在性原则。孟子对此做过最早的论述。《孟子》一书中有一段很精彩的对话：

> 公都子问曰："均是人也，或为大人，或为小人，何也？"孟子曰："从其大体为大人，从其小体为小人。"曰："均为人也，或从其大体，或从其小体，何也？"曰："耳目之官不思而蔽于物，物交物，则引之而已矣。心之官则思，思则得之，不思则不得也。此天之所与我者。先立乎其大者，则其小者不能夺也。此为大人而已矣。"①

孟子的学生公都子不明白为什么都是人，有的人成为大人，有的人成为小人。孟子给他做了解释，说"从其大体"就成为大人，"从其小体"就成为小人。公都子还是不明白，于是孟子就讲了一番心体关系的大道理。

孟子重视心性，认为心的本性是善的，心能思想，能通过思想

---

① 《孟子·告子上》。

得知理义；而五官只是欲，不能思想，因而不能知理义，常常被物欲引诱向恶。按照孟子的心学思想，心和感官是无关的、超然的。孟子把心与感官分离开来讲心，当然不合乎当今的认知科学，但那时他能强调心对肉体的指导作用，已是很了不起了。

孟子所说的"大体"就是指心；"小体"是指耳目等感官。从内容上说，"大体"是指仁义礼智的精神原则，"小体"是指感官之欲。从其大体，就是使肉体感官服从心，即服从仁义礼智的精神原则。所谓"天之所与我者"，是说这仁义礼智是心本来就有的。仁义礼智之根在心。做人如果一味跟着感官物欲走，就会失去这个本心，背离仁义礼智原则而成为小人。人做事只要是服从大体，听从心的命令，就不会被感官物欲所引诱，从而存其善心，养其善性，成为君子。所谓"不能夺"，就是说能坚持这个内心的仁义礼智原则，就不会被狭隘的物欲所左右。孟子所讲的道理，概括起来可以说，就是强调要坚持一个内在性原则。

明代哲学家王阳明也提出过一个命题："德也者，得之于心也。"这个命题按照阳明心学来说，就是把德性或德行遵循的原则归之于心的本体，归之于良知。王阳明认为，耳目鼻口心是一件事，五者虽然有区别，但实际上不可分。主宰之谓心，充塞之谓身；耳目鼻口无心不能知，所以无心即无身，反之，无身亦无心。他强调在由内向外的德性行为中，行是由心指使的，是得自于内心的良知的。有良知才有德行，德行出于良知；知行合一，心体合一。

王阳明心学的核心也在于突显一个内在性原则，其思想最接近于孟子。他的心学排斥外部世界的他律性是片面的，但是从主体的道德活动本身来说，也还是朴实而有道理的。古人讲心是"形之君""神明之主"，就是说，心是身体的统治者，又是精神的主宰者，它可以向自己的身体和精神发号施令。古人不了解心就是大脑的精神活动，往往把心和肉体器官分开；但是看到心的作用并强调要用心指导行动和做人，则是极其重要的哲学和道德的思考。

王阳明举过一个持弓射箭的例子。他说，君子之射存其心，因此，"燥于其心者其动妄；荡于其心者其视浮；歉于其心者其气馁；忽于其心者其貌惰；傲于其心者其色矜"。这五者都是心之不正，即所谓"心之不存"。反之，"心端则体正，心敬则容肃，心平则气舒，心专则视审，心通故时而理，心纯故让而恪；心宏则胜而不张，负而不弛"。这七者具备了，君子之德就能形成。所以，在他看来，学射、成德，就在于以心为鹄的，"各射己之心"，因而也"各得其心，各具其德"。这个例子说得既生动又深刻，归结起来，其基本精神也是强调内在心性的作用。这个心性，在王阳明那里就是指的"良知"。此即所谓"至道不外得"，"人生贵自得"。

欧洲哲学史上的斯多葛主义也有相似之处。斯多葛主义的人生原则就是依照本性而生活，即依照理性和道德而生活。依照本性而生活也就是依照理性而生活，即依照理性的道德原则而生活。这个理性原则就是一元化的、内在性原则。只有坚持它，不为任何外在的、非理性的、非道德的力量所动摇，才是善美的人生。黑格尔曾批评过斯多葛主义者内在原则的形式主义，但也肯定过它是一个伟大的原则。它之所以伟大，就在于它不能使一个人自己在自己内心里二元化，而保持内心的坚定的统一，不为外在的邪恶所摧毁。黑格尔说："斯多葛派哲学的伟大处即在于当意志在自身内坚强集中时，没有东西能够打得进去，它能把一切别的东西挡在外面，因为即使痛苦的消除也不能被当做目的。"[1]黑格尔的批评和赞扬都有合

---

[1] ［德］黑格尔：《哲学史讲演录》第3卷，贺麟、王太庆译，商务印书馆1959年，第37页。

理之处。如果把斯多葛主义的内在性原则，作为它的唯心主义哲学命题，也无甚可取之处；但是作为人生哲学的思辨，倒是有不能忽视的人生启示。一个人的内心里若是没有生活的原则，就不会有道德良心，不会有刚正的人格，就会为外物、非议所引诱而丧失道德意志和良心，甚至丧失做人的资格。在今天的现实生活中，许多人所缺少的也正是这个内在性原则。

内在性原则不仅包含着理性原则，而且也包含着内在的热情力量。热情是一种深藏在内的精神力量，它体现着一个人的内在特质。人生行为中的热情，就是把内在的这种特质表现于情感和行为中。因此，有人称这种热情是人的"内心的光辉""炙热的内在力量"。热情是发自内心的兴奋，充溢于人的所作所为，以至鼓动着整个人生。一个热诚的人，就像有一种无穷的力量在支配、推着他前进。人生事业成功的因素固然很多，而在所有因素中热情应居关键的重要地位。就个人行为和生活来说，理智决定认识，热情就决定行动。没有热情，任何正确的理智都不会成为实际的行动，任何能力都不会充分发挥出来。热情可以促使一个人从浑噩中奋起，去创造有为的人生；热情可以使一个人有百倍的勇气，去建立辉煌的功业；热情也可以从精神和行动上，影响别人，以至感化许多人，促进人际关系间的理解和融合。培养自己内在的热情特质，就会使人生永远保持乐观、向上的力量；失去热情也就失去了做人的内在动力。

当然，在承认内在性原则的同时，必须肯定它的唯物主义前提，承认外在世界的客观必然性和决定性原则，不能忘记自我内在性的意义，始终具有鲜明的社会性和历史性，否则就会导致唯心主义的内在论。在这里，唯物主义和唯心主义的区别，不在于是否承认内在性，而在于承认什么样的内在性。承认社会历史决定性的内在性原则是唯物主义的；相反，否认社会历史决定性的内在性原则，就是唯心主义的。美国人达姆洛斯写过一本叫《处世奇术——四十岁前成功》的书，作者说到不要"庸人自扰"，以免妨碍取得事业的成功。但是他把这一点强调得过分了，以致认为任何外部标准、别人的劝告，都是不必要的。他认为"每个人都有自己的规律，只能由各人的良心来决定"。显然，这是把内在良心原则绝对化、孤独化，重复了历史上早已被否定了的唯良心论的错误。人生是要由每个个人去实现的，因为个人有一个内在性原则，所以就具有了很大的相对性；不承认这种相对性，不符合人生的实际。但是，夸大人生的这种相对性，把它推到不适当的、否定一切外部决定性的地步，也是不符合人生实际的。

（三）高扬主体性

人是精神的动物，因而要正确地理解和运用内在性原则。这个原则如果加以正确的、科学的运用，对于认识和完成人生，都将是一种"更高的方式"。人生是心与物两界的调和，是主观能动性与客观受动性的统一，但更是心的主宰，是主体的主观能动的创造性活动。真实地讲，内与外具有同一的内容，内在要反映外在，又要创造外在。"人的意识不仅反映客观世界，而且创造客观世界。"①这是一个非常重要的思想。这里特别要注意：心与物的符合、内在与外在的统一，不是外物主动去符合人心，不是外在主动去统一内在，而是人心主动去符合外物，内在主动去统一外在。符合、统一是主体在实践中认识客体和改造客体的主动行动。在这个意义上，人生更应注重内在性原则的积极运用。一个有积极作为的人，自己

---

① ［俄］列宁：《哲学笔记》，中共中央编译局译，人民出版社1956年，第228页。

意识着自己行为内容的必然性和义务性，由于这种自觉，他不但不感到自己的自由受到了外在要求的限制，而且正因有了这种自觉性意识，他才能达到内容充实、自为的自由，而不是刚愎自用、自以为是的自由。一般来说，当一个人自觉到他所遵循的必然性和义务性时，他同时也就达到了最高的主体的自主性和独立性。正如黑格尔所说，"一切取决于用什么样的精神去把握人生"。或如马克·吐温所说，"构成生命的主要成分，并非事实和事件，它主要的成分是思想的风暴"。

　　人的内在精神世界是非常丰富和复杂的，有瞬息即变的喜怒哀乐，也有相对稳定不变的人格。人生因为有复杂的、隐秘的内在精神生活，所以常常使人难以琢磨，看不透。如果人生像一个圆球在桌面上滚动，它的轨迹再复杂，也容易认清，得出量的准确认识。如果人生像动物一样，只有外在生活而没有内在生活，那也是容易认识的。所以，认识人生，驾驭人生，不仅要注意外在决定性原则，同时还要注重内在性原则，把内在性原则和外在性原则结合起来。与主体的人相对应，世界是客体；与肉体的人相对应，思想着的人，就是主体。所以，内在性原则，作为精神原则，也就是主体性原则。人有思想、有精神的生活，才是真正的人的生活。所以一位佚名的哲人说得对：不顾思想的人是固执，不能思想的人是愚蠢，不去思想的人是奴隶。从这个意义上也可以说，人的生活是思想造成的。我们也可以理解诚如爱默生所说的："生活是由思想造成的，因为人面临的无论多少，事实上惟一起决定作用的还是思想。"

　　人生的内在性原则的直接表现，就是人生的态度。人与人的差别不在于能否思考，而在于以什么样的人生态度去思考。有些人总喜欢说自己的境况是环境造成的，经常怨天尤人，实际上环境是可以为人所利用的，个人的境况如何主要是由个人自己决定的。纳粹德国集中营的幸存者弗兰克尔说过："在任何特定的环境中，人们还有一种最后的自由，就是选择自己的态度。"人生的态度在很大程度上决定着人生的状态。有了主动的人生态度并不一定会使人生得胜，但没有主动的人生态度则肯定不会有人生的成功。人生的噩运，往往只需要将当事人的内在态度由被动转为主动，就会有所改观。从理论上说，注重内在性原则，树立正确的态度，是正确理解和运用主体性原则的应有之义。

马克思在批评旧唯物主义的缺点时，曾经强调指出，旧唯物主义的主要缺点是"对事物、现实、感性，只是从客体的或直观的形式去理解，而不是把它们当做人的感性活动，当做实践去理解，不是从主观方面去理解"。[①]这段话用于人生，可以这样说：理解人生的活动，不仅要从客观、客体方面去理解，看到行为由外而内的内化过程，人的意识内容是社会存在的反映，坚持唯物主义决定论和社会性原则；同时还要从主观方面、主体方面去理解，看到由内而外的外化过程，坚持主体性、内在性原则。从主观方面，用主体的眼光去看待人生活动，不仅要看到人生被外部条件所规定，而且要看到人的精神、主体的能动性，也要规定人生，争取理想的人生。就是说，一方面要看到个人行为不仅是社会的、被决定的，另一方面，还要看到它又是自主的、自为的主体性的活动。只有这样，才能克服唯心主义和机械论，克服庸人和懒惰者的消极态度，正确把握人生的主动性和创造能力，不断给自己开拓人生的新局面。

---

① 《马克思恩格斯选集》第 3 卷，人民出版社 1960 年，第 3 页。

三、面具与角色

（一）人何以有面具

人生究竟是什么？回答这个问题只说到人生是主观能动性与客观受动性的统一，是不够的。因为人的主观能动性的活动，在其现实性和表现形态上，不是单一的、不变的，而是千姿百态、变化莫测的。当我们具体地说人是什么的时候，那总是要依赖于他在哪里、干什么、什么样子、人品如何，等等。[①]个体的人虽然是一个人，但实际表现出来的活动着的个人，却是百种、千种，以至无穷种的样态。实际生活中的每个人，都有随机应变而改换面目的本能。正因为这样，许多人把人生看成演戏，每个人都是人生舞台上的演员，有特定的上台和下台时间，在台上时都要扮演各种不同的角色。不过，这种看法如果不是否定的意义，也可以说人生就是要在人生舞台上做演员，有一定的生命时间。在这段时间内，每个人都要扮演各种角色，"戴上"各种面具：如果是男人，或者是做孩子的父亲，或者是做妻子的丈夫；如果是女人，或者是做丈夫的妻子，或者是做孩子的母亲。一般来说，一个人有时做买者，有时做卖者；有时做客人，有时做主人；有时做领导，有时被领导；有时做思想家，有时做务实者；有时认真，有时马虎；有时严肃，有时诙谐；有时发怒，有时温和；有时要争夺，有时要谦让；有时要欢

[①]《费尔巴哈哲学著作选集》上卷，生活·读书·新知三联书店1962年，第381页。

笑，有时会苦恼；有时要互助，有时要竞争；有时要机灵，有时要装傻；如此等等。每个人都在扮演着多个角色，变化着数不清的面具，正如康德所说，"人总的说来越文明便越像个演员"①。

那么，怎样看待人生中的这种现象呢？人生的面具、角色与人生的真实和本质是什么关系呢？

有人认为，角色不是真实的个人，而是掩盖真实个人的表演。面具、角色，都是假象、假面具，以假盖真正是面具和角色的意义。

有人认为，人不能永远真实，也不能永远虚假。真实中有点虚假，虚假中有点真实，都是动人的。真中有假，假中有真，真假相间是人之本性。

有人认为，人就是他的面具，以为在面具、角色背后还有一个真实的自我，那是幻想。认识人只是认识他的面具，面具就是人。

也有人认为，面具虽然是假的，人生扮演着各种角色以表现出迎合世俗的德行，但久而久之也会由假而真，唤醒人的真性，化为人的内在品德。

以上种种看法的共同缺点是，把面具和真相、角色和自我或对立起来，或等同起来，因而不能正确地表达人生的真实和本质。

（二）面具与自我

其实，面具和真相、角色和自我，是在社会生活实践中统一的。"面具"这个词的原意是指个体特征，人的社会地位、身份，因此也与角色相通，引申其义也称人格。不过，角色更意味着一种综合性的行为模式，在社会学上是指有一定社会地位和身份的个人所应有的行为。在日常生活中，面具与角色都是借自戏剧用语，意

---

① ［德］康德：《实用人类学》，邓晓芝译，重庆出版社1987年，第30页。

谓演员与所扮演人物的区别。在戏剧中，尽管扮演的人不同，角色、面具却相对稳定。任何一个人要扮演某一角色，就要有一种人们所期望的特定的面具和行为方式。这在中国传统京剧中最为典型。在社会生活中，每个角色的行为方式是和他的社会地位、职业相联系的，因而都有相应的义务、职责和权利。这就表明了面具和真实、角色和自我的统一。

如前所说，人和动物的区别之一，就在于人是自觉的，其行为和生活都有一定的目的，是内在生活和外在生活的统一。人要使自己的行为活动得到预期的结果，只有在一定的客观环境中，在一定的社会关系中才能实现。这种客观环境和社会关系的存在，向个人提出所期待的做人规范和角色要求。这种期待和要求虽然反映着社会对个人的期待和要求，在一般情况下，也是众人自我的要求。从这方面说，做人是有客观的统一标准的。

但是，由于客观环境和社会要求的复杂性、变异性，以及各个个人的生活条件、行为方式和个性差别，每个人的自我形象或表现又必然是多样的，不统一的。这就是说，个人的人生活动，既是在一定社会关系基础上的符合目的的对象性活动，同时又是某种主观的、内在自我的个性的表现。社会角色经过一定程度的简化，可以看做是社会规范的特殊表现。角色是一种社会模式，是一定社会关系中的个性表现。角色的多变性，就体现着在复杂易变的社会环境中的人生主动性。例如，许多人集合到一起开会，大家服从一个目的、一种活动，心思归一，可谓之共性；散了会，每个人各自去做个人的事，各有各的活动和表现，则表现出个性。开会是"公人"，散之为"私人"；聚之为普遍人格，散之为特殊人格。马克思在讲到市民社会的人格二重化时说，人在"政治国家"里是公民，有公民权，在"市民社会"里则是私人，有人权。这种二重化表现在人格上,就是"政治人格与实在人格、形式人格与物质人格、普遍人格与个体人格""公人与私人"的二重化。马克思还说,这后一方面即实在的、物质的、个体的人,是现实的人;前一方面即政治的、形式的、普遍的人,则是真正的人。①这可以说是面具与真实、角色与自我的辩证法。

面具并不是假脸,而是有一定个性的模型,或行为品性的样态。因此它不能脱离自我的真实而表现,也不能对自我真实保持中立。人们选择某种面具是适应外部环境的需要,它体现着社会环境迫使个人顺应的客观要求,体现着个人职责和义务的要求。如果说刚诞生的婴儿是完全本着其自然的样态而生存,那么从婴儿往后的成长,就愈益随着对环境的适应和职责的承担而带有面具。人们往往说小孩子纯真不假,大人总是带有假面具,半真半假,如果说的是这种情况,那正是人生的真实,是人生从不成熟到成熟的表现。

有一个很真实的事例:1988年,中国赴南极科学考察队遇到冰山崩塌,考察船遇到被冰山碰撞或被巨冰夹死的危险,这时船长魏文良的态度对稳定全体队员的情绪至关重要。从人的心理反应来说,每个人遇到这种险情都会产生害怕、恐惧的心理,这是人性之自然。但是,由于船上每个人的身份、地位、职责不同,其外部表情就可能不同,许多人会明显地表现出惊慌、恐惧的情绪,而船长魏文良却面无惊色,镇定自若。是不是他就不害怕、无恐惧之心呢?不是。他自己说他当时也是心惊胆战,但是他想到全队人员的生命,想到自己担负的科考使命,这种特殊地位和职责要求他必须镇定,丝毫不能表现出惊慌失措以影响全体队员的心理,造成指挥失误、行动混乱。他也确实这样做了,冷静地判断险情,稳定全队的情绪,及时把握脱险机会,经过七天七夜的顽强搏斗,终于带领

---

① 《马克思恩格斯全集》第1卷,人民出版社1995年,第443页。

全队脱险。从队长魏文良的内心和外表来看，他这种面具并不是虚假，而是他的特殊职责所应有的表现，也是他的高尚人格和领导才能的体现，因而是更高的真实。

面具与真实的差异是相对的，不是绝对的。面具的选择最初往往是勉强的、不得已的，或者是仿效他人的模式。但是在以后的生活实践中，由于不断重复此种面具，也会习惯成自然，使选择的面具成为自己的秉性特征，或称"第二天性"。黑格尔曾经生动地描述过这种个体角色化、面具化的情形。他说个体人除了种族、家族上的特性所带来的生活习惯、仪表和姿态差异外，还有在有限的生活领域里各种工作和事务所造成的职业特征，还有穷困、忧虑、忿怒、冷淡、情欲以及异常的追求、心灵的分裂，总之，生存的有限性都会造成个别人面貌的特征及经常表现，如饱经风霜的面相、内心冷酷的面相、呆板愚钝的面相，等等。[1]这样，个人自以为是面具的东西，就成为他自我的一个侧面和特征表现。在这个意义上，可以说面具就表现着自我的真实。在实际生活中，一个人无论想扮演什么角色，他总是要把自己的本色掺进去，即所谓"江山易改，秉性难移"。

在这里，我们可以看到一个面具转化为人的秉性特征的过程：开始是自觉选择的东西，在成为习惯之后，人们不再对它注意，渐渐转化为人们自己也不自觉是自己选择的东西了，这时面具就不为人们所察觉地自然地表现着真实的自我，二者达到了和谐一致。这种转化之所以成为自然而然的、必然的，就在于面具体现着现实社会环境对个人的要求和个人对社会要求的认同。这种要求具有"社会绝对命令"的性质，因此它总是能够使自我接受它，从不自觉的选择到自觉的接受，以至习惯成自然。从这个意义上说，它就是自

---

[1] ［德］黑格尔：《美学》第1卷，朱光潜译，商务印书馆1979年，第194页。

我的真实，而个人自以为真实的自我反倒成为虚幻的、不真实的东西。面具是一个适应机制，它使个体能够适应一定的社会要求，表现真实的自我。因此，作为社会关系中的个体，都必然要戴上一副面具。

当然，人们选择什么样的面具，并不是与自己无关的完全外在的形式。从人们的自觉选择来说，它就是自我的一种社会的和个性的需要。人们要通过它证实和表明真实的自我是什么、是怎样的。正因为这样，面具也就有很大的随意性，与真实的自我保持着一定的差距，面具还不等于自我。这种差距如果扩大到完全相背离的状态，面具就成为假面具，在面具掩盖下的人格也就随之变得虚伪。

这里要注意，不能把面具和人的真实完全等同起来，以为面具就是人的真实。人有什么样的行为，就是什么样的个人。如果有人对一个行为忠厚老实的人说："你的行为诚然像一个忠厚老实的人，但从你的表相上看，你是在做作，你实际上是一个居心不良的流氓。"可以想象，那个忠厚老实的人会异常气愤地对待那个人。黑格尔在《精神现象学》中举过这个例子。他说那个忠厚老实的人定会给那个人一记耳光。这个耳光打得似乎有理，因为它驳斥了这样一种假定，即认为人的现实就是他的表现。人的真实与面具不是等同的，正如事物的本质与表现也是差别的统一而不是等同一样。

不能把面具和假相混淆起来。有些人习惯地以为面具就是假相、假脸。要说某人真实、诚实，就认为某人毫无面具假相；要说某人虚假、不诚实，就认为某人带着一副面具，掩盖着真相。这是对面具的误解或只是平常的生活用语。其实无论真实的、诚实的人，或者虚伪的、不诚实的人，都有面具。现象是本质的表现，任何现象都有和本质相一致的方面，也有和本质不一致的方面。仅有和本质一致的方面的现象是没有的，因此面具不可能与真实自我完全同一。但假相也不是与本质相反，而是在相反中也有与本质一致的方面，因此说假象也表现着本质。这就是说，假面具也正是欲掩盖自己真相的人自觉采取的，在这个意义上，它正体现着此人的虚伪本质。

假面具之为假，是它与社会关系的客观要求相背离，因而也与人们应有的社会良心相背离的。《钟馗传》中有这样一段故事，说钟馗带领阴兵去攻打无耻山寡廉洞里的涎脸鬼，涎脸鬼带上了一副厚厚的假脸出来交战，结果钟馗无论怎么用脚踢、用刀砍、用箭射，都不能损伤涎脸鬼的脸。后来钟馗想了一招，自己也造了一副厚厚的假脸，比涎脸鬼的那副假脸还大还好看，不同之处是在假脸中装上了一颗良心。再次叫阵时，钟馗提出愿与涎脸鬼交换假脸，涎脸鬼不知底里，自然愿意交换。结果一交战不多时，假脸中的那颗良心发动，涎脸鬼戴的假脸越来越薄，最后竟薄得如纸一样，须臾现出一颗良心。涎脸鬼不觉满面羞惭，败下阵来，逃回寡廉洞后自刎而死。作者题诗道："但得良心真发动，果然有脸不如无。"①

这里所描写的涎脸鬼的假脸也就是他的面具。故事说它是假的，用铁铸、用漆刷，又贴了几千层桦树皮，真可谓厚脸皮。其实，作者又说这是那个寡廉鲜耻的涎脸鬼承蒙师传，为了应付别人的唾弃，不得不使自己有一副不要脸的厚脸皮而已。这副厚脸皮就是那种不要脸的鬼的面具。因为这种面具是适应无耻的品性的，所以尽管它是假面，但也表现着它所掩盖的虚伪、无耻的本性。要改变这种假面，只有改变本性，即换上一颗"良心"，养成真诚、知耻的品德。

这里人们自然会想到当今网络世界虚拟人的假面。部分网民在

---

① 烟霞散人、云中道人：《钟馗传》，长江文艺出版社 1980 年。

网上活动时，经常扮演与自己的实际身份、性格甚至人格悬殊或完全相反的虚拟角色。他们在网上网下判若两人，有着复杂的心理冲突，也为双重或多重人格所困扰。其中的寡廉鲜耻者也需要一副厚脸皮的面具，要改变这种假面，也只有换上一颗真实的良心，养成真诚的品德。当然，在虚拟世界里使用假面具，也有复杂的社会环境原因，有不得已而为之的隐痛，如是者则当别论。

（三）体现社会角色

这里需要强调指出，面具、角色的选择，虽然是由个人自觉自主做出的，但这并不是说完全决定于个人的自我意识，决定于个人的自由意志。应该说，它决定于个人的社会存在，决定于个人的生活现实，也决定于个人生活经验的发展和成熟程度。而这一切都决定于特定的社会关系和社会实践。这是演员角色的脚本。按照辩证唯物主义的实践观点，面具、角色，不过是人按其社会职责、使命和任务表现自己的形式，是个人在某一社会群体中，在一定的社会生活情境中，相互影响、相互适应的方式或模式，也就是学术界所说的"结构性方式""规范性方式"。它不只是人为做作的表演或瞒哄他人的假相，否则就是承认人的自我和人格可以在社会关系之外存在，或者可以赤裸裸地直接显露出来。

马克思曾批评黑格尔主义者施蒂纳脱离现实社会条件，把职责、使命和任务在抽象思维中变为"圣物"，即变成空洞无意义的东西。在阿·瓦格纳那里，"实际上，在职责、使命、任务等等中，个人在自己的观念中是和个人的本来面目不同的，是异物，也就是圣物，他提出了他应该成为什么的想法作为合理的东西，作为理想，作为圣物来与他自己的现实存在相对立"。马克思强调的是：作为确定的人，现实的人，就有规定，就有使命、任务、职责，至于个人是否意识到这一点那是另外的问题。使命、任务、职责本身并非个人幻想的"圣物",而是因个人的需要与现实社会的联系产生的。从这个意义上说,个人如果不给自己确定某种使命、任务、职责,就不能生活,以至于使命、任务、职责等就成为个人生活的各种表现和生活本身。

马克思所指出的是人生之事实和本质的真实。如果一个人的生活条件、生活方式和社会关系结构,使他只能牺牲其他一切特性而单方面地发挥某一特性,那么这个人就不能超出单方面的、畸形的发展,因而也不可能超出生活本身所要求他选择的面具和角色。在这种情况下,任何说教都不能使他有多大实质性改变。一个商人的面具和一个大学教授的面具,一个战士和一个将军的面具,显然是不同的,而且几乎是不可互换的。如果互换一下,那就会使角色者觉得蹩脚、不自在,让别人看起来做作、不相称。这不是个人主观意愿如此,不是自我意志规定,而是生活经验使他如此,是特定的社会实践和社会关系使然,是长期履行职责、任务、使命铸成的品格和角色形象。角色不过是一定社会关系的人格化。如果把面具和角色看成纯粹主观的、自由的创造物,那就是把人变成玩具,使面具成为假面具,使角色完全背离自我。这无疑是《钟馗传》里所描写的钟馗假造的那个假面具。

面具和真实、角色及自我的关系,也反映着人的形态和人格的关系。在人身上有相对不变的人格,也有不断变化着的形态。面具作为形态在人格的不变中变化,而人格在变化的面具中保持不变。只有当人的人格变化时,面具才变化;只有当面具表现真实时人格才存在。有教养的人应该在变与不变的统一中,不断铸造人格、完善自身。为了实现这种教养期待,人们必须使自身的人格变为现实,使外部形态、面具、角色,服从并体现内在的人格。教养的任务就在于：一方面提防感性冲动受到不适当的压抑而失去个性和自尊；另一方面，又要防止人格受到偶然的情欲左右而失去理智。因此，要使自己有教养，就必须使自己的感受能力与外部世界多方面接触，多方面交际，经风雨，见世面，使受动性得到适应，同时又要理智地保持独立性、主动性，使人格的主导力量得到充分发挥，保持为人的自尊、自重、自立、自强。当一个人把责任感、义务感看得高于个人得失时，其角色、面具选择就不再是勉强的了。这时，只有在这时，角色、面具所表现的就是一个与社会、国家、民族融为一体的真正的人。在这个意义上，面具、角色对真实的自我来说，就体现着一种理想性、应然性要求，体现着个人对自己在面对社会要求时应当如何地选择和塑造。

所谓"适当""恰当"的要求，就是毋过毋不及的中庸，即通常所说的"得体"，如同一身得体的衣服成为"活动的建筑"一样，与人本身结为一体。要做到这样，不仅要求当事者内外、表里一致，而且要求当事者与他人和社会相协调。用席勒的话说就是，第一要保障别人的自由，第二是表现自己的自由。这当然是不容易的。不能强装出某种样子，不伦不类，也不能对自己的形象无动于衷，放弃自制；不能只表现自己而妨碍他人的自由，也不能以维护他人自由而丧失自己的尊严。

做人难，难就难在要主观与客观统一，自我与他人统一，内心与外表统一；要人格与角色、自我与面具、实然与应然统一。在人生行为中，既要注意所涉足的次要角色形象，又要注意自己所承担的基本角色的主导作用的发挥，要力求使角色、面具统一于内在人格之中，统一于所从事的社会实践之中，养成具有时代精神的人格风范。具有时代精神的人格，是一种伟大的人格，其极致简直可以说"伟大到完全脱离个别性的程度"，在这个意义上，"人格性和个别性就是不可互换的"。①

当然,也有内心世界不外露的人,即"善隐者"。这种不外露既不是伪善,也不是伪恶,而是如老庄派的人生之道,顺其自然地生活。"顺其自然",就是不外露,不特意表现自己,因而也是最清楚地认识了虚荣的本质而做出的选择。这正是所谓"善隐者善生"。

伪善者往往表现为世故、狡猾。世故的人、狡猾的人,总是戴着假面具。他们在生活中不以自己的本来面目出现,对人不见真心,做人不露真相。世人常称这类人为道貌岸然的"伪君子"。他们处世经常以假面具出现,久而久之,甚至弄得自己也不认识自己了。当他们不得不露出真面目时,就会感到很不自然,常常捉襟见肘,局促难堪。对这种伪善者来说,重要的不是实际"是什么人",而是看起来"像什么人"。他们是做样子给人看的,像戏台上的演员一样,出场时化着装是一副样子,下场后卸了装又是另一副样子。卢梭曾痛恨18世纪法国上流社会人物的虚伪,说他们"必须要戴一副假面具,否则,如果他们是怎样的人就表现怎样的面目的话,那会使人十分害怕的"。他认为只有劳动人民是表里一致的,只有劳动者身上还保留着纯朴的人格和真诚。卢梭的分析,对我们了解面具和角色的社会性,还是很有启发意义的。

有学者说,人的生活中总是假中有真,真中有假,都不失为人生的真实,最令人厌恶的倒是半真半假。这话是诗,诗中蕴涵哲理。不过,我以为不仅半真半假应当厌恶,做人还应力求真而不假。人生应当是真实的,而不应当是虚假的。世上有以金钱财富为荣者,有以权力地位为荣者,有以职称名誉为荣者,有以文凭服饰为荣者,有以美貌艳姿为荣者……其实,这些东西都不能确证一个人的真实价值。如果一个人不是通过自己的劳动和创造,为社会和

---

①苗力田译编:《黑格尔通信百封》,上海人民出版社1981年,第229页。

他人做出自己应有的贡献；如果不是持守诚实、正直的人格和品德，那么一切财富、权力、地位、职称、文凭、服饰、美貌以及华而不实的"知名度"，都不过是掩盖其真相的假面具。俗话说，发光的并不都是金子。每一个人是什么样的人，要由他的实际行动和为人来证明。我们还是应该分清人生的真实和虚假，力求真真实实、堂堂正正地做人。

这里要强调，我们在一定意义上肯定面具的意义，但要防止走上"面具主义"。所谓面具主义，就是否定人生真实性的一种虚伪的处世哲学。面具主义由于否定人生真实性，也否定人生有内在人格和价值。面具主义者认为，一切人生事物和行为活动，都不过是应付场面、浮表掠过，人的内心并没有真实的情感和忠诚的信念，甚至也没有一点言行一致、表里一致的诚实可言。他们认为人与人之间不应有爱的真情，认真和实在反倒会引起不必要的紧张和纠纷，增加人生的心理负重。因此他们讨厌"认真"，厌恶"忠诚"。他们主张，为了避免人际关系的紧张和个人心理负重，始终应该戴着假面具；用假面具来隐藏自己，处处隐藏，时时隐藏。甚至认为学会戴这种假面具应付人生，是人生的成熟，是真正的人生艺术。这种面具主义者，在某些国家被称作"新人类""新新人类"。他们不但有面具主义的价值观，而且还在试行所谓"新人类生活"。为了弥补不能满足的欲求，他们常常一二十人聚集一起，进行所谓"友谊约会"，但是又个个施展假面具，没有真心诚意，只用虚假客套相互周旋。这种"新人类""新新人类"自以为如此可以消除心理负重，摆脱尘世烦恼，实际上不是更增加了心理的冲突和人生的痛苦吗？

四、实存与本质

（一）人生实存的奥秘

在考察了人生的主观与客观、内在与外在方面以后，我们对人生是什么似乎有了进一步的认识。但是，深究下去，先前的认识仍然没有说出人生的本质。进一步地考察，我们就会碰到许多互相对立的关于人生本质的判断。比如说：

人生就是生存。

人生就是享受。

人生就是游戏。

人生就是演戏。

人生就是痛苦。

人生就是生产和消费。

人生就是自我否定。

人生就是成为超人。

人生就是进化和生长。

人生就是走向神。

人生就是自由。

如此等等。

还可以列举很多关于人生是什么的判断。甚至随便一位没有文化的老太婆也能说出一个人生定义："人生还不就是一口气儿！"

人们说出这些判断，都是试图说出人生的本质，借以指导自己和他人的人生。这些判断，包括宗教神学家的判断，就其所产生的时代条件和个人体验来说，都有一定的原因，也都从某一个侧面反映着一定社会人群和个人的人生愿望，或者反映着一个侧面的人生实存状况。但是，作为人生本质的一般概括，这些判断或定义，都不够全面、深刻，因而不能真正揭示人生的本质。有些判断则完全歪曲了人生的实存和本质。

人生很复杂。人生之所以复杂，不仅在于它有主观与客观、主体与客体、内在与外在等诸方面的关系，而且还在于它深藏在自然和社会中的奥秘。

我们常说，人是理性的动物，是能过精神生活的动物。但是，这个理性、精神又是什么呢？使人成为主体的理性、精神本身又以什么为主体呢？这无疑也是人生本质的斯芬克斯之谜。说人是肉体的，又是精神的，是精神与肉体的结合体，这种说法虽然合乎直观的事实，但并不确切，不科学。从实存形态上说，人的确呈现出自然人与精神人的两重属性，但是从本质上看，人之为人如同世界之为世界一样，必是一元的，而不能是二元的。

人作为自然的一部分，作为自然存在物，使人脑进行精神活动的物质体，就是人身体内部和外部的自然界。这是一个极为复杂的交互作用的过程。据科学家们说，人是一个开放系统，靠阳光、空气、食物等必要生存条件的支持，合理地补给肌体，以维持新陈代谢活动。保持人体活动主要有三大系统，即神经系统、激素系统和免疫系统。它们既相互配合又相互竞争，每秒钟都有数十亿个神经信息在交换。人的体内有包容各类组织的器官上百种，其机能极为复杂，有5000亿个氧分子，有约25万个红血球完成呼吸气的运输。人的大脑是经过五亿多年进化的结果，有200亿个神经细胞，有1000亿个神经元，其中的每个神经元都能与另外2万个类似的神经元相联系；它们以人们从经验上无法想象的复杂活动组合起来，通过高度系统化的共同作用，才产生了精神现象。

现代科学已经达到这样的程度：可以进行电脑模拟，在人的头骨上钻上一个很细的小洞，达到大脑的表面，然后向里面插进一根很细的金属丝作为电极，通入微弱电流，便可以产生出种种精神活动现象。如果科学技术发达到能够制造出同大脑一样复杂的电脑，那就能够产生同人脑一样复杂的精神活动现象。

据报道，日本理化学研究所成功地研制出世界第一台人脑仿真计算机，它能模拟人脑整体神经电路的算法，只要给它下达"学习"命令，它就会自动形成自己的思维方式，而且在运转过程中会变得越来越聪明，它的信息处理速度相当于人的神经活动的100万倍。从原理上讲，它用5分钟就能学会大脑神经活动用10年才能学会的东西。据研究人员说，人脑型计算机可望应用于翻译领域，它不用目前这种将语法和句法编成程序的方法，而是像儿童学习语言那样，学习遣词造句，然后在翻译中加以应用。我们期待着它的诞生能够进一步揭开大脑之谜。

但是，这种现象仍然是派生的，它的内在本质仍然隐藏在背后。现代科学正在揭示出这个斯芬克斯之谜，认为人脑里有一个特别的信息传递系统，它就是神经细胞中的脱氧核糖核酸（DNA）的作用。自从美国生物化学家沃森和英国物理学家克里克合作，首先发现了脱氧核糖核酸（DNA）遗传基因之后，关于生命科学的研究就有了重要进展。按照这个发现，脱氧核糖核酸控制着人体生命的各种性状的遗传信息，并控制着蛋白质的生产。但是DNA并不直接控制蛋白质，它只是把指令传输给核糖核酸，再转而传给转移核糖核酸。然后由转移核糖核酸再指示第二种遗传密码，使用氨基酸组成蛋白质。第二种遗传密码在蛋白质合成过程中的直接作用的发现，解开了蛋白质合成之谜，更具体地揭示了生命的本质。

18世纪法国哲学家霍尔巴赫在《自然的体系》第六章"论人"的脚注中说,当时曾有一位匿名作者想给生命下个定义,以便推论灵魂。他认为那是办不到的事。因为在自然之中,有一些单一的和非常单纯的事物,不能靠想象把它们分开,也不能把它们还原为比它们更单纯的事物,如生命、光、白色等,只能根据它们的结果给它们下定义。因此,他给生命下了这样一个定义:"生命就是有机物所固有的运动的总和,而运动则只能是物质的一种性质。"[1]实际上这个定义只是说了生命是物质的运动,并没说出生命的本质到底是什么。大约在100年后,恩格斯给生命下了一个定义:"生命是蛋白体的存在方式,这种存在方式本质上就在于这些蛋白体的化学组成部分的不断的自我更新。"[2]这个定义给生命的科学研究提供了辩证唯物主义哲学的指导。后来的生命科学对这个蛋白体的存在方式做了不断深入的研究,其结果已经是那个简单的定义所难以包容的了。据说,构成蛋白质的脱氧核糖核酸分子,是极细极细的,难以想象,只有2/1000000毫米,绕成线圈装在细胞核里。每个脱氧核糖核酸分子里面又有四种约50亿个不同的分子,它们以不同的方式构成不同结构的脱氧核糖核酸分子。这就是所谓遗传密码。在密码内装载的信息量,相当于1000册百科全书。它们的作用就是提供肉体和精神活动的能量。因此,在自然科学家眼里,人就是脱氧核糖核酸分子,就是生命粒子的交换活动。这就是社会人的人生活动的生命基础,没有它们就没有生命,就没有人生。正是这些物质交换活动为人的肉体和精神活动提供了可能,并决定着人的自然过程的生与死。

---

[1] [法]霍尔巴赫:《自然的体系》上卷,管士滨译,商务印书馆1977年,第163页。

[2] 《马克思恩格斯全集》第20卷,人民出版社1995年,第88页。

中国古代哲学家把精神看做"生之内充",虽然缺乏具体的科学论证,但它已深刻认识到精神不是独立存在的,它不过是生命的一种功能和属性。作为统一的物质运动形态和物质本质而言,精神是统一于物质的。精神与物质是一而二、二而一的存在。说它是二,是从我们划分物质和精神两个方面来认识世界时;说它是一,是当我们跳出认识论范围,统一地观察世界时。精神和物质的统一,统一于人的生命。人的生命是什么?就是恩格斯的那个结论,"是蛋白质体的存在方式"。这种存在方式本质上就在于蛋白质体的化学组成要素的不断的自我更新。

脱氧核糖核酸最初存在于人的受精卵中,在人形成的初始期,起着设计蓝图的作用,也起着指挥和监督的作用。在人形成以后,它存在于人的所有细胞中,成为主宰人这部机器的"主人",也可以说成为使人成为主体的"主体"。如果没有脱氧核糖核酸,人的行为目的、预想等精神活动就无所依附,就没有生产和活动的载体,也没有力量使人成为自己发动自己的主体,实现主体之为主体的自发的能动作用。在这个意义上,人类的存在和人生得以延续,首先就在于人是作为脱氧核糖核酸分子的存在所致;在自然人的意义上,人的深层本质是通过脱氧核糖核酸体现的。当然,它必须与外部自然界进行新陈代谢,没有与外部自然界的新陈代谢,生命就会停止。

现代生物学证明,基因和蛋白质是密切相关的。基因提供生命的蓝图,蛋白质则产生行动并推动人体发挥功能。没有蛋白质的作用,基因组所产生的数据就没有用处。所以,科学家们说,仅仅盯着脱氧核糖核酸,我们所了解的东西几乎为零。我们需要认识发动机本身,而不是发动机的蓝图。当代有科学家认为,蛋白质就是基因制造另一个基因的方式,而基因就是蛋白质制造另一个蛋白质的方式。基因包含生命的原始资料，但若没有蛋白质提供生命的一个结构和发动机，基因就不能复制和生存；同样，没有基因提供一种生命形式传宗接代，单有蛋白质构筑的生命形式也是没有用的。

古希腊有个传说：海神普罗透斯通晓过去、现在和将来，能够呈现为不同的形状。人们向他求索预言，他拒绝合作。因此，人们不得不趁他熟睡时把他捆在岩石上，逼他说出了答案。后来这个海神气急败坏地投进大海。在古希腊，普罗透斯被看做缔造所有物质的象征。现在，这个古老的传说，正好反映了生物学家在寻求认识蛋白质过程中所面临的核心问题。因为蛋白质储存着人类遥远过去的信息，并且具有揭示人类未来健康状况的潜力。它们像普罗透斯一样，掌握着打开人类生命的知识宝库的钥匙。只有得到这把钥匙，才能揭开人体几十万种蛋白质的每一个蛋白体是如何折叠成其三维形状，并呈现为最终形状的。最近的发现表明，许多疾病，包括癌症等疑难病症，都是由某些蛋白质的"折叠"失误造成的。如果能够解决这个折叠问题，人类就能攻克许多疑难病症，从而维护人类的健康和延长人类的生命。

据说，人类大约拥有3万个基因，但却拥有起码是这个数字10倍的蛋白质。这些蛋白质在独自的活动或合作中，能够以不同的方式表现自己。因此，完成人类蛋白质组计划的复杂性和难度，将是人类基因组的1000倍。而且，破译蛋白质还需要尚未开发的高新技术。21世纪的生物学，在揭示了人类基因组图谱后，又在超越基因组，破译蛋白质，充分认识人体每个蛋白质的结构和功能，以便在分子水平上认识疾病，加快药物的发现。科学家们估计，在今后20年内有可能看到生物学的伟大的科学突破。

不过，生命之谜虽已逐步揭晓，但人类仍然不能找到长生不老药。不管科学如何发展，人体器官老化，最终失去功能而死亡，这是必然规律。这就是生命有限性的最后根源。

　　生命在不断死亡的绝对安息中前进，死就成为生命的阶梯。生命的运动就个体来说是有限的，但就总体来说是无限的。生命的无限运动在其内在环节中，通过差别的消失而更替，在每个环节中，由于差别的消融而统一，因而具体地显示了生命的独立性；又由于环节的推移，独立性因联系过渡而消失，从而体现生命对过程的依存性，表现为生命的无限绵延性。生命就是独立性与依存性、间断性与绵延性的统一。生命运动过程的动力，就是一种否定或扬弃，这正是生命的本质。这种本质的社会表现就是劳动。劳动是生命的现实活动，是生产、生活本身满足人的需要的手段，同时又是生命力的消耗和牺牲。生产生活本来就是类生活。人类的类特性就在于其生命活动的这种性质，即"自由的自觉的活动"。所谓自由的自觉的活动，就是把自己的生活作为自己活动的对象，自觉地把生活的需要生产出来。劳动是人的生命活动的主要形式，也是社会生活的基本实践。

（二）人生的社会本质

　　在考察了人的生命本质之后，我们还是回到人的生死之间的生活过程中来，考察人生的社会本质。

　　人生的实存和本质，不能单从自然人和人的物质体去考察，因为那不只是人的自然本质，也是其他动物的本质。人是社会的动物，虽然在成为社会人以后仍然保留有动物性特性，具有一般动物生命的本质，但是对人生具有决定意义的还在于社会生活。从自然存在来说，人的实存是个体；从社会存在来说，个体并不只是作为个体而存在的，它还是一定社会关系的体现，是与社会相联系的个人。因此，要说明人生的本质，必须把人放到社会生活中去考察，放到一定的社会关系中去考察。人之为人的深层本质，只能从人的社会活动和社会关系中去揭示。

人的社会活动是多方面的，在社会活动中的关系也是多方面的，有人同自然的关系、人同人的关系，还有人同自身的关系。就人与人的关系来说，有个人与他人的关系，有个人与集体的关系，还有个人与社会、个人与国家的关系等等。照宗教学者的说法，还有人同神的关系。最后这种关系当然是宗教的虚构，但也可以说有一种人同其所寄托的某种终极关怀的关系。在这些关系中，社会关系是带根本性的，是人的社会生活的基础。当然，人同自然的关系对人生也极为重要，是人生的前提，如前所说，它包括生命这个自然前提，没有这种关系，社会人生就不可能。但就决定人之为人的本质来说，还是人的社会关系具有决定意义，其他一切关系都是通过社会关系体现其作用和意义的。

社会关系是一切人生关系的聚焦点。考察人生的本质，必须考察人生借以存在和发展的社会关系。本节开始所列举的诸种关于人生是什么的判断之所以不全面或错误，归根到底就在于它们或者完全脱离社会关系看待人生，或者以对社会关系的片面认识为根据来判断人生。马克思和恩格斯正是从这个根本点上，指出了先前的一切人生论的缺点，建立了科学人生论的理论基础，这就是著名的《关于费尔巴哈的提纲》和《德意志意识形态》中所阐述的历史唯物主义的基本原理。马克思说："人一旦生产满足自己需要的物质生活资料，就同动物区别开来。"又说，"人的本质并不是单个人所固有的抽象物，在其现实性上，它是一切社会关系的总和。"[①]这些简明的结论，深刻地揭示了人的社会本质。

人和动物的区别以及社会人与自然人的区别，固然有诸多方

[①]《马克思恩格斯全集》第3卷，人民出版社1960年，第19页。

面,但是有一个根本性区别,就是人能通过劳动生产自己需要的物质资料,动物只能用它们的生理秉赋满足生存需要。人的劳动是结成一定的关系进行的,因而人也是作为关系而存在的。动物不是作为关系而存在的。所谓"不是作为关系而存在",并不是说动物作为能动的生命体互相不发生任何关系,因为它们抚养幼子、打架撕咬、嬉戏性交,也都是在发生某种关系,而是说它们没有作为自觉主体、通过生产劳动形成社会关系,这里说的是一个"根本区别"。

但是,上面说了劳动和社会关系两方面,是否没有把问题说到底,这里需要做些解释。学术界有的人主张劳动是人的本质的体现,有的人主张社会关系是人的本质的体现,争论往往把两者对立起来,其实这种对立是不存在的。劳动和社会关系本是一而二、二而一的,在某种场合需要分开,在这里就不必分开。人是以劳动活动存在的,同时也是以社会关系的方式存在的;没有劳动活动就没有社会关系,没有一定的社会关系也就没有作为人的劳动活动。人的社会本质并不是同个人的本质对立的、在个人之上独立的力量,它就是通过个人的社会本质体现的,就体现在个人的劳动内容和社会存在方式之中。马克思说:"社会本质不是一种同个人相对立的抽象的一般的力量,而是每一个单个人的本质,是他自己的活动,他自己的生活,他自己的享受,他自己的财富。"人的本质"在其现实性上,它是一切社会关系的总和。"①这里说的"在其现实性上",就包含着人的现实的劳动活动、社会关系和物质享受。人是自觉、自由活动的主体,即劳动的主体,同时也是作为这种主体形成的社会关系而存在的主体。这里没有什么非此即彼的对立。

不过,就人的社会关系而言,有两种情形需要加以分别理解。一种是就社会形态而言的社会关系,通常分为物质的关系和思想的

---

① 《马克思恩格斯全集》第42卷,人民出版社1979年,第24页。

关系，前者指不通过思想而形成的经济关系或生产关系，后者指政治关系、法律关系、道德关系或宗教关系等一切通过思想而形成的社会关系。作为一般的、群体的人或人的共体，就是这些社会关系的体现。就其现实性来说，人就是这些社会关系的总和。没有人，就没有这些社会关系，只有人才有这些社会关系。人就是作为这些社会关系而存在，而生活的。人的存在、人的劳动、生活就造成了这些社会关系。从一般社会关系来说，一个人可能是某一社会阶级的成员，是某个民族的成员，是一国的公民，又是属于一定党派关系的成员，等等。这个人就是所有这些关系的承担者、体现者。这样的人就不再是自然的、非现实的人，而是社会的人，是特殊和一般、具体和抽象、私人和公民统一的现实的人。这种对社会关系和人的本质的认识，对于批判唯心主义历史观和抽象人生论，具有决定性意义。

还有一种划分，就是作为个体实存的具体的社会关系，如男女关系、家庭关系、朋友关系、乡亲关系、同事关系、同行关系、师徒关系等。人一生下来就遇到各种个人的、具体的社会关系，并不是直接、同时成为所有社会关系的承担者。如初生的小孩子只有与母亲、父亲的关系，继而有兄妹关系、邻居小伙伴关系，继而有同学关系、师生关系、朋友关系，以及参加社会工作后，随着职业和交往的特殊内容形成的各种人际关系等。对于第一种社会关系来说，作为个体的人是间接的承担者，要通过各种中介关系发生相互作用。对于第二种社会关系来说，作为个体的人是逐渐在人生过程的展开中形成诸种关系的。就个人而言，人就是他所形成的这些社会关系的总和。例如，一个成年男人，他可能既是一个女人的丈夫，又是这个家庭的孩子的父亲，又是某人的朋友，又是某单位的领导，又是某种职业的职员，又是某人的什么亲戚等等。总之，个人是随着年寿的增长，社会交往的扩大，主体性的增强而逐渐进入社会关系，并通过自己的工作、劳动和社会实践，形成多方面的社会关系的。在这个过程中，个人逐步成为基本的社会关系的一个集中点，个人也就在这个集中点上成为一个社会关系的承担者，或者说成为诸种社会关系的总和，并成为一个特殊的有个性的人。这就是说，人在积极实现自己本质的过程中"创造"着人的社会联系，从而体现出个人的社会本质。在这种意义上，存在主义人生哲学主张：人的存在先于人的本质，也是有道理的。作为独立的个人，来到人世上来究竟是个什么样的人，一开始还仅仅是可能性，有各种可能性，人可以在面临多种可能性中进行自由的选择，只是在后来的生活实践中，通过他自己的选择和连续的行动，塑造成了他之为人，从而形成了他的品性、人格，同时体现了他的本质。

但是，存在主义人生哲学把个人仅仅看做孤立的个体，甚至看做与他人和社会敌对的个人，因此把个人的选择看做可以脱离他人和社会的任意自由的选择，而没有看到人的选择是在已有社会关系中进行的，其选择活动和结果总是受一定的社会关系和条件制约的；对于一个成人来说，他做出行为选择的一般倾向，并不是与他的品性、人格和本质无关的，而是他的品性、人格和本质的表现或反映。在这个问题上，辩证唯物主义人生观充分肯定个人的意志自由和自主选择，但同时也明确主张社会关系对个人的制约性，并在此基础上承认人的行为的必然性。

（三）人的真正现实

在社会生活中，人与人的交往，不是抽象人与抽象人的交往，而是在社会劳动分工中一个位置的占有者与另一个位置的占有者的交往，是具体人的交往。在这种交往中，交往的形式、内涵、习惯和规范，往往都与交往者在社会劳动分工中的相对位置有关，但又都是从他们所占据的位置中抽取出自身，并且常常不依从他们本来所遵循的规范，常常是换了角色和面具的。可以说，这种交往的形态处在无限的变异中，每一个交往既是交往者社会角色的化身之间的交往，同时又是从这种角色中抽取出自身的、交换着面具的个人之间的交往。

社会学家把人们的日常交往关系划分为两类：一类是以平等为基础的关系，再一类是以不平等为基础的关系。在平等基础上形成的交往关系，既有在社会平等基础上的个人平等交往，也有在社会不平等基础上的个人平等交往。前者容易理解，如我们平时所说，在社会主义制度下，人与人是平等的，不论做什么工作都没有贵贱之分，都是为人民服务，为社会服务的。人与人之间不论是什么地位、什么身份，相互交往都是平等的。对于在不平等基础上的平等交往，需要加以解释。在私有制社会里，社会关系是建立在不平等基础上的，但个人交往则可以是平等的，如地主同地主的交往，同一等级的县官同县官的交往，百姓同百姓的交往，作为同等身份的人的交往等；或者由于个人在社会劳动中的特殊位置，使其某些方面的特长得以发展，如善交际、会应酬、有特殊爱好等，也会造成某些个人之间的平等交往。这是个人之间交往的平等。这种平等是不平等社会关系的异化，它可以成为不平等社会关系的平衡因素，因为它使品质上各异的个人成为平等交往的人。这种个人异化的平等，只有在等级关系消除之后，在仅存能力差别的从属关系时，才能形成非异化的平等。这就是社会主义、共产主义社会的"自由的平等"。所以，社会不平等的对立面不是个人之间的平等，而是"自由的平等"。

在不平等基础上的交往，包括从属关系和上下级关系。从属关系作为个人关系，意味着一个人依从于另一个人。等级关系反映着社会劳动分工中的相对位置，并不必然表现为个人的依从，如地主和他的佃农之间既是等级关系，又是后者对前者的依从关系。但是，在这一地主同其他地主的佃户之间，就只有社会等级的关系，并不存在后者对前者的个人依从关系。又如，师生之间存在着依从关系，但不存在等级关系。

从稳定性程度来看，个人依从关系可以在不改变个人社会地位的情况下终止或改变，但等级关系则只能在社会劳动分工中的地位改变时，或者社会关系和社会制度发生根本变革时，才能改变。从这种相对关系及其变化条件来看，等级关系反映的必然是社会不平等的关系，因此是人与人之间关系的异化关系。在这种关系的基础上，个人之间的依从关系往往是等级关系的表现形式，但个人关系并不必然是等级关系。如果这种个人依从关系是由个人自由选择的，是以知识和能力差别为基础的，那么这种不平等就不是社会等级的不平等，而只不过是个人的能力不平等或个人的能力差别。这种非异化的不平等，可以是暂时的，或较短时间持续的，并且只限于人际关系交往系统的某一方面，而不涉及个人的整体。

一般社会关系和个人交往关系是什么关系呢？简单地说，一般社会关系是个人交往关系的基础，而个人交往关系则是一般社会关系的实现形式。人们的日常交往，总是以个人交往的形式实现的，即使一个集体（公司、团体、集团）同另一个集体的交往关系，也总是通过个人、法人、代表来实现的。个人交往并不必然涉及共同体的生活和社会问题，但因为个人总是一定社会劳动分工中的个人，总是一定社会关系的规定，因此这种个人的社会关系，就能成为个人日常交往的基础或所谓"个人背景"。这就是说，个人交往并不能与"人们之间的社会关系"等同。人是社会的，人与人之间的关系是社会的关系，但这是关系的复合体，是特殊中的一般，是现象背后的本质；个人交往关系是一般社会关系的特殊化、个性化的表现，也可以说是必然关系的偶然性。尽管这种反映只是相对的，不可能完全反映人们之间社会关系的总体，但往往可以反映他们个人所属的社会关系的本质，因为必然性是通过偶然性实现的。例如，地主向他的佃农催租，佃农毫无抵抗，而且认为这是天经地义的，如实地向地主交租，这就反映了封建社会本质的社会关系。这种关系的具体表现形式、方式、内容、结局，可能是特殊的、偶然的，但共同的本质则是社会经济关系和阶级关系的体现，反映着封建时代和封建制度的总体特征。相反，在平等的社会关系基础上的个人交往关系，不论表现为什么样的特殊形式、方式、内容、结局等，都是该社会关系本质的反映。这种个人关系的数量越多，越普遍，越经常，该社会的人们之间的关系就越自由，越人道。这就是包含人的本质在内的人生的实存。[①]

"实存"一词，按拉丁文的原意是"从某种事物而来的"。按照思辨逻辑的概念规定，实存就是从根据发展出来的存在，是经过中介的扬弃过程才形成的存在。人作为生物实体或自然人，是从形成母体中根据DNA遗传密码而发展出来的。而作为社会的人则是从已有的社会关系中发展起来的。在这里，第一种社会关系就是人之为人的社会性发展的基本根据，其中经济关系以及表现经济关系的政治关系，对人的形成和发展具有决定性影响，因而从深层次上规定着人的本质。但是，这些作为人的共体本质的根据，必须通过具体的社会关系和联系，即经过一些中介，才能成为个人的直接规定。这就是要通过第二种社会关系，通过个体的社会实践和无数个人之间的关系，形成体现个体人的特质和人格。因此实存就是实际

[①] ［匈］阿格妮丝·赫勒：《日常生活》，衣俊卿译，重庆出版社1990年。

存在着的人，就是在实践着的人。人的实存和本质不可分离，它要靠实际行动去证实。实存包含着本质，本质在实存之中，是实存发展的根据。实存体现着人自身，也体现着类，它是个性与共性、个体和类的统一。

　　人作为社会关系的总和，不是静态的反映，而是在人生的实践过程中体现的。人生的实践，首先是劳动，通过劳动维持自己的生存。但个体不能孤立地进行满足自己多种需要的生产劳动，而必须结成一定的关系进行生产劳动，即进入一定的社会劳动职业中。因此，人不仅要进行劳动以维持生存，还必须参与并形成各种社会关系，以满足多种需要，得到社会性的人生发展。这就要承担社会职责，为他人和社会做出应做的贡献，如赡养老人、供养子女、接济朋友、资助集体、奉献国家等。在这个过程中，人不仅要同自然界做斗争，同自己不断减少的寿命做斗争，还要在错综复杂、争争合合的人际关系的矛盾中努力进取，要为实现理想的人生不断地追求。这就是人生的内容。人生就是人的实际存在，而人的存在就是人的实际生活过程。

　　这里所说的人生的本质，都是通过社会因素与精神因素体现的。因此，就人作为理性的实践者来看，可以说，在一定的社会关系中，通过劳动实践而升华的精神状态，才是人生的本质之所在。生活过程，不只是生命保存和发展的过程，更是按照人生的社会理想而积极奋斗的过程。人生就是有为的实践，就是改造自然、改造社会，同时也丰富自身的精神世界。从这个意义上可以说，人生经过两次，第一次是生存，第二次是生活。人生的本质包含在人的生活之中，这就是思想、劳动、创造、奋斗、追求、拼搏；就是摆脱假、恶、丑，追求真、善、美的奋斗过程；就是超出于一切无生命和有生命事物的万物之灵。因此，从严格的哲学意义上说，人生就是奋斗，就是为生存和发展而追求真、善、美的境界。

人生有如登高山，有迤逦之行，也有险峻之处，但总得不断攀登，时有停息，然后继续攀登，直到不能攀登为止。在到达山顶的征途中，有先行者的足迹，有后进者的怨声。但人总要努力攀登，刚决果敢，力争达到所能达到的高度，甚至走出一条前人未走过的路。

人生有如负重远行，只要坚持走，就能达到；只要不畏重担，就能担起所能担的重量。强行者有志，或行或止，或成或败，都在于人的坚强的意志。路遥必有弘毅者强行，任重必有强脊者能胜。朱熹说得好，"非弘不能胜其重，非毅无以致其远"。君子以事业为重，任重道远，不弘无毅，何以载其重、致其远？天下古今之事，莽然殊途，弘毅者成，反是者败。

人生有如战场。人世间有善亦有恶，邪恶之人和社会势力常常破坏人生的劳动和创造，给人们带来不幸和痛苦。正义的人们总得发扬为善的精神，同邪恶之人和社会势力做斗争。要说服一些不彻不悟的人，帮助一些消极落后的人，改造一些为非作歹的人，甚至还要消灭一些必须消灭的人中之败类，实现社会的和谐、生活的安定和人民的幸福。

"斗争"是个哲学范畴，就其一般意义而言，它意味着事物的矛盾及其发展过程的动力，在实践上也意味着解决矛盾的一种方式。按照辩证法的理解，矛盾是对立面的统一和斗争，矛盾发展过程是又统一又斗争，斗争是贯穿矛盾全过程的。但作为解决矛盾的方式就不能只是讲斗争一个方面，而是统一和斗争两个方面的结合。在人的生活实践中，有联合也有对立，有团结也有批评，有协作也有竞争，等等，究竟采取什么形式和方法，是与事物发展的性质、状况和人的决策相联系的，不能简单地理解为矛盾就是斗争，更不能搞什么年年斗、月月斗、天天斗。就人生特殊意义来说，斗争意味着作为自觉主体对待矛盾的过程和解决矛盾的一种特殊方式。这个过程就是人生的奋斗过程。人生就是解决矛盾，就是奋斗，还要经过一定方式的斗争。1880年8月，马克思在同当时担任纽约《太阳报》编辑的约翰·温斯顿的谈话中，回答"什么是存在"的问题时，他眼望着远处翻腾汹涌的大海和岸上喧闹的人群，严肃而郑重地回答："斗争。"显然，马克思指的不仅是自然界的存在，而且是指人类社会的存在，即人类包括同自然界斗争在内的社会生活的斗争，特别是对他所面对的敌对势力进行的斗争。其实，"人生就是斗争"这句话，最早并非出自马克思之口，主张人生就是爱的费尔巴哈早就说过"生活就是斗争"。显然，费尔巴哈是就最一般意义上理解的，因为要生活就必须要有维持生存和发展的手段，而要获取这种手段就必须同自然界、社会环境和人自身的障碍做斗争。人生就是为了生活幸福和社会进步而奋斗的过程。如果能够科学地理解奋斗和斗争，避免片面性和极端行为，那么这两个词正体现了人生与时俱进、开拓进取的真实和本质。

（四）人在虚拟世界

由于信息技术的发展，在世界范围内形成了人们过去所未见到的虚拟世界，使人们对人生的真实和本质产生了疑问：人还能保持自身的真实吗？人生的真实和本质还能认识吗？这是人生哲学的新问题，也是每个思考人生的人必须解决的问题。

应该看到，人类的交往关系是与交往手段相联系的。在人类历史上，首先是语言作为交往的工具，后来又有文字。语言交流必须面对面地同步进行，文字交流只是选择别人给定的内容，也是受动的。随着现代科技的发展，不断出现新的信息传输手段——电报、电话、电视、传真、手机、广播、无线电、卫星通讯等，人类又有了新的交流和交往方式。但这些方式都是随时在场进行的，交流者必须在现实现场接受信息，依赖于个体的随时在场，因而仍然是受动的。现代高新技术的发展打破了这种交流的受动和在场的局限性，这就是与计算机的出现相联系的世界范围的网络交流。

互联网不仅是全球性的，而且实现了在各个孤立的机体间建立起迅速流动的、开放的、多元化的联结，成为遍布全球的人类交往的新手段。互联网最大的作用在于对人类关系的影响，它通过计算机等终端以全新的方式把人联结了起来，不仅实现了信息双向、交互流动，加速了人与人、人与社会的交往，而且可以超越传统的"在场"方式实现"缺场"交往，如网上商务、网上购物、网上拍卖、网上炒股、网上学习、网上剧场、网上医疗、网上聊天，甚至网上谈恋爱，建立网上社会和其他社会组织……于是，人进入了网络关系、数码社会。这种新关系不但极其迅速快捷，在几秒钟内可以实现与地球甚至地球外任何地方的信息联系，而且具有共享性、不对称性、虚拟性、无中心性、灵活性等新特点。

所谓共享性，就是实现所有上网计算机的可靠有效联结和资源共享。共享性也是一种开放性。不论电脑网络是谁发明的，只要采用 TCP／IP 协议，就可以使各种信息共享新形式即刻实现，满足任何人和所有人对信息的需求；或者说，任何人都可以以个人的权利进入网络，参与协议，享受可能享受的网上信息。

网络超越了人们面对面交流和书面交流的局限性，实现了真正的信息开放和共享，也改变了人们的生存方式。这就表现为信息的不对立性：我使用信息并不影响你的使用。可我穿在身上的这件衣服，不可能也穿在你身上，但是如果是我得到的信息，或者是我使用的软件，你也同样可以得到或使用，这对我也不会产生什么影响。生产这种人人可以共享的产品，可能需要很高的固定成本，但是它的边际成本，其他的客户也能享受这种产品的费用却很低，甚至可以说是白使白用。

网络给人类带来了一个新的生存空间，这就是虚拟空间。从技术上讲，虚拟即是使人、事物及其关系数字化，通过计算机进行信息数据处理，互联成网，从而构成一个人—机网络的虚拟人和虚拟世界。所谓虚拟，在技术层面上也意味着一条信息能发送到虚拟地址，而不是发送到某台指定的计算机，称做"无连接路由选择"。它是通过一系列计算机技术生成的拟真的三维感觉世界，其间的各种场景、人物、故事等，都可能是虚拟的，不是现实的。不仅如此，进入网上的人还可以把现实中的自我隐藏起来，以与真实的自我完全不同的虚拟自我出现在网上，使人的行为虚拟化。

这就是说，网络世界是一个开放的、平等的世界，因而也是一个无中心的、失范的世界。所以，就网络本身来说，也不存在谁控制谁的问题，也不可能一家独霸世界，搞一言堂；同时，有些传统的道德规范也难以发挥作用。尽管如此，网络还是有共同的规则和必须遵守的协议，否则就不能进入网络世界，实现虚拟行为活动。当然，要有一个机构来制定主机的共同规则，但它不是网络世界的中心。

网络是分权的、多元的。任何人都能不必向谁请求而使用和进入网络。网络的扩大不但是无止境的，而且扩大得非常迅速，相互的链接和联结也非常灵活。这个网络世界的信息是随意的、零散的，没有任何集中的、有顺序的管理，一切都在于使用者的选择。在网络世界里，权威的话语权和精英的话语权无可挽回地消失了，任何上网的人都可以不受外在的制约，因而出现了网络世界的自由新天地。网络世界的权威要靠思想和行为的吸引力，靠真理和正义对人类良知的征服力。

我们看到，虚拟世界创造了一种新型的关系类型，即网缘关系。这种网缘关系与以往的血缘、地缘、业缘关系不同，是一种通过虚拟空间形成的特殊人际关系。这种交往不再以性别、身份、地位、职业、背景、地域为先决条件，每个交往者都可以同时与多个对象以多种角色进行交往。这就使交往主体之间的关系产生多维度和无中心状态，具有随意性、多变性和隐秘性，而且也伴随着情感的疏远。因此，这个"社会"概念的涵义亦应有所变化，其人成为虚拟人，其事成为虚拟事，其关系成为虚拟关系，其世界成为虚拟世界，因此被称为"虚拟社会"或"数码社会"。在这个虚拟社会里，虚拟人及其关系并非现实社会人及其关系的简单映现，而是有无限可能的虚构，个人可以肆无忌惮地显示自己的内心世界，可以不顾现实社会政治原则和道德规范地随意表达自己的欲望、感受、思想和倾向。[1]

如此说来，这个虚拟世界是否就与现实世界完全无关了呢？许多人以为是这样的。其实，这是一种不全面的认识。

第一，虚拟世界毕竟是人造出来的，进入这个虚拟世界的不止是一个人，而是无数的个人，是无数的各种各样的人。也就是说，现实世界的人都有权、有条件进入虚拟世界，也都在或先或后地进入这个虚拟世界，都能平等地进行自己想进行的网上活动。这就不能说两个世界毫无关系。

第二，既然现实世界的人都是带着各自的欲望、感受、思想和倾向进入这个世界的，那就可能而且必然把现实世界的是非、善恶、美丑，把一切分歧、恩怨、爱恨，都带进这个虚拟世界。当然，它可能是乱纷纷的任性，是变了形的数码信息，但它毕竟是现实社会生活的反映。哪怕是梦，是纯粹的虚构，也还是与现实有着

---

[1] 李志红：《网络时代人的发展》，知识产权出版社 2007 年。

某种联系的。你能想象出绝对与现实没任何联系的虚拟世界吗？你不妨试试，肯定会失败。

第三，进入虚拟世界的人固然可以虚拟自我，可以戴上假面具以任何心态与任何人交往，但并不是所有的人一进入这个世界就魔鬼缠身，失去自我的本性和本质，变得肆无忌惮。总有人而且不会是少数人仍然保持其现实社会的人格和良知，追求真善美，抵制假恶丑。那里也会有君子慎其独并严以自律。

慎独就是暗室不欺。所谓"暗室"，一方面是私居独处之时，另一方面是心曲幽微之地。私居独处则别人不能见，心曲幽微则别人不得知，此时君子会指示必严，不言而无信，不泯灭良知。所以，网络世界的"暗室"，正是对现实世界真实人的检验和考验，也可以说人给自己制造了一面巨大的"照妖镜"。在这里，道德虽然对一些人失去了约束力，但对另一些人来说则更显示了道德人格的力量。整个虚拟空间仍然是真假、善恶、美丑较量的世界，是真善美同假恶丑相比较而存在的世界，也会有相互的争论、批评或斗争。现实的人在这里可能扭曲，但是从根本上说来仍然不失其为人的本质。因为，这里毕竟不是动物的世界，也不是神的世界。

人类既然能创造一个虚拟世界，就能有办法管理这个世界，因为它毕竟还是人类世界的一个组成部分。事实上，自从网络诞生那天起，人类就注意到对它的管理。现在，除了一些技术性的规则外，也形成了一些新的网民规约，如电子函件的语言格式、在线交往的礼仪、网民自身的慎独教育、打击网络违规和犯罪等。对网络世界的管理，需要从现实和虚拟、技术和人文、物理和心理等方面进行综合研究，把避免技术的负效应与改造人自身的弱点结合起来。但根本还在于加强现实社会的道德、法制和精神文明建设，通过现实世界的建设带动虚拟世界的进步。

善

人在天地间的一切物体之中是唯一配得上称为有道德性的生物这样一个事实就构成他和低于他的各种动物之间的一切区别之中的最大的区别。

——达尔文《人类的由来及性选择》

善不是某种抽象的法的东西,而是某种其实质由法和福利所构成的、内容充实的东西。

行法之所是,并关怀福利,——不仅自己的福利,而且普遍性质的福利,即他人的福利。

——黑格尔《法哲学原理》

第四章　人生的理想

每个人都有一定的理想,这种理想决定着他的努力和判断方向。就在这个意义上,我从来不把安逸和享乐看做是生活目的本身——这种伦理基础,我叫它猪栏的理想。照亮我的道路,并且不断地给我新的勇气去愉快地正视生活的理想,是善、美和真。

——爱因斯坦

讨论人生的真,要回答"人生是什么"的问题。就是要从人生的实存中求出人生之"是"。这"是",按照清末文论家刘熙载解说有二义:一曰真,二曰正。[1]就人生之"是"而言,一是求其实存中的本质,二是求其人生理想、道路的价值。这就是要进一步讨论的人生之善。真是善的基础,善是真的升华;真是正的根基,正是真的践行,即按照应然的要求,使人生的实存和理想达到统一。人生的善要回答的问题是:人生应当怎样?或者说:人生应当是什么?这里的理论问题就是人生理想、人生道路、人生价值问题。

---

[1]（清）刘熙载:《艺概》卷一,上海古籍出版社1978年。

一、理想的形成

（一）理想形成的过程

理想的一个通俗说法叫做"梦想"，我们在通俗歌曲里常常听到"人生要有梦想"。通俗的说唱可以打动人，激励人，其中的用词是文学语言，不能当做确切的科学概念。我们在这里使用"梦想"一词是借用文学语言，与生理学上讲的"做梦"是不同的。梦是醒时的心，是闭着的眼，虽然反射着一些人生的活动和意愿，有时能闪现出人生的预兆和理想，但也不无怪诞和荒唐。把梦当成理想，就会陷入虚无缥缈的幻想，而不能把握真实的理想。梦想作为人生理想，不是凭空产生的，而是人生实存发展趋势的理性认识。理想是人对未来目的、目标的有根据的预想。它的形成，在人的头脑中是一个想象过程。所谓想象过程，不是闭起眼睛像做梦那样去幻想，而是人脑按照不同的需要，把实存的人生根据、条件和发展前景加以理想化，借以设计出一种有待实现的理想人生模式。这个过程，一般说来要经过三个阶段，即反映阶段、评价阶段、升华阶段。

人生理想在个人头脑中形成的第一个阶段是反映。这就是人在生活实践中，首先产生对生活现实的感觉和知觉，有了对现实生活的感受，形成对实存人生的图景。在这种人生图景中，有价值的和无价值的东西尚未加以区分，应当存在和不应当存在的东西混在一起，因此还没有理想的东西和现实的东西的区别。例如，一个人在他没有对自己的实存进行认真思考之前，只是从直感上意识到自我的生存和活动，而没有自觉到在自己身上哪些东西是应当保留发扬的优点，哪些是不应当保留的缺点，自己应该是一个什么样的人。这时他对自己的实存还只是反映，只是作为一个自在的人感受着、意识到自己的生存和生活。这时他就是一个对自己"应当如何"还没有自觉，即还没有形成理想的人。可以说，这是人生的一种混沌不自觉的状态。不仅对自身，而且对家庭生活、职业生活、社会生活等也都是这样。在人脑中对自己的生活还只有反映而没有形成应当如何的自觉的时期，都是处在没有理想的时期。但是，这种状态对进一步形成理想却是必经的阶梯。假如一个人对自己的人生实存连这种感受都没有，麻木不觉，就不可能形成符合自己的人生发展的理想。

评价阶段对人生理想的形成具有关键性意义。这里的评价，是人在自己的意识中，对自己的认识和感受的反思过程。所谓"反思"，就是思想把自己作为对象加以思考。在这里，就是人脑通过理性和情感的作用，对反映在大脑中的各种认知和感受，进行价值评价，区分出有价值的东西和无价值的东西，应当保留的东西和应当抛弃的东西。这样就在原来混沌的反映中有了好坏、美丑、肯定或否定的价值区分，同时也在心理上激起了"应当如何"的启蒙，使人进入形成理想的自觉阶段。凡是认真对待自己的人生的人，都能够并善于经常评价自己的行动和处境，并能及时地调整自己的生活计划和行动方式，相应地、及时地改变自己。这种状态可以说是一个人从不自觉状态向自觉状态的觉醒和过渡，是从不成熟走向成熟，所以它是关键阶段。

把评价看做理想形成的关键阶段，还因为评价的恰当不恰当、正确不正确，对进一步形成理想图式至关重要。如果对反映实存的认知和感受做出了过高的评价，即不恰当地估价了其中有价值的和应当保留的东西，那么进一步形成的理想图式就会受到影响；反之，也是一样。这里要特别注意情感评价的作用，必须与理性的评价相结合，才能保持稳定和恰当。如果评价仅仅受制于情感的好恶，就很容易使评价不冷静、不稳定，从而影响评价的恰当性和正确性。例如，一个人对自己家庭情况的感受，感到夫妻关系不够和睦，经济收入方面也入不敷出，从情感上对家庭的现状有些不满意，而又极想改善家庭的现状，于是就情绪急躁、暴躁、埋怨，经常吵架，由此就必然对人对事做出主观、偏激的评价，而不能找到改善生活状况的正确思路和办法。如果他能冷静地通过思考、分析，区分出夫妻关系上应该保留和发扬的方面和应该克服的方面，找出有利于增长经济收入、节约开支的条件和不利于经济收入和节约开支的因素以及其他有关因素，这样就会为进一步改善家庭状况，建立一个理想的家庭，打下相互沟通的基础。

个人对人生实存如何进行价值评价？从社会条件方面说，固然要受到社会价值观念和标准的影响，但关键还是评价主体的内在精神状态，包括理智和情感两方面的状态。个人不可能摆脱社会价值观念和标准的影响，但这种影响只有通过评价主体的认同，才能真正起作用。这就是说，主体在进行评价时是主动的、自主的。这是人在形成理想过程中的主体性的表现。

在这里要特别注意情感和情绪的作用。在评价过程中，理智对实存的分析、判断固然重要，但是人生之事常常听从感情的支配，在评价时让情感和情绪起主要作用，特别是对家庭生活更是如此。当评价主体以一种愉快的感情为内在状态进行评价时，往往使评价的倾向趋同，容易使双方或各方融洽，形成理想图式。当评价主体心情不好时，常常使评价倾向于偏激，发生互不相让的对立情绪，使理想图式也互相对立。正因为情感对评价的这种作用，所以评价具有很大的主观性、相对性，以至于往往在现状不好时很满意，一家人日子过得和睦幸福；而有时即使现状很好也不会满意，一家人不知怎样生活才好。

个人头脑中想象过程的第三阶段是升华。所谓升华，就是通过评价之后，个人对肯定和否定的判断、情感、情绪等做出选择，抛弃那些应该否定的判断、情感、情绪，保留那些应该肯定的判断、情感和情绪，这时就在对实存的反映、评价基础上，形成了一定的理想意识。这时的价值目标选择就是精神的升华。因为它在善恶、美丑、肯定、否定之间，做出了应该如何的选择决定。这种选择决定，集中地表现出一个人的生活态度和人生观倾向，也表现出一个人的意志和情操。

这种升华过程，在每个人的意识中是经常进行的。例如在社会生活中，人们看到大多数人愿意过正当的生活，积极支持和参与现代化建设，努力劳动和工作，公正廉洁、助人为乐；但是也有人贪污受贿、假公济私、损人利己、坑蒙拐骗，甚至行凶抢劫、杀人越货，做出种种缺德和犯罪的事情。一个追求进步的公民，在经过认知和评价以后，就会在头脑中做出善恶、美丑的判断、比较和抉择，见贤思齐，择善而从，形成应该做什么人的善美的理想图式，从而使理想意识得以升华。

但是，这种升华也是相对的、多元的。由于在升华过程中，支配升华过程的价值导向不同，升华过程的结果也不同，从同一实存中可以升华出几种不同的理想图式。无论对自身理想、家庭理想、职业理想和社会理想，都可能产生几种不同的理想图式。有时从这些图式中可能产生出一种占主导地位的图式，有时也往往几种图式并存，互相参照，直到随着生活实践的发展得到实际的取舍，这就是所谓最后的整合。整合是对理想意识的综合。经过综合，最后确定一种比较完整的理想。这是整个想象过程的结束或总结。经过这样的整合，在想象过程中产生的理想片断，以及局部的、并列的理想图式，经过比较、综合，最后得到完成理想的创造过程，从而达到理想的升华。①

（二）理想的变化

理想在个人的头脑中经过三个阶段而形成后，是否就是人生理想的确定呢？理想形成的过程是否就此结束了呢？应该说，从思想活动的过程来说是结束了，但是从人生全过程来说，还没有完结，甚至可以说只是开始。

人的认识是随着人生实践的进行而逐步发展的。理想图式一旦形成，就会作为认识的初步结果参与实践过程。它一方面作为一面旗帜，给人生的进取提供一个导向，另一方面也在实践过程中受到检验、修改和发展。在这个过程中，原来的理想图式可能得到确认，也可能做出某些修改，甚至全部改变。特别是人生阶段的理想和各个方面的理想，修改和换新的情况是常有的，也是正常的。如青年时期确立的阶段理想，到成年时期就可能改变，即使在同一阶段上，早期形成的理想图式在中期或后期也会有所改变。至于童年时期的美好理想，到后来回头再看时往往会觉得幼稚可笑。再如人的职业理想，有的人因为客观环境和主观条件比较一致，志得其所，职业理想形成以后一旦确定，就比较稳定，执著终生。也有的人由于客观环境和主观条件的变化，职业理想几度变化，甚至终生都没有确定一个满意的职业理想。

至于贯彻人生全过程的人生理想，其形成比较复杂，明确和坚定就更需要较长的时间。一般来说，童年时期对人生的未来还只是

---

①郑齐文：《行为原理》，时中出版社1988年。

幻想和憧憬，在青年和成年时期，才能形成比较明确的人生理想。这是因为每个人都必须独立地寻找自我、面对自我，这只有在自我意识成熟时期才有可能。寻找自我要经过生活的考验，所以有些人成熟早一些，可能在青年阶段的初期就已经形成比较明确的人生理想，以后的各阶段只是进一步深化、明确，以至成为坚定的信念，终生一以贯之；有些人的成熟晚一些，直到中年甚至晚年才发现自己的人生潜能，形成自己的人生理想。

当然，中年和晚年形成人生理想往往是中间有过变化，在这种情况下，其理想往往不是形成，而是改换的问题。由于客观环境和主观精神状态的变化，人生理想发生较大变化也是有的，不过有的从落后转向先进，有的从先进转向落后，甚至与社会前进的理想完全相背。这种变化，常常发生在社会大变动和新旧交替的激烈斗争时期。在这种历史时期，由先进向落后的理想转换，往往就会成为历史的落伍者。所以，对于关系人生的最终理想来说，一旦确定了正确的、进步的理想，就应当一以贯之、坚定不移、终生不渝。

（三）理想的多样性

社会生活是多方面的，如物质生活、科技研究、经济管理、行政组织、法制控制、政治决策、艺术创造，以及其他正当生活等，都是由人参与的、有一定社会意义的生活。既然如此，每个人就会有不同的理想追求。一个健康、合理的社会制度，就应当在社会统一的价值目标前提下，容许理想的多样化、个性化，即要有各种不同的人生理想，不同的经济理想、政治理想、科学理想、艺术理想、道德理想乃至宗教理想等等。只要不是邪恶的、反动的，而是正当的、追求真善美的，都有存在的必要。这样就会给每个社会成员开拓一个选择人生理想的自由的、广阔的天地。

总之，人要按照人的条件生活，应当肯定每个人根据客观情况和自己的条件来设计自己的理想蓝图；同时社会也应给予个人创造生活条件的机会。每个人在确定个人理想的时候，既要依据自己的条件和兴趣，也要考虑社会发展的需要，在生活实践中积极地形成、发展和完善自己的理想，把稳定的人生理想和变动的阶段理想、方面理想协调起来。

这里有个如何对待"应当"的问题。"应当"从必然性、必要性到应然性，是主观与客观的统一。从客观方面来说，"应当"首先意味着客观的要求。这种要求如果是有根据的、现实的、合理的，它在客观上就是确定的。"应当"的确定性在实际生活中往往被制定为行为规范和制度，"应当"的价值载体就是规范和相应的制度。规范和制度虽然不是物质实体，但它对人类行为起着客观的制约和调节作用，一旦用语言表达出来，就是一种能够在主体之间进行传送的信息，并以实际的效力，发挥着维系社会秩序的作用。

从主观方面来看，有两种情况：一种是普遍性的，就是在社会和集体的发展中，树立一种值得仿效的理想范型，尽可能使社会或集体的成员感到应当见贤思齐，心向往之。再一种是特殊性的，即使"应当"与他个人的意志能够做出这种选择相联系，一般有相当条件的人都有可能做出"应当这样"的选择，或者基本上能够做出这种选择。社会存在决定社会意识。在一定的社会存在条件和氛围中，社会、集体意识和行为趋向是有规律性的。在上述两种情况下，"应当"都意味着一种确定性和可预见性。当然这是大体上的确定性和可预见性，不是精密科学的那种确定性和可预见性。但是，正因为这样，也就存在着不确定性。

首先，客观依据本身具有不确定性。我们肯定事物发展的必然性，但必然性是通过偶然性实现的。人一旦做出某种行为，就是进入社会生活的复杂关系网络,同时就是站在必然性与偶然性的交错点上。就群体行动来说,它是充满各种任性、偏离、逆流和冲突的综合作用。历史就是无数按照不同意向的活动及其对外部世界的影响所产生的结果。对于未来理想的"应当"究竟是什么,人们只能说出大致的景象,而不能说出确切的、具体的内容。

其次,从实存到应当,从现实到理想之间架起的桥梁具有可能性。在发展过程中,人们在改造世界的行动中,常常受到客观过程的发展及其表现程度和认识条件的限制,因而会遇到各种新情况、新问题,产生新的行动方策,要适当地修正原来作为"应当"的目标、计划、方案,甚至完全改变原定目标、计划、方案。这就是说,在过程中存在着多种可能性的不确定性。

再次,从事物发展的结果来看,由于社会生活中利益关系和矛盾的复杂性,由于事物发展过程中利益要求的急剧变化,实现了的结果常常与"应当"实现的理想有距离,甚至有很大的距离,甚至会出现与原来的理想完全相反的局面。事情有曲折和反复,尤其是历史的发展有曲折和反复。这种曲折性和反复性也是"应当"的不确定性的表现。

"应当"包含着不确定性,所以有人说对于任何一个"应当"都可能提出"不应当",也是有道理的。因为任何一个"应当"作为一种判断,都要有理由,而任何事物的理由在逻辑上都不可能是充足的。从这种意义上说,对任何"应当"都有可能提出"不应当"。当然,就其有正当根据和比较充分的理由来说,凡是被判断为能够做的和能够达到的,同时也就是应当的。用康德的话来说,"应当包含着能够"。不包含"能够"的"应当",不是合理的"应当"。这里要区分社会整体要求和个人特殊情况。社会的要求不是从个人角度权衡的。看到"应当"的不确定性可以防止僵化,看到个人的特殊情况可以避免盲从,但由此就断定任何"应当"都"不值得尊重",甚至把"应当"看做一种"诱骗",那就由片面而走向谬误了。

我们在这里指出"应当"的不确定性,不是要贬低"应当"的理想价值,恰恰相反,正是要把握"应当"的辩证法,增强对"应当"目标的信心和理想的信念。我们在评价人的行动时,重要的是看他在何种程度上把握了这个"应当"的确定性和不确定性的辩证法,在何种程度上把合理的"应当"吸纳在自己的信念中。这种信念是"应当"的最高价值根据。

"应当"意味着义务。道德义务的"应当"是非强制性的、劝导性的,它的理由往往是多元的,所以常常存在二律背反的冲突,其强制力也往往互相抵消。可以说,多元性和分歧以相等的程度影响着道德"应当"的确定。因此,单一的客观性的"应当"的要求,并不能解决一切价值难题和二律背反,也就是说不可能有单一的"应当"或单一的方法足以解决理想价值的分歧。在复杂的现实生活中,存在着有关理想价值的不同观点,各有不同的具体的"应当"的根据,而且常常是互相不可通约的,这种矛盾往往会导致意识形态的斗争。

二、理想的认同

(一)理想的划分

人生理想作为个人的生活理想,总是要通过个人头脑的认知和想象才能形成。从一定意义上说,它是每个人的创造。但是,并非每种理想都属于自己创造,还需要有理想的认同相配合。

人类的生活丰富多彩。人们对现实的认知和对未来的想象,是形形色色的。因此,人生的理想也是多层次、多方面、多视角的。根据认识和实践的不同需要,人们可以做出大体的类别划分。例如,有人把人生理想分为社会理想、工作理想、生活理想、人格理想;有人把人生理想分为社会理想、职业理想、家庭理想、生活理想;还有人把人生理想分为审美理想、道德理想、功利理想、社会理想,等等。这些划分都从不同的划分标准上对人生理想做了分类,有助于认识、指导人生理想的认同和选择。不过,前两种划分,从逻辑划分上看,不够严格,划分后的概念有外延的重叠、包容,一定程度上会影响对人生理想的认同和选择。如把生活理想与家庭理想、职业理想并列划分,就不太明确。家庭和职业活动,也都是生活,职业生活也是社会生活。所以这种划分很容易引起误解。后一种划分从理想的内容上说,概括了主要的东西,大体上也可以反映出人生真、善、美的内容。但划分标准也不统一,社会理想与前三者之间的概念内涵和外延也都不易分清。

我看可以按照人类生活的主要方面、阶段来划分人生理想。人生理想亦即理想人生。人生有几个主要方面、几个主要阶段,人生理想也就应该有相应的划分。但人生方面和人生阶段两者很难同时照顾,很难同时作为划分人生理想的标准,因此只能大体兼顾,而不能完全符合。这样说来,人生大体可以分为个人生活、家庭生活、职业生活、社会生活四方面,因此人生理想也可相应地分为自身理想、家庭理想、职业理想、社会理想。

所谓"自身理想",是指个人自身素质的理想,包括知识、能力、品德所能达到的完善程度或最佳状态,也包括举止形象的完美。前一方面可概括为内在素质完善,后一方面即是外表形象完美,内外两方面的统一就是人的自身理想。

所谓"家庭理想",包括正当、和睦的家庭关系,也包括丰富的经济生活和文化生活。家庭关系主要是亲子关系、夫妻关系、长幼关系,以及部分家庭中主人和用人的关系。经济、文化生活也包括所谓"致富术"。

所谓"职业理想",是指合乎现代社会水平的、满意的职业工作,包括职业工作的性质、内容、环境条件以及报酬和社会荣誉等。

至于"社会理想",包含的内容比较复杂,其中有作为政治团体和政党成员的政治理想,有国家公务员的社会政治理想,也有一般社会成员的社会理想,还包括作为人生理想基础的社会经济理想;或者概括为经济理想、政治理想、法律理想、道德理想、艺术理想以及一定范围的生态理想等。我们正在建设中国特色的社会主义,实现中华民族的伟大复兴。那么,建设中国特色的社会主义、实现民族复兴,就是我国人民的共同理想。

(二)认知和认同

以上这些人生理想能否成为社会普遍承认和接受的理想?每个社会成员又是怎样形成自己的理想并做出自己的选择的?这就涉及理想认同、价值取向问题。人生的理想与现实不同,它是人通过头脑对现实的认知和对未来的想象创造的。这种创造,有群体的,也有个体的。就一个社会来说,形成社会性的理想模式,是全社会共同创造和综合作用的结果;但就个体来说,却不能靠自己的头脑创造所有方方面面的人生理想。有些理想要由自己创造,有些理想就不能由个人自己创造,而要经过自己头脑思考,接受他人或社会提出的理想模式。如我们说要做一个对国家和人民有贡献的人,这个理想就不能是你自己个人创造的,而要经过自己的学习和认识,自觉地接受和认同关于中国特色社会主义的理论和实践。

理想认同是指个人对他人或对社会所提出的理想模式的接受和趋同。理想认同与理想创造不同,后者是指个人通过自己的认知和想象,从自己所处的现实条件中提出自己要追求的人生理想,而理想认同则是要接受、采取他人或社会所创造的理想,作为自己追求的人生理想。对于个人的理想形成来说,认同也不同于认知。认知是指发生在理智认识层面上的活动,并不涉及感情好恶和价值评价,或者说态度上仅严守价值评价的中立。认同则不仅发生于理智认识的层面,更要深入到情感、价值评价和态度的层面;不仅有对事实的认识,还有对应当如何的价值取向和态度决定。因此,认同与认知属于不同的范畴,应加以适当区分。

区别理想认同与理想认知,对人生理想的确认和选择具有重要意义。一个人可以认知某种理想,但不一定就认同此种理想。一个人道主义者可以认知专制主义理想,但不会认同专制主义作为自己的政治理想。一个自由主义者可以认知婚姻义务,但一般不对这种婚姻方式认同。一个理想主义者可以认知功利主义职业理想,但在正常发展的条件下,不会认同功利主义职业理想。反过来也会是如此。认同要有认知的认识基础。没有正确的认知就不会有恰当的认同。但认知不能代替认同。认知要有清楚、如实的判断,而认同更要有丰富的经验、执着的热情和精明的利害权衡。

对于人生实践来说,认同更具有决定意义。由于人生离不开理想,而个人进行理想创造的能力又有限,所以人们必须通过理想的认同才能满足精神生活的需要。这就是说,理想认同是个人参与社会生活的基础和人世的门径。因此,青年时期,对社会价值导向、目标,不可以采取无所谓、不屑一顾的态度,而要有认真的理性思考和认同。事实上，个人的理性思考、价值取向等具有社会性的心理活动，就是建立在理想认同基础之上的。如果一个社会集体中的每个成员，都有对共同理想的认同，那就可以形成以这种理想认同为基础的统一意志和统一行动；而个人就会对集体的目标、决策采取比较一致的、积极的态度，为实现集体的和社会的共同理想尽职尽力。反之，如果一个集体中没有形成大多数人的理想认同，这个集体就不会形成统一意志、统一行动，集体的事业就不会成功。如果个人没有对集体理想的认同，就会疏离集体，思想不合拍，情绪不协调，行动不合群，就会产生心理的孤独、分裂感，以致沉沦自毁。

理想认同是确立人生理想的方式，但是并不是每个人的认同取向都相同。由于人们的利益要求不同，理想认同也不相同；一个人在不同时间里所认同的理想往往也会有变化。各种理想认同之所以不同和发生变化，就是因为其价值取向各不相同或发生变化。《列子·黄帝篇》有这样一段寓言故事："宋有狙公者，爱狙；养之成群，能解狙之意；狙以得公之心。损其家口，充狙之欲。俄而匮焉，将限其实。恐众狙之不驯于己也，先诳之曰：'与若茅，朝三而暮四，足乎？'众狙皆起怒。俄而曰：'与若茅，朝四暮三，足乎？'众狙皆伏而喜。"狙是猴子，狙公即养猴人。茅是喂猴的栗子。养猴者开始对猴子说早上给三个晚上给四个，猴子不高兴，后来就用早上给四个晚上给三个的话哄弄猴子，猴子皆大欢喜。列子讲这个寓言，是说明智鄙相笼的道理。《庄子·齐物论》引用这个寓言，也说智者应顺着猴子的心愿，或朝三，或暮四，名之谓"两行"。

人们在解释这个故事时，都说这故事是说再精的猴子也精不过人，朝四暮三与朝三暮四，都是七个，颠来倒去总数没变，结果是猴子上了当。其实不尽然，如果我们从另外一个角度去看，猴子对于栗子并不在于认识数目，而在于满足需要。如果需要得到满足，它们就会高兴，反之就不高兴。由此可以得出一个普遍的道理，朝三暮四与朝四暮三都是满足需要的方式，也是两种生活理想和价值取向。喜欢哪一种，对哪种生活理想认同，取决于需要和价值取向。所以猴子自然有"猴精"之处。

其实，人的理想认同也有类似情形。同样的生活内容，方式不同也会表现出不同的生活理想和价值取向。有人追求平稳的职业生活，有人追求流动较大的生活；有人喜欢一家老少几世同堂的大家庭生活，有人比较喜欢分家单过的小家庭生活；有人偏重独善其身，有人偏重兼善天下，如此等等各不相同。至于偏好艺术还是偏好技术，喜欢从政还是愿做学问，这就更是各有所志。每个人在生活中所获得的有意义的东西都是不同的，感受也是不同的。从有限的意义上说，人各有志，不可强求。理想认同是多元的，价值导向也各不相同，每个人的理想也不会千篇一律。只要各个人的价值取向，不违背社会进步的价值目标和基本原则，就应当允许个人理想认同和价值取向的自主和自由。只有这样，才能形成既有统一意志，又有个人自由和心情舒畅的、生动活泼的社会生活局面。在社会主义初级阶段，振兴中华，实现社会主义现代化是全社会的共同理想，也是每个有觉悟的中国人的人生定向的基本标准。这是一个共同的、基本的标准，在这个标准之下，个人可以有自己的人生理想认同和选择，而这种个人自由的认同和选择，归根到底都是汇于一个总目标，即实现民族复兴。

（三）人生贵先觉

在人生实践中，做出明确的、正确的价值认同和价值取向，是很不容易的，并不是从一成人就能够做出判断和选择的。在这个意义上，可以说有先知先觉、后知后觉、不知不觉之分；也有在这一方面明智在另一方面糊涂的，或者在一个时期明智在另一个时期糊涂的。马克思和恩格斯在二十多岁时，就明确树立了为无产阶级解放和人类解放事业而奋斗、实现共产主义的伟大理想的目标，并且提出了完整的理论和行动纲领；毛泽东、周恩来等老一辈无产阶级革命家，在青年时代就立下了振兴中华、建立社会主义新中国的伟大理想，并且提出了明确的理论和行动纲领；爱因斯坦十几岁时就确立了献身科学的伟大理想，二十来岁时就创立了实现科学革命的相对论，至今他的理论无论是从理论还是从实验来看，都是最接近真理极限的。相比之下，我们都是后知后觉，甚至还是不知不觉的愚人。即使不谈这种具有世界历史意义的理想，就一般家庭理想、职业理想而言，也还是有相当数量的人处于后知后觉、不知不觉的状态中。如果你去到落后的、偏僻的农村，就会发现有许多从未出村的妇女、老人，他们只知道自己的吃穿、儿女和家庭，再大范围也只知道本村的事；在他们的视野中，社会变得狭小，人生理想自然也有限。所以可以说，确定了人生远大理想目标的人，比那些没有远大理想目标的人，起步时已经领先，其成就和价值就相差更远。虽然不能实行"货比货得扔，人比人得死"的原则，但总得承认能够创造或认同高尚的价值理想，并实现远大、高尚的理想，是人生的伟大和幸福。

人生不能没有理想。没有理想就没有目标，没有方向，没有动力；就不知道为什么活着，怎么样活着，活着有什么意义。当然，理想有高低、大小、远近的差别，也有好坏、美丑、对错之分。境遇不同，人各有志，有的人是以职业建立自己的理想，有的人是为理想寻求合适的职业；有的人在职业之上更有宏大的事业理想，有的人满足于比较狭窄的职业生活。这种人生理想的差别，在个人生活的进程中会逐渐显示出成就和贡献的距离，但就人生处境和条件的差别来说，都是可以选择和认同的。理想总是与一个人所处的环境、文化水平、生活经验和判断能力相联系的，我们既不能把理想看成虚幻的梦想，也不能把理想看做低俗狭隘的生存需要。人活着不能不吃饭、不穿衣，但吃饭、穿衣不能代替人生的理想；人如果没有理想，吃饭、穿衣也就失掉了它们的情调和意义。

肯定理想认同，也就有理想变换问题。理想既然是人的头脑创造的，不同的理想具有不同的价值取向，因此每个人在不同的时期和不同的境况中，就会发生认知、情感、评价的变化，因而影响已有的理想认同和价值取向。理想变换，就是指一个人在不同时间、不同境况中所追求的理想的改变。这种改换可能涉及自身理想、职业理想，也可能涉及家庭理想和社会理想。所谓"达则兼善天下，穷则独善其身"，就是说明在不同境况下人格理想的变化。当然这里也有不变的节操，即为善，兼善或独善其善不变，所谓"国有道不变塞，国无道至死不变"，就是变中之不变。一个人的理想就同一个社会的理想一样，有占主导地位的、相对稳定的人生理想，也会有各种具体理想认同和价值取向的变换。重要的在于把握住正确的方向，坚持真理和正义的原则，采取恰当的变换方式，根据社会环境和个人的具体情况而定。理想变换不能是主观任性的，不能不顾实际情况和个人条件，异想天开，随便变换，那样做不但无助于人生的进取，还会发生长期性的心理冲突，使行为选择举棋不定，事业一无所成。

在这个问题上，典型的人物很多，马克思就是一个榜样。马克思在少年时代就确定了终生的理想——"为人民谋福利"。这个高尚的思想起点，贯彻于他的一生。

马克思在中学毕业论文《青年在选择职业时的思考》中，提出人类有"共同目标"，认为人要趋向高尚，为"共同目标"而生活，同时又要现实地、独立地做出自己的选择，独立地进行创造，而不是作为奴隶般的工具。马克思认为，为"共同目标"而劳动才能使自己变得高尚，成为伟大的人。对于这个"共同目标"来说，其他一切职业都是达到目标的手段。他把这种目标和信念看做是职业选择的基础。

他认为，伟大目标的选择，不应当出于虚荣心和名利考虑，不应被狭隘的欲念和幻想所支配，而应依靠深入的观察和经验，从全面和长远考虑，认清自己所应承担的重大社会责任和所选择职业的全部分量。如果生活条件允许，并经过了认真的考虑，就应该选择建立在正确思想基础上的最有尊严的职业，选择能够为人类进行活动、接近共同目标的职业。所谓"尊严"，就是具有高尚的品质，世人无可非议并受到众人的钦佩。

马克思明确地肯定，在选择职业时应遵循的主要原则是："人类的幸福和自身的完美。"他认为，这两者不是相互冲突的，而是一致的。人们只有为同时代人的完美和幸福而工作，才能使自己也达到完美。只为自己劳动的自私的人，也许能够成为著名学者、哲人、诗人，但是永远不能成为完美的伟大的人物。马克思强调的一个中心思想，就是不应局限在狭隘的利己主义小圈子里，而要寻求最大限度地造福于整个社会的人生道路和职业。

年仅17岁的马克思在论文的结尾处写下了这样感人的结论："如果我们选择了最能为人类工作的职业，那么，重担就不能把我们压倒，因为这是为大家而做出的牺牲；那时我们所享受的就不是可怜的、有限的、自私的乐趣，我们的幸福将属于千百万人，我们的事业将悄然无声地存在下去，但是它会永远发挥作用，而面对我们的骨灰，高尚的人们将洒下热泪。"[①]马克思晚年时，他女儿问

[①]《马克思恩格斯全集》第1卷（新版），人民出版社1995年，第459—460页。

他:"你的突出的优点是什么?"他回答:"目标一贯。"马克思一生的思想和实践都没有离开他的理想目标,他始终是站在人类进步思想的制高点上。

恩格斯同马克思一样,青年时代立下了为人类解放而奋斗的目标,终生不变。1871年巴黎公社失败后,法国巴黎的一些报纸对起义者大肆诽谤,德国的《科伦日报》等报纸也散布了很多蛊惑人心的谎言。恩格斯的母亲担心他受牵连,而且埋怨他和马克思的友谊与合作。恩格斯于当年在给母亲的回信中表明:"我丝毫没有改变将近三十年来所持的观点,这你是知道的。假如事变需要我这样做,我就不仅会保卫它,而且在其他方面也会履行自己的义务,对此你也不应该觉得突然。我要是不这样做,你倒应该为我感到羞愧。即使马克思不在这里或者根本没有他,情况也不会有丝毫改变。所以,归罪于他是很不公平的。"恩格斯在信中还说,在此之前,马克思的亲属也埋怨过恩格斯,认为是恩格斯把马克思带坏了。

从这封信保留下来的信息来看,马克思、恩格斯从少年立志、青年奋斗,直至终生,不仅受到各种敌对势力的打击、迫害,而且受到亲人的牵挂、误解和埋怨,但是他们丝毫没有动摇自己的信念,没有放弃自己的理想,坚持不懈地推动了人类解放的伟大事业。

三、目的与使命

(一)目的的分类

人生理想问题,实际上也就是人生目的问题。理想就是对未来目的及目标的合乎规律以及需要的想象。人生首要之事在于确立正当的、高尚的理想，也就是要确立正当的、高尚的人生目的。"理想"和"目的"两个词，在世界多种语言中都是同义词。但从辩证过渡、概念推移的角度来看，它们之间的关系属于不同的层次，在发展中是递进的。按照萧焜焘教授的概括，理想源于目的，目的起于目标；目标—目的—理想，构成一个通贯的、递进的精神升华过程。理想就是对未来目的的意向，而目的也就是对具有实现可能性的目标的预想。有人说，"理想即寻觅目标的思维"，这话有一定的道理。有理想就是要确立一个远大目标和人生目的；人生就是为实现一定的目的而进行的不息的理想追求。从这个意义上可以说，人生与禽兽生存的区别就在于有无目的；善人与恶人的人生区别就在于有无正当的生活目的；伟人与凡人的人生区别就在于有无高尚的生活目的。

人生目的不是在人性中先天就有的。人一生下来并没有什么先入为主的人生目的，一切目的都是在后天的生活实践中产生的。人的理性、思维能力的形成，认知和想象能力的发展，使人不但能够反映自身和外部世界的需要，而且能够根据需要和满足需要的可能性，设想未来的理想目的，确定要达到的行动目标。所以，人生的任何目的都是根据需要和可能提出的，是主观与客观、主观能动性与客观规律性相统一的产物。

人生的活动是极其丰富的，其目的也是多层次、多种类的。人生从童年、青年、中年到老年，有贯彻一生的、逐渐明确和坚定的人生目的，也有各个阶段上不断变化的特殊目的；有与人生理想相一致的各个方面的生活目的，也有更为具体的各种行为活动的目标。人生实践中的各个特殊目的和具体目标，都从属于人生总目的，而人生的总目的就是通过各个阶段、各个方面、各个具体行为活动的目的实现的。从这个意义上说，人生过程就是一个目的系展开和实现的过程。

人生目的是一个复杂的系统，因此可以从不同的角度上，根据不同的标准做出多种类别划分。对于人生的哲学思考来说，一般采取下面这种划分是适当的，即把人生实践中的目的划分为最终目的和中间目的、主要目的和次要目的、较远目的和较近目的、自为目的和派生目的这样四大类。

所谓"最终目的"，也可称为最后目的或根本目的，就是经过一切中间过渡阶段和环节而达到的目的。对于个体的人生过程来说，也就是他的整个人生过程所要达到的目的。就人生这个系统来说，它是目的本身，而不是其他目的的手段，也不是向另外目的过渡的环节。就是说，它是人生过程的终结和自我实现的最后界限。每一正当的、高尚的人生目的，都是一种理想的至善，一种"完成"，一种"圆满"。因此，人生的最终目的，也可以理解为"至善"。

所谓"中间目的"，就是作为中间环节的目的。它自身是目的，但从全过程来看，它又是最终目的的过渡，是达到最终目的的手段。如从没上学读书到上学读书，为了读书而上学，读书就是目的。但读书又是为了什么呢？为了将来更好地工作和发展。那么这将来的工作和发展就是读书的目的，读书就成为实现将来目的的手段。人生各阶段的特殊目的，就它所属的阶段来说，是那个阶段的生活目的，但追求它的实现并不是最后目的，最后还是为了实现人生的根本目的。当然其他所谓各个生活方面的目的、各个具体行为活动的目的，也都具有中间目的的性质。

所谓"主要目的"，就是具有决定意义的、占主导地位的目的。从行为决定上说，它是足以使人去为它而行动的目的。如果单就它还不足以使人做出行为决定，并付诸行动，还必须有其他目的相并提出才足以做出行为决定，那么它就不是主要目的，而是次要目的。这当然是依据具体情境而定的。例如，如果你想去职业介绍中心选择一种你所理想的职业，同时又想去学校读书，或者还想在家摆小摊，做个小买卖，这些生活目标都摆在你面前，哪一个是你的主要目标呢？这就要看你的生活需要、人生理想和各种条件所提供的可能。如果你想赚一笔钱，然后再去求学，那么摆摊赚钱这个目标，就成为足以使你行动的主要目的，其他都是次要的。当然，主要和次要的地位是可以转化的，在一个时期是主要的，在另一个时期就可能变为次要的；在一种关系中是主要的，在另一种相对关系中就是次要的；反之也是一样。

"较远目的"和"较近目的"，是从自他关系和实现的时间上进行划分的。较远目的是超出自身需要范围的、在较远的时间才能实现的目的。如与人生社会理想相一致的目的，要完成某项科学研究、技术发明或要建立某种从政功业等，都属于较远目的。人生目的对青少年来说也是较远目的。对中老年人来说，从超出自身需要范围的意义上说，也可以说是较远目的。与较远目的相对而言，较近目的就是属于身边生活、工作需要的，在较短时间内即可实现的目的。如果把较远目的看做"大目标"，把较近目的看做"小目标"，那么前者就是通过理性思考，从事业的大局出发形成的目的，也就是远大理想；后者就是从较小的目的出发，实现一时的、眼前的需要而确定的目标。

"自为目的"和"派生目的"，则是指行为本身直接的目的和通过该行为要达到另外某种间接的目的。例如，你到书店去买一本讲人生哲理的书，直接的目的就是要看这本书。这就是这个行为的自为目的。这个行为的目的就是为它自身的活动而设定的。如果在此之外还有另外的目的，想借助这本书的启发和资料，自己写一本书，或者给某厂职工做一次关于人生理想的报告，那么这些目的就是派生的目的，或称"产生行为的目的"。

目的和目标有联系，也有区别。目的和目标都体现着人的行为归向，或体现着人生的取向。具体目标是具体行为的归向、人生目的也是人生的取向。从这个意义上说，目的和目标同义，有时可以通用。但是，仔细区分，二者并不等同。目标是目的的具体化、特殊化，是既定的目的，预想的对象，或者说是目的地。而目的则是一种意向、意图。一般来说，目的总是以某种目标的形式出现的，它在实践中就表现为人们追求的目标。人是为一定的目的而存在和发展的，是为实现一定的目标去奋斗和拼搏的。目标是理论活动和实践活动之统一的目的活动。有了一个目标，也就有了一个行动的根据。无目标的行为无异于无目的的行为。目的和目标作为人生为之奋斗的理想，正是人之为人的本性，是人生的精神支柱。

（二）人生价值目标

在人生的一切目标中，经过理想认同而确立的起主导作用的人生目标，就是人生价值目标。人生价值目标首先是作为社会发展的定向确定下来的。这种社会定向，在经过长期酝酿、选择和社会大多数成员的认同之后，就成为全社会普遍的、占主导地位的价值导向，成为个人理想选择的主要定向。在我国现阶段，实现第二个百年奋斗目标和中华民族的伟大复兴，就是全社会的价值目标或共同理想，也是每个有觉悟的中国人的人生目标的基本取向，是每个人的使命和责任。作为一个中国人，要实现爱国、治国的使命和责任，就是要把中国建设好，建设一个中国特色的社会主义现代化的中国。这应该是个人树立科学人生观、价值观的根基。

每个历史时代都有与它的时代发展方向一致的价值目标，个人的人生目的应该与自己时代的价值目标相一致。时代的价值目标作为历史使命，是个人所不能自主、不能不遵从的"社会命令"。个人的理想虽然要由自己来建立，但它所反映的社会内容则是客观的，是时代所赋予的。因此，每个人作为社会的一个成员，都不能摆脱社会使命和价值目标的认同。做人有做人的使命，人生才有内容，才有意义。没有确定的使命，虚度年华是人生最大的遗憾。

人是精神的动物，精神如果没有确定的目标，就会迷失道路。俗话说，四处为家的人无处有家。无所不在等于无所在。费尔巴哈说得好："每一个人都必须给自己设定一位上帝，也就是说，给自己设定一个最终目标……谁有一个最终目标，谁就有一个支配自己的律法，这样的人，不只是自己引导自己，而且还被引导。谁没有最终目标，谁就没有家乡，没有圣殿。最大的不幸，就是漫无目的。"[1]可以说，能否自觉地、正确地把握时代的价值目标，履行自己应当履行的使命，是贤能之士与愚蠢之人的分水岭，也是一个人的责任意识是否成熟的标志。

一个成熟的人，总是在自觉地把握时代价值目标的前提下，根据自身能力、环境条件、社会需要，来确定个人的各种行为目标，并努力去实现既定目的，而不是违背时代精神，自以为是，甚至逆时代潮流而动，成为时代的落伍者。要知道，人才成功的经验表明，人生的成就要有多种因素和条件，但是归结起来不外这样三条：第一是理想目的的确定；第二是实现目标的努力；第三是明智切实的方策。这三条之中，最重要的就是理想目的即价值目标的正确选择和确立。价值目标的坚定和正确，是人生最重要的力量源泉，也是成功的利器；没有它，任何能人、干才也会徒劳而无功。

---

[1]《费尔巴哈哲学著作选集》下卷，商务印书馆1984年，第94页。

中国传统人生哲学历来强调，"人生在世，会当有业"[①]。"会当"就是应当，"有业"就是建立功业，完成人生使命。价值目标从根本方向和路线上，给人们指明了"应当如何"的人生取向，并规定了所要完成的使命。因此，任何一个严肃地对待人生的人，都不应当否认或贬低人生价值目标的重要性，不能笼统地把价值目标看做人生的"文化心理包袱"。

（三）志当存高远

每个人在日常生活中，总是抱有某种执意追求的生活目标，或者要学习和掌握某种技术，或者要得到尽可能多的经济收入，或者要在某项活动中争取最高的荣誉，或者要在招聘竞争中取胜，或者要帮助他人和集体搞好劳动生产等事情。个人选取什么目标，给自己提出什么人生职责、任务，是由他的生活条件和人生观决定的，是他所处的现实生活条件在观念中加工的结果。在那些具体的行为目标后面，总是隐藏着某种支配这些目标选择的价值观念或价值目标。价值目标作为人生行为活动的总评价标准和调节机制，保证各种具体行为目的和特殊阶段行为目的的一致性。它像一种定向器，指导和调控着人生活动的整个目标系统，从而完成人生的使命。因此，对于一个自觉的人来说，他的每一个具体的、切近的目的，都是从属于他的总的价值目标的。高尚的理想、目的，可以使人产生深沉的激情、坚强的意志、勤奋的行动、乐观的情绪、高尚的行为。可以说，理想、目的、目标，就规定着人生应该是什么，应该怎样生活。

人无远虑，必有近忧。在人生过程中，许许多多具体的生活目标固然重要，没有具体生活目标的追求和实现，人生就失去了具体

---

① 《颜氏家训·勉学第八》。

的内容和乐趣。但是，如果不注重人生的理想价值目标，整个人生就失去了导向和根本动力。有些人正是由于远离人生理想价值目标而不求进取，庸庸碌碌。当他回头冷静回顾自己的人生时，他就会发现自己正是在人生的主要目的、长远目的和最终目的上失败了，以致留下终生的遗憾。康德曾经给"傻瓜"下了一个定义，说"傻瓜就是那种为了无价值的目的而牺牲有价值的目的的人"。[1]这个定义对人生有深刻的启示。它告诉人们，不要当人生价值目标上的"傻瓜"，只注意小目标，而不注意大目标；要做价值目标选择的智者，把小目标和大目标结合起来，以大目标统率小目标，以无数小目标成就大目标。

怎样确立人生的目的和目标，这要看个人的理智和认同能力，也要靠生活的经验。确定人生目的或行为目标，是伴随人生的成熟过程逐步完成的。一般来说，志当立高远，远大目标的确立取值要高，虽然最初只是一个远景。有经验的人在确立了远大目标之后，随着生活实践的深入，逐步使目标丰满和清晰，而细节的完善也有助于远景目标的清晰和确定。在实际行动上，可先近后远，注意目标的可行性。

实现理想目标是一个过程，如登台阶，要经过许多中间台阶才能达到最后目标。这就是说，要把理想目标划分成若干小目标，把远期目标划分成许多近期目标，或者划分为长期目标、中期目标和短期目标，也可以说是划成大目标、中目标、小目标。每完成一个近期小目标，都是向中目标、大目标的接近。就如写一本书一样，把一部二十万字的书分成十章，每章写两万字，再把每章分成四节，每节写五千字。如果每天计划写一千字，那么写作一本二十万字书的理想目的，就划成了每天一千字的小目标。每完成一个小目

---

[1] [德]康德：《实用人类学》，邓晓芝译，重庆出版社1987年，第101页。

标，都是向完成全书总目标迈进一步。这样，每个小目标的完成，就会给人一种满足感、踏实感，同时也增强了完成一种事业理想的信心。

这里的关键是坚持，从头到尾把事情做到底，做成功，积小成大，由近及远，小事也能变成大事。这里最大的敌人是懒惰、无长性。懒惰者不肯努力去做事，自然不能成事。无长性者不肯坚持去做事，三天打鱼两天晒网，最终也不能成事。一般来说，大多数目标，都需要经过各种不同的步骤，整个人生目的，更是需要经过人生各阶段去完成的。因此，掌握划分和缩小目标的方法，是很重要的。根据一般经验，有时应该确定达到目标的时间，雷打不动；有时候不宜死定达到目标的期限，因为实现目标的过程往往会遇到外部条件和主观心理的变化，不能自主。重要的是一立脚跟，牢把朝夕，沉酣其中，努力拼搏，力争达到目的。

四、理想与现实

（一）两条可能的路

有些青年抱着美妙的理想和未来目标踏入社会生活，往往与实际生活不对号，原先的理想变成泡影，既定的目标不能实现，心情也陷入困惑和苦恼之中。这里就有一个理想与现实的关系问题。这个问题常常是人生过程中最难解开的心理症结之一。

本来在客观世界中，或者说在世界的本体领域中，并不存在理想与现实的矛盾，一切都是作为实存而存在的。理想与现实的分离，只是在人生领域，在人的主观世界中才发生，实质上就是主观与客观的矛盾在人生过程中的反映。如前所说,客观世界作为实存,是包含着差别和矛盾在内的。对于事物的内在差别和矛盾,通过人脑的认知和想象,就在人的主观意识中形成理想,于是就发生了理想与现实的关系问题。

显然,理想的形成是以现实为根据的,是现实发展的条件和主观要求的统一。也就是说,理想来自现实,现实中孕育着理想。但是,理想是通过人脑主观加工过的,是集中了现实中有价值的、有前途的东西加以整合形成的,因而是高于现实、优于现实的。特别是科学的社会理想,达到了对客观世界内部矛盾的规律性认识,能在事物发展的总体上、在矛盾运动的必然趋势上把握事物的发展和人生的未来,就更是引导现实的旗帜,把握现实的力量。

因为理想和现实是有必然联系的,所以在人生过程中所建立的各种理想,都必须紧密地依据于现实,不能脱离现实。就像走路时不能脱离大地一样,要脚踏实地,要如毛泽东同志所说,"踏着人生社会的实际说话"。脱离现实的理想必然陷入空想,不仅没有立足的根基,而且也没有实现的可能性。《亨利克·易卜生》的作者普列汉诺夫在评论易卜生的文学倾向时指出:"思想要超出既定现实的界限——因为我们总是只同当前的现实发生关系——可以走两条道路:第一,走那引导到抽象领域里去的象征的道路;第二,走现实本身所走的同一条道路,通过这条道路,现实——今天的现实——以自己本身的各种力量发展自己本身的内容,超越自己的界限,比自己本身存在更久,并且为将来的现实创造基础。"[①]如果抛开生活中的许多特殊情况或偶然现象,那么,人生对待理想与现实的态度也是这样。人的理想超越既定现实的界限,有时候走第一条

---

① 《普列汉诺夫哲学著作选集》第5卷,生活·读书·新知三联书店,1984年,第531页。

路，有时候走第二条路。走第一条路，表明他不善于理解现实的意义，因而不能判明现实发展的方向，确立自己应当追求的理想；走第二条路，那是表明他能够理解现实的意义，解决了现实中的困难问题，看到了未来发展的前景。有些人的理想往往超过客观事物发展的一定阶段，把幻想看做真实的理想，或者把将来才有现实可能性的理想，勉强作为现时的理想，离开了现时的条件和人生实践，因而不能达到目的，常常使自己陷入苦恼中。人生理想的确立和实现，最有害的莫过于把它放在一厢情愿的幻想、空想的基础上，而幻想和空想，正如俗话所说，是像孩子玩的气泡一样容易破碎的，所以人们常说，幻想是弱者的命运。

但是，另一方面也不能把理想和现实等同起来，把理想归于现实，消融于现实中。实际上，把理想归于现实就是取消理想，也就是取消人的前进的目标和主观能动性，其结果或对现实浑然粉饰、随波逐流，或者是与假恶丑的现存人事同流合污。由此可见，不能因理想是有价值的、完善的，就只去赞美理想，蔑视、诅咒现实；也不能因现实是实在的，理想只是将来的设想，就认为理想只是虚幻的，因而摒弃一切理想。这两种倾向都不利于打开理想与现实的关系的心理症结。

（二）从现实到理想

这里需要注意，所谓"现实"，并不就是直接看得见、摸得着的现象，也不等于实存。现实的东西比现象和实存更深刻、更广泛。在现实中包含着事物的本质和实存，它是本质和实存的统一。一事物的本质是该事物实存的根据，因此在现实中包含着理想性和实现理想的根据。正是在这个意义上，黑格尔说："凡是合乎理性的东西都是现实的；凡是现实的东西都是合乎理性的。"[①]也就是说，凡是现实的都是有其存在的根据和理由的，而凡是有存在根据和理由的，在发展过程中也终将变为现实。把现实看做表面现象的堆积，是肤浅的识见。哲学的思考要求深层的探索，透过现象看到本质，从现实中提炼理想，并紧紧把握实现理想的根据和条件。

什么是正确的、真实的理想？正确的、真实的理想，就是符合社会发展要求和实现条件的、具有可实现性的理想。就实践结果来说，可以实现的理想就是正确的、真实的理想，不可能实现的便是不正确的、不真实的理想。有现实根据的、合理的理想是可以实现的，因而是正确的、真实的；没有现实根据的、不合理的理想是不能实现的，因而是不正确的、不真实的。这就是说，理想是否真实，不仅在于它是否符合现实，而且在于它是否可以通过实践而转化为现实。人生的理想不同于一般客观知识之处，就在于它不只是通过观察证实是否符合现实，而在于通过行动是否可以转化为现实。一般来说，凡是能够转化或最终能够转化为现实的就是真实的、正确的；凡是不能转化为现实的就是不真实的、不正确的。

当然，这里还有许多偶然因素和个人的主观情况在起作用。我这里只是就一般情况而言，大致可以得出这样一种生活法则。因此，人生理想作为实践的价值目标，具有多元性或多样性，而不像自然科学真理那样只具有一元性。不过，人生理想的多元性，并不是任意多元的，而是有限多元的。因为人并不总是能够选择自认为适合的职业和理想的道路，在人们对所处的社会关系做出自己的选择之前，就已经在某种程度上被社会关系规定了。这就是说，产生理想的根据有限，实现理想的条件也有限，并非任意设计的理想都

[①]［德］黑格尔：《法哲学原理》，范扬、张企泰译，商务印书馆1961年，第11页。

是有根据的、能够实现的，空想、幻想的东西，不切实际设计出来的东西，就不能实现。从这个意义上说，目的、理想之善与真是一致的；"应是"的与"所是"的是一致的。从现存的现实本身，科学地引申出人生"应当如何"的目标和最高理想，并不是离开现实，为所欲为，各行其是，而是如马克思所说，乃是"引申出它的作为应有的和最终目的的真正现实"。[①]

理想是自身包含着现实性的可能性。理想从可能性变为现实，要依据现实中的根据和条件的发展，并不是建立在空想、幻想上的。一般来说，在现实中具备了发展根据和条件的，就有可能变为现实。但是，并不是在一切情况下都能充分展开现实中的根据和条件，提供发展的一切可能性。从可能性向现实性转化的一个决定性条件，就是人的主观能动性的发挥，是人积极争取实现理想的努力。这就是说，现实与理想的因果联系是以实践为中介的实际联系，不经过实践这一实际环节，现实与理想之间不可能发生因果联系，并实现由因到果的转化。

但是，在实践过程中，由于人们对实践的主观条件和客观条件不可能百分之百地认知，由于主观条件也可能因不同的情境而有不同程度的发挥，因此人们对理想实现可能性的把握，也只能是近似地达到准确或"有把握"，而不能绝对准确、绝对地有把握。就是说，理想的实现只能是包含着人为因素的一种可能性，而不是像自然界事物发展那样的有必然性。因此，任何实现理想的实践，都带有一定的预测性、探索性，因而也都具有一定的冒险性。这就是为什么社会改革事业必然有曲折、有失误并冒风险的道理。从这个意义上说，人生就是寻求，就是探索，就是冒风险，也是一种"看透"。

[①]《马克思恩格斯全集》第1卷，人民出版社1956年，第417页。

从人生的哲学思考来说，经验主义与理想主义之所以错误，根本原因就是不能摆正理想与现实的关系，把理想与现实割裂、对立起来。前者只承认现实存在的事实，而无视理想，死守单一的、狭隘的经验，以为只有自己的狭隘经验的理想是正确的，不能以理想来指导和转化现实，实际上是把理想僵化、世俗化。后者则只看重理想而无视现实，把理想当做任意的主观创造，反对任何经验根据，认为理想的追求也是绝对自由的，任何人都可以通过自我设计成为他们想要成为的人，因而往往陷入无现实根据的幻想中，使理想流为空想。这种对待理想与现实关系的片面性，只有从辩证唯物主义的观点上，全面地理解理想和现实的关系，才能得到解决。

有人主张要得到自由就必须跳出"应然"，回归"实然"。这是对理想的"应然"要求的误解。人们对"实然"的认识，也就是对理想产生或提出的根据的认识。这种认识越清楚，就越能得到实现理想的把握。这也就是说，人们越是准确地把握有现实根据的理想，把握合理的"应当"的要求，就越能够使自己的行为具有现实性，使"应然"转化为"实然"。所以要回归"实然"，不能"回避应然""跳出应然"，而要很好地认识理想的现实根据和条件，更好地把握"应然"。

自由就是"是如此"与"应如此"的统一，不自由就是使两者处于对立之中，认为"是如此"的事与"应如此"的事两者有不可逾越的鸿沟。古代人把事情的"是如此"就看做"是如此"，既然"是如此"，那么也就"应如此"。他们没有发现两者的对立，因而也就不感到不自由和痛苦。现代人中的"俗的一代"，认为"是如此"就是"应如此"，因而无视任何"应如此"的理想；而"飘的一代"，把"应如此"就看做"是如此"，把"想象中的事"，就看做是"实际存在的事"，偏执地追求主观目的，如果不能实现，就以另外的补偿聊以自慰。这两种倾向都不能正确地对待理想和现实的关系。

从人生的实践来说，要克服对待理想与现实的片面性，使理想有把握地转化为现实，就必须掌握三个条件：第一，必须使理想成为有现实根据的、合理的理想，而不是无现实根据的幻想和空想。第二，必须具备坚强的意志，把理想付诸实践，使意志自律和实存的他律统一起来。第三，要根据对客观、主观条件的认知，找出正确的实践途径和方法，设计可行的计划和方案，扎扎实实地保证理想的实现。当预定的理想付诸实践之后，便可以产生出实践的结果，在生活中创造出新的现实，即人化了的现实。如果实践正确，结果就会大体与理想相一致；如果实践错误，结果就会与理想不一致，以致事与愿违。然而，在人生过程中，个人的理想使命与现实条件和实现理想的前提，总是处在矛盾之中的，即总是不那么理想或很不理想的。因此往往是实践的结果与理想的图式完全符合的情况很少实现，偏离和错误倒是常有的事。重要的在于及时检视理想，修正计划，把理想同现实条件结合起来，采用更好的更切实际的行动策略。

（三）乐观与悲观

在对待理想和现实的关系问题上，还应当强调要有积极、乐观的态度。生活态度是决定人生的主观因素，是人生目的、目标能否实现的必要条件。一个人的人生选择是成功，还是失败，可以说生活态度决定了一半。成功者与失败者可能有许多差别，但有一个重要的差别就是生活态度。成功者始终采用积极的思考，抱着乐观的精神，充分调动一切有利的因素，支配和控制自己的人生；而失败者则总是受着种种消极思想和疑虑、悲观的情绪支配着，看不到积极因素，打不起精神，自己成了悲观情绪的奴隶。从这个意义上说，一切取决于用什么精神和态度去把握自己。事实证明，凡是生活高效率和有大贡献的人，无不与他们的积极、乐观的生活态度相联系；反之，消极、悲观的生活态度，必然使人生低效率，事业上很少成功。当然，有了积极的精神和生活态度，并不能就保证事事成功，但是没有积极的精神和生活态度，事情必定不能成功，即使偶尔得幸，持续的成功也是不可能的。

乐观与悲观，表现着两种不同的人生态度和生活情绪。这里包含着理智的方面，也包含着情绪的方面以及两方面的相互作用。

从理智的方面说，乐观与悲观，都是对人生的一种"观"，包含着对人生理想目标和实现理想目标的条件的看法、洞见。人生活动要有理智的指导和主宰，没有理智的指导和主宰，就会盲目行动。如果人生活动是在正确认识客观条件和主观条件的基础上，洞见理想目标实现的必然性与可能性，就会对人生充满信心，对生活抱着乐观的态度。反之，就会失去信心，产生悲观的生活态度。所以，理智判断或洞见的正确与否，对人生态度如何具有决定性作用。

从情绪的方面说，乐观与悲观又都表现着人生的一种"情"，体现着人们对待理想目标的情绪和情调。情绪对人生态度有直接的影响，往往比理智更活跃，更有力，但是也因此而不如理智的作用更稳定、更持久。如果没有理智的判断和洞见，单纯的情绪就是盲目的，忽冷忽热、时悲时喜，都不是正常的人生态度。根据一般生活经验，单从情绪的乐悲上说，乐观与悲观都可能是错误的。在这种情况下，正常的态度应当是冷静思考，正确判断，保持清醒的头脑和稳定的情绪。

清代的唐岱在《绘事发微》一书中说，有一个自名烟波钓叟的隐者作《渔父辞》。这《渔父辞》说，屈原游于江潭，行吟泽畔，颜色憔悴，形容枯槁，放浪形骸到了极点。渔父见状问他为什么这个样子，他说："举世皆浊我独清，众人皆醉我独醒，是以见放。"说出这个理由有一方面是可敬的，不与浊世同流合污，随波逐流，君子独善其身。但是，从另一方面来看，屈原对世事众人的看法是否全面，或者是否拘泥于传统而看不惯新世？渔父好像很了解屈原，他规劝屈原说，"圣人不凝滞于物而能与世推移"，何必"深思高举，自令放为"。从渔父的话来看，屈原的思想和态度似乎是偏向于对世事的看法比较保守，不能"与世推移"，过于悲观，因而使自己陷入"深思"而不能自拔，"高举"而不能在现实中看到光明，在群众中找到力量。渔父的态度是积极的。他说："举世皆浊，何不掘其泥而扬其波；众人皆醉，何不餔其糟而歠其醨。"就是鼓励屈原积极地去改变现实。接下去，屈原抒发自己的高洁情怀，宁愿淡泊其身也不受俗物之累，宁投湘江葬于鱼腹，也不愿"蒙世俗之尘埃"。这种高洁的理想和人格是令人佩服的，但如能与世推移，积极去启发众人，拯救浊世，又何必去投江自尽呢？

看来屈原是理想主义者，又是个倔强的人，他对世俗的看法过于机械，有他消极的一面，而他的选择又是别人不能动摇的，渔父不赞成他的态度但又不能说服他，于是只好莞尔而笑，鼓枻而去，并随口唱道："沧浪之水清兮，可以濯我缨；沧浪之水浊兮，可以濯我足。"据《孟子·离娄上》说，这首歌原是一首孺子歌，其内容源于孔子之言。孔子对他的学生说："小子听之，清斯濯缨，浊斯濯足。自取之也。"这里是讲个人修养的，强调个人要以德正身。

从字面上看，这两句唱词也可能得出消极的结论：随遇而安，得过且过。但是，从渔父劝说屈原的话来看，他强调要与世推移，对浊世要"掘其泥而扬其波"，则是要积极改变现状，推进世事发展。对昏醉的众人要"餔其糟而歠其醨",帮助他们清醒,给他们自立的力量。就是说,君子应独善其身,也应兼善天下。孔子的意思很明确,或清或浊,或善或恶,全在于个人的选择。

话说回来,人生不管有多少困难,都不能失去拯救自己的乐观态度。乐观态度不是对着别人的,而是对待自己的,是自己对自己的一种心理暗示。有人说,乐观是自我拯救的"法宝",是最后的"盾牌",不无道理。作为法宝,它是人在困难时的精神支持;作为盾牌,它是抵挡并战胜困难的力量。当然,要保持这种支持力量,就必须经常地运用,形成一种稳定的意识,即形成一种自尊、自知、自信、自强的精神。在实际生活中我们看到,凡是保持这种心理暗示能力的人,都会主动积极地对待困难,扭转困难局面;而自我心理暗示能力衰弱的人,则往往陷入被动处境,消沉自卑,自暴自弃。可以说,经常进行积极的心理暗示的人,在困难面前,看到的是机遇和希望;而经常进行消极心理暗示的人,在每一个机遇和希望面前,看到的都是困难和失望。正是这种经常保持的心理暗示所形成的乐观精神意识,决定着一个人的事业有无成就,理想能否实现。

从上面的分析中可以看到,悲观与乐观的基础是理智的判断和洞见,而不只是情绪的激动或消沉。所谓乐观,实质上是指理性的判断、正确的认识、健康的心理,而不是指没有理智根基和健康心理的情感。情感、情绪,只是理性态度的表现,在情绪和情感的背后,还是理性的认识。所以,不能只从情绪、情感上分析乐观与悲观,得出两者都不可取的结论。当然,也不能忽视情感和情绪的作用。

一般来说,乐观和悲观是与人们对理想目标实现的可能性的认识明暗相联系的。一个现实感很强的人,能够根据对现实的深入观察和思考，正确分析实现理想目标的客观条件和主观条件，认清理想目标实现的真实可能性和必然性，他就会对前途充满信心，并对生活抱着乐观的态度和高亢的情绪，去积极促进可能性转化为现实；或者创造条件，使根据不足的可能性变为有充分根据的真实可能性，并全力以赴争取实现宿愿。这样的人是真正的乐观主义者。他的乐观不是盲目的，而是建立在对现实的科学分析和理想预见基础上的。他的理想就是有把握实现的明天的现实，他之所以能够乐观，从客观方面说，在于他所要实现的理想目标是根据现实发展的要求提出的，因而符合现实发展的必然趋势；从主观方面说，他清楚地认识到现实的要求，自觉地把现实要求作为自己的使命，并充分掌握实现理想、完成使命的条件，因而能够以极大的热情和毅力去完成使命。当然，一个乐观主义者，在生活中也会有悲哀、痛苦，但是他决不为这种情感所左右，决不悲观，而是用理智驾驭情感，发愤图强，把悲哀和痛苦变成奋起拼搏的力量。

说到这里，不能不想到邓小平的经历和他的人生态度。他16岁赴欧留学，18岁矢志于中国革命和共产主义理想，70多年艰苦奋斗，出生入死，几经磨难。他说："就是抱着一个目的，要把革命搞成功。"有人问他最高兴的是什么？最痛苦的是什么？他说，最高兴的是解放战争打胜仗和新中国成立后成功的时候，最痛苦的是"文化大革命"的时候。为什么他能度过那个痛苦时期？他说，"没有别的，就是乐观主义"。

悲观主义人生态度，常常是从不能正确对待现实和理想开始的。悲观主义者有时表现为夸大客观条件的决定作用，消极地看待现实条件中的不利因素。前者往往表现为在理想与现实撞击失败而感到失望时，走上悲观厌世的道路；后者往往是面对人生艰难、生活痛苦时，以为人生就是痛苦。对于这种人生观的哲学论证，就是悲观主义人生哲学。采取悲观主义对待人生，是一个人找不到科学的人生理解的结果，也常常是在人生实践中遇到苦难而不能摆脱的心理反映。

  悲观的人生态度深处是思维方式的消极。我们在生活中经常会看到这种消极思维方式，譬如工作环境艰苦，就愁眉苦脸，放弃成就事业的理想，以为一辈子就完了。看不到将来的希望、事物的积极方面，就激发不出现在的努力。消极思维会摧毁人的信心，使人畏缩不前，希望泯灭，意志消沉。这种思维方式是片面的，只看到事物的一面，而没有看到另一面；只看到不利，而没看到不利会变为有利；只看到坏事，没看到坏事会变为好事。悲观主义不但不能使人正确理解人生，把握人生，而且会更加使人加重心理痛苦，思维褊狭，行为消极，从而加速悲剧的人生过程。因此，要正确地认识理想和现实的关系，把握现实，创造有意义的人生，就必须克服悲观主义人生态度和消极的思维方式，认清历史使命和生活目标，清醒、理智、坚定、沉着，始终保持积极的生活态度，努力实现理想的人生目标。

第五章 人生的道路

世界之路并没有铺满鲜花,每一步都有荆棘。但是你必须走过那条荆棘的路,愉快,微笑!这是对人的考验,你必须把忧愁转变为有所得,把辛酸转变为甜蜜。

——泰戈尔

世界上本来没有路,路是人走出来的,是人闯出来的。人生所走的道路,就是人生理想实现的过程。如果说理想是人生所要寻觅的目的,那么人生道路就是达到目的的过程。在这里要从作为目的的人生进而讨论作为手段的人生,使目的和手段统一起来。不过,人生的道路是具体的、复杂的,可以进行多视角的考察;既可以从人生阶段上进行考察,阐明各个阶段上人生的使命和责任,也可以从人生内容的各个方面去考察,说明求学、恋爱、工作、成家、立业、报国等的正确道路,还可以探讨人生道路上普遍存在的一些问题,说明应该如何对待自立与合群、竞争与协作、奋斗与成功、选择与责任等问题,总结经验,阐发哲理,启迪人生。本书主要采取后一个角度,力求结合前两个角度,对人生道路提供一个比较全面的理解。

一、自立与合群

（一）自立与成人

自立与合群，是人生道路上的第一大问题。人要能生存和发展，必须能自立，能合群。不能自立与合群，就不能生存和发展，也无所谓人生。因此，正确地认识和对待自立与合群的问题，对人生各个阶段和各个方面的发展，都是至关重要的。

人要能在世上生存和生活，首先必须能自立。自立是人发展和完善的根据，是一个人的独立能力和人格的体现。任何一个存在物，只有当它用自己的腿脚站立的时候，它才是独立的；而且只有当它依靠自己的力量存在的时候，它才是用自己的腿脚站立的。人也是这样。人的自立能力和精神是贯穿人生全过程的，但在人生的不同阶段上，自立的性质和内容都有其特殊性。

一般说来，童年的自立主要表现为某些方面活动能力的自立，其中包括生理活动能力、心理活动能力、思维活动能力、意志选择能力、行为取向能力等。由于这些能力的发展，有些儿童能够在适当的环境和条件下，在一定程度上做到生活自理，自己主动学习，自己动手进行设计、制作某种东西，自主选择并进行某些活动，自主决定处理某些事情。现代社会优渥的生活条件和丰富的信息，使儿童有可能具备这些能力。据报道，有的早慧幼童，半岁多时，在父母用汉语、英语说出相应词语后，就能够用手准确地指出近处的对应物体。一岁多时能知道并指出自己身体的各个部分，一岁半能认识英文字母表，听懂英语、汉语的常用语，能数一至十位数，辨别多种颜色。两岁时能用英、汉语对话，反应很快。两岁半懂得加减乘除等数学符号，三岁能识万以内的数，能用英、汉语阅读，掌握九百多个英语单词，还能背诵长篇古诗文。四岁半时，智力迅速发展，不但能背诵长篇古诗文，而且能够部分地理解其意义。能解答初中一二年级的数学难题，智商在140以上。这是幼童自立的典型发展形态，普通幼童难以达到这样的高度。

但是，不论什么情况，凡是正常发育的幼童、儿童，都有一些自立能力。这当然不是说自立能力是天生的。自立的能力是在生理机能发展的基础上，通过后天的教育和影响发展起来的。从根本上说，自立能力是人生的根据。如果没有自立能力，外界的影响和教育也是无能为力的。俗话说，空口袋立不起来。没有自立能力的人，只能是病胎、畸形、痴呆者。婴幼儿发育到一定阶段上，在外界条件影响和教育塑造的作用下，就会形成一定的自立能力。他能意识到自己，有了对自己行为的记忆，有识辨能力，有趋乐避苦、择善而从的能力，可以说这时就开始了他"自己的生活"，用流行的话说，应该从这里开始把他看做一个"有心思的人"了。

但是，人生的自立在未达到成人之前，总的说来，还不是全面的自立。全面的自立应该是能力自立与人格自立的结合。这种全面的自立，是在摆脱了对父母、教师的依赖之后，在能够谋取和治理自己的生活时开始的。这是不用拐棍，自己走路的自立。这种自立的形成，是人生从童年进入青年，再进入成年的标志。

从童年到青年、成年的转化过程中的自立，对人生的发展是有重要意义的。它可以锻炼人、促进人的成熟，使童年时代较早地具有自立能力。美籍华人女企业家李玲瑶曾介绍说，在美国，青少年自立观念比较强。不管家庭多么富有，孩子在少年时代就开始自力更生，学会自立。男孩子一般在十二三岁就开始给邻居做些力所能及的活,如剪草、送报之类的零活;女孩子做小保姆,或者去餐馆打工。他们做活打工,一方面赚些钱用,以免事事向父母伸手要钱,另一方面也证明和显示自己的自立能力。

中国的传统观念,也是赞成孩子早熟自立的。一般家境困难的孩子,自立较早,自己劳动谋生,并赚钱补助家庭费用,所谓"穷人的孩子早当家",就是青少年的自立。还有一说:"大家子弟见识广。"这是指较为富有、门第高、家族大的家庭子女,自小接触的生活面广,特别是对上流社会生活见得多,听得多,所以见识广,比较有社交处世能力。当然也有纨绔子弟、花花公子,既无见识,也无能力。这种情况本身也证明,在这个从童年到青年的过渡时期,有一种危险性,既可能健康成长,发展自立能力,为将来成人打下良好的基础;也可能不成器,不能自立,甚至成为一个浪荡子弟、轻贱少女,为今后的发展种下劣根。这也就是人生的"危险期"。从整个人生来看,危险期之所以危险主要就在于不能自立。不自立,难以成人。能否成人,成为一个什么样的人,关键是这个时期能否懂得自立。

不过也应当看到,现代高科技的发展和传媒的普及,使儿童有条件能具备早熟和自立的能力。现在,念小学的孩子掌握玩手机、电脑的技能已经相当普遍,他们学得快,知识多,在不能熟练掌握新科技设备的家长面前不但有可显示的丰富信息知识,而且有了无视家长权威的立足点。他们可以用网络术语和技术操作,难住家长,使家长不得不乖乖地向他们学习、请教。他们在这种现代生活中培养了自信的气质,也比从前更快地增长了自立能力。

(二) 立家与立业

立身是指个人对于自身成长和对事业的认识及把握,简单地说，就是树立自身，就是自立。立身是每个人在人生道路上都必然碰到的问题，任何人都不能逃避。一个人从儿童进入青年时期，就开始树立自身的自立，就要谋求生存的手段和技能。全面的立身、自立，应当是从青年时期开始的，特别是青年的成熟时期，即所谓成年人时期开始的。不过，这里说的"成年人"，主要是从人生发育阶段上说的。从人格上讲的"成人"，如荀子所说"生乎由是，死乎由是，夫是之谓德操。德操然后能定，能定然后能应。能定、能应，夫是之谓成人"。[①]人生一旦达到成人时期，就进入复杂的社会关系和活动中，就要承担多方面的社会责任。因此在以后的生活过程中，不论是哪个方面或哪个时期，都有一个贯穿自我的德操和人格。严格地说，所谓"成人""成熟"，最主要的或从本质上说，是德操，是人格的成熟。一个成熟的人，其自立不仅表现为能够自主地学习、工作、成家、立业，而且表现为具有立身处世的一以贯之的德操和人格。作为个人的社会特质和内在倾向，德操和人格始终是人生立身的脊梁。

自主地学习是青年自立的首要标志。人一生都离不开学习，但人生各个阶段的学习意义是不同的。儿童时期要学习，但只是初始的、被动的学习。青年时期是人一生中学习最集中、最重要的时期。因为青年时期不仅精力最旺盛，而且是开始独立地承担社会责任，准备或直接代替老一代履行社会责任的关键时期。从15岁到20岁左右的青年期，基本上是读书和刚刚参加工作的时期，特别需要学习各种科学文化知识，学习各种职业技术和生活技能，掌握在往后的生活中站定脚跟的真本事。还要学习社会政治、法律、道德原则和规范，以便在人生道路上，适应复杂的社会环境和创业需要，自立、自强，自我把握，自我完善。

[①]《荀子·修身》。

青年时期的学习，主要表现为自主学习，即自己自觉地、主动地为着实现理想目标而学习，不像儿童时期要依靠家长和老师的督促。特别是学习中的独立思考和创造性的研究，更突出地表现着青年时期的自立和自强。所以，青年时期就是立业的开始，也是立志成人、博学成才的开始。中国传统道德讲自强是很严格的。说一年是离经辨志，能读得经书，辨别义利；三年敬业乐群，知道如何做事，如何处人；五年博习亲师，知识广博；七年类学取友，能见贤思齐，择善而友，这还只是"小成"；九年知类通达，这才是"大成"。到"知类通达"的程度，才能"自强不反"，也就是荀子所说的那种具有德操并能定、能应的"成人"。

青年的自立与家庭情况有着密切的联系。一般来说，家庭经济困难，与父母有矛盾，或者在兄妹中居长，都是促使青年较早自立的外部条件。现代社会的趋势是青年人较早地自立，以自立为荣，以依赖为耻，因此自立过程已明显地提前到青春期的开始。例如，在家庭矛盾中，较早地产生自卫心理，采取自卫举动，甚至采取出逃自谋生活的办法，保持自主、自立。有些十三四岁的少年，也常常采取这种方式，向家长表示自己的自立能力，要求家长尊重他们的独立自主的权利，实际上这也是走上青年自立的开始。

不过，尚未建立家庭的青年自立，往往采取的最普遍的自立形式，就是与家庭父母分离。从积极方面出发采取这种行动的，是本着"有志者不守家门""好男儿志在四方"的精神，早点到社会上去闯一闯；从消极方面出发采取行动的，往往是出于家庭父母管束太严，经济上太紧，要早离家庭，得到独立和自由，甚至出于更狭隘的欲求和兴趣。而这最后的因素也同时涉及青年自身发育中日益增长的新因素。

人到了青年时期，随着身体的发育和性机能的成熟，会产生对异性的要求。性欲作为一种生理欲求，具有动物性，是"类行为"发展的规律，它本身纯属自然。人的这种性机能构成了爱情萌发和维系的自然基础。但是，人的爱情是不是仅以这种生理的、自然的性欲为条件呢？不是。如果仅以生理的、自然的性欲为条件，那么那种"爱情"就只是停留在同动物一样的水平上，仅仅是一个自然人的性欲的表现，而不是爱情；是只有欲而无情，是没有人格的异性要求。真正的爱情是男女之间以相互爱慕为基础的情感。这种情感关系是在社会生活的交往中培养起来的社会情感，是以相互倾慕、互爱为基础的。其中包括对异性的生理要求，但更主要的还是互相倾慕的情感，是真实的认识和具有道德意义的精神沟通。正是这个方面体现着人之为人的本性，体现着人生的自立精神和人格。一个人如果不能在这个情感、精神方面具有自立能力，他就不可能有健康的爱情，不可能处理好对异性的恋爱关系。爱情的力量，只能在非性欲的情感和人格中存在，并得到健康、持久的发展。

有人说，"爱情没有定义"，"爱只是一种感觉"。这种说法显然是缺乏理性的思考。应当说，爱情是可以而且有定义的，虽然我们不敢说能够给爱情下一个绝对周全的定义，但是我们可以大体上讲，爱情是具有独立人格的、自立的男女之间，基于一定的物质条件和共同生活理想而形成的真挚、专一的情感关系。它是人生实存的欲求、情感、理智的和谐和升华。在爱情中，不仅要以互相爱慕为前提，以结为终身伴侣为要求，而且要达到感情的纯真、炽烈、专一，特别是相互之间要具有高度的责任感和自我牺牲精神。真正的幸福必须从有节制的爱情中产生，也就是说，必须对爱情负起责任。应该始终不忘爱情中包含着责任；爱情要以履行责任来衡量。只有高度的责任感和自我牺牲精神，才能体现出爱情的高尚和神圣，才能保持爱情的稳定和持久，使爱情成为激励人生进取的力量。

爱不仅表现个人的自立，同时还表现着人的合群能力。按中国古代文字的表达，人与仁是同义的。仁即是二人的结合，只有二人结合才能成人。这里是指男女二人合作，也包含男女阴阳合和的意义。所以，爱就体现着合群、结合。但是，爱的合群不仅是自然的、生理的结合，更是有意识的社会的结合，是抱着相互爱慕的感情和终生为伴为目的的精神的结合。用黑格尔的话说："所谓爱，一般说来，就是意识到我和另一个人的统一，使我不专为自己而孤立起来；相反地，我只有抛弃我独立的存在，并且知道自己是同另一个人以及另一个人同自己之间的统一，才获得我的自我意识。"①

黑格尔的话说得有些晦涩难懂，但意思还是可以理解的。就是说，爱是自觉地、有意识地、自愿地与对方的结合；是为他（她）的，而不是专为自己的结合；个人与他（她）结合，为他（她）而存在，才不是孤立的、残缺不全的；个人只有把自己归属于对方，才能肯定自己的生存，证实自己是一个人。显然，这里还包含一种伦理的意义，就是双方作为自愿的结合者，不仅要能够表现自己的爱，而且还要善于处理爱情关系中的矛盾，善于维系爱情的关系，保持自己对对方的责任和义务，学会怎样保持、巩固和发展这种爱。

这个最简单的男女爱情关系，就包含着一个人的自立的能力与相互合群的能力。爱情是一种不可思议的矛盾。在爱情中被否定了的自我恰正是作为肯定的自我而更是自我。谁不肯、不会否定自我，谁就不能肯定和证实自我，谁也就没有爱和被爱的能力。这就是从自立的自我肯定，到合群的自我否定，再达到在新关系中的自

---

① ［德］黑格尔：《法哲学原理》，范扬、张企泰译，商务印书馆1961年，第175页。

我肯定的爱情辩证法。

成人自立与合群的第二个基地是家庭。家庭是爱情的发展，是人生之路的基本内容之一。家庭作为以血缘亲情为纽带的生活共同体，具有多方面的职能，如组织家庭成员共同生活、获取物质生活资料、延续家族人口、进行家庭成员教育，以及参与社会活动等。这五种职能表明家庭是社会的一种基本单位。因此，建立一个家庭，对个人来说不仅是使爱情变为实体性关系，而且是使人进一步承担社会责任，促进人的自立与合群能力的发展。应当理解，置身于婚姻关系并委身于这种关系的，不只是身体，根本的乃是人格。家庭作为爱情和缔结婚姻的结果，不但意味着爱情的继续和发展，而且意味着新的责任意识和人格的形成。

这就是说，一方面相爱者彼此结婚而不是同任何别人结婚，是他们各自作为自立的人的权利；另一方面，他们结婚后继续相爱，以爱维系家庭关系，以亲情维系家庭共同体，是夫妇的义务。没有爱不成家，没有义务也不成家。这就是恩格斯所说的："如果说只有以爱情为基础的婚姻才是合乎道德的，那么也只有继续保持爱情的婚姻才合乎道德。"[①]这里所说的"继续保持爱情"，就是已结婚的夫妇双方应尽的义务。从这个意义上说，在爱情并非完全消失的情况下，轻易地因为某些不合或争议而离婚，并不表示一个人的自立能力；相反，正是表明他不善于自立，不能很好地尽到自己应尽的义务以保持自己爱的权利。

这种自立能力尤其体现在作为一家之主的长辈身上。家长是家庭的代表，家的五种职能集中体现在他或她身上。当然，作为父母来说，各有各的职责，也各有自立的要求。只有家庭成员各个都能自立，家庭共同体才能更坚强、更兴旺。但是，从家庭发展的更高

---

① 《马克思恩格斯全集》第 21 卷，人民出版社 1965 年，第 96 页。

要求来说,夫妻双方,以至于子女,应当趋于人格同一化,也就是所谓形成"一家人"。这就是作为共同体的伦理精神。

　　爱情与家庭是人生不可缺少的组成部分,是人生道路上的两个重要关口,如果没有正确的认识和妥善的处理,必将影响一生的幸福,造成终生的遗憾或悲剧。但是,在人生的几大领域中,还有高于并重于家庭的领域,这就是社会事业的领域。所谓"事业领域",包括很广的范围和长久的时间。从范围上说,包括职业生活领域、业余生活领域、社会公共事业领域;从时间上说,包括从进入职业生活直到离休、退休为止。如果离休、退休后仍担任社会工作,参与社会活动,那就应当说到丧失自立能力为止。有人说,家庭高于或重于事业,家庭第一,事业第二。这种说法,如果不是遇到了特殊的家庭难题,就是没有把职业和事业加以适当的区分。一般来说,职业体现着事业,事业包含着职业,人们要通过一定的职业去实现事业的理想。但是,职业是具体的,以得到维持个人或家庭生存和生活的经济收入为目的;而事业是一般的,它不是为实现个人或家庭的目的,而是为实现社会的目的而献身。一个人的具体职业可能因各种原因有所变化,但是所为之奋斗的事业可能保持不变。

　　当然,人生这两个领域的划分不是绝对的,各个领域和年龄期之间都有交错和重叠。例如,职业生活中兼有社会公共生活,业余生活领域也渗透有社会公共生活,而在读书求学时期的青年也有参加社会政治组织和团体的。上述划分只是就一般情况在大体上所做的划分。做出这种划分的意义,就是说明人生自立与合群是贯彻人生始终和各个方面的。不论是职业生活、业余生活,或是社会公共生活,作为人生事业,就是人生为着一定的理想目标、在广阔的社会关系中进行的实践活动。它涉及经济的、政治的、道德的、科学文化的等多方面的社会实践内容,涉及同事、同行、朋友、同志、上下级、领导与被领导等关系，同时又与个人的理想、志向、性格、地位、才能、成就等相联系。从这种复杂的实存状态来说，一个人进入社会事业活动中，才真正需要自立与合群，也才能够表现出自立与合群的能力。

（三）事业与豁达

在现实生活中，事业和职业体现着一个人的社会关系、地位和使命。因此在事业和职业中，特别要求个人在能力和人格上，能够承担起特定的社会关系所赋予的责任和使命，也就是要求个人要有承担一定权利和义务的资格。人无才，心思不出；无胆则行动畏缩；无识则不能取舍；无能力则不能自立，不能成就事业。人的事业和职业活动，不仅将在大部分人生时间里实现理想目标，创造社会价值，而且要求个人实现人格的完善。一个具有自立与合群能力的人，在自己的社会事业和职业中，通过自己的劳动、创造和与他人的合作，为社会创造出物质财富和精神财富，同时也就是进行着自我人格的塑造。

在成人阶段，人的主要精力、最大的才智和心血，都是用在事业上的。对于事业来说，以前所走的人生道路，无论是求学、恋爱、结婚、成家，都不过是为事业成就所做的准备。它们都是小阶段的目标，对于更高的事业目的来说只是手段。只有事业的成功和对社会的贡献才是更高的目的，其他一切都要服从于事业。

人到中年，已进入多事之秋。中年人的生活道路，可以说是人生中最艰难的一段路。不仅有自身的生存和发展处于转折关键的问题，更有双重的家庭负担、繁重的工作任务、复杂的人际关系，以及种种偶然事件的纷扰。如同过去和将来都集中体现于现在一样，青年时代没有遇到的事情和老年时代即将经历的事情，都集中压到中年人的肩上。我们在常人的生活中可以看到，中年人的生活最紧张，一天到晚，忙着工作，顾着家事，上有老，下有小，里里外外，有时简直是马不停蹄，喘不过气来。加上许许多多意外事故、人事纠纷、工作问题，经常打破正常的生活秩序，伴随利益得失，造成感情上的起伏波动，以致变成心重病多，积劳成疾。所以，有人生经验的人，都对中年的人生保持一种豁达的态度，开朗坦然，力求把家庭、职业和事业兼顾、统一起来。

人生征途坎坷，成功与失败，顺利与困难，欢乐与苦恼，感情不时在发生变化。一旦失落感占据情绪，就会使精神和身体两伤，所以人到中年务求心胸豁达。所谓"豁达"，就是遇事想得开一点，想得宽一点，也就是要把人生世事看透一点，不要心胸狭窄，事事较真儿。如对工作单位人际关系中的某些纠纷，可多采取宽容、谅解态度，不必唯事是争，较真儿固执，得理不饶人。人际关系之事固然也有是非曲直，但同事关系更多的还是感情，是以团结合作为基础的关系，因此除非涉及重要的原则问题，一般不必过于计较。注意说理，但更要注重情感的沟通、关系的调节。在任何工作单位都有这样那样的利益纠葛，同事之间的友情往往比一些你多我少的利益更珍贵，事事计较吃亏占便宜，其结果会造成同事关系紧张，也加重自己的心理负担。无论在单位，还是在家庭，能事事宽容一些，超脱一些，豁达一些，就能坦然自处，心情愉快，事业有成。

要做到豁达，还要增强预见性，看得远些，吃得透些，不为眼前和表面的纷扰所左右。这就是说，处理同事和家庭关系，要讲必要的事理，也要重感情通融，更要有清醒的理智。有些事不重感情就行不通，有些事过于重感情又往往不利于事业的发展。如对必然到来、不可避免的疾病、死亡，对突如其来的家庭、亲友变故，要有冷静的精神准备和适当的物质准备；对偶然遇到的不幸，要有足够的心理准备，当如宋代哲人程颢、程颐兄弟所说："人之患难，只有一个处置，尽人谋之后，却须泰然处之。"①过分的感情联结、牵挂，往往会造成心理定式，经不起变动和刺激，致使心理上猝然受到打击而不能自持。这是人到中年时应当认真对待的。

要豁达，就要有自制、自控能力，要有肚量。这里主要强调的是控制自己的情感和情绪。能忍则忍、能让则让，轻易不要动气，发脾气。在工作中，只要不涉及原则问题、国家和集体利益问题，尽可能采取理解和宽容态度。即使是原则问题，也要在理解基础上，平心静气地解决。因为人到中年，由于身心负荷太重，容易性情烦躁，脾气坏，往往失去理智控制而发怒。事情经历得多，生气的机会也多。因此中年人更应加强对情感、情绪的控制，保持乐观、平衡的心态：遇喜不狂，遇悲不郁，遇急不躁，遇惊不慌。即使到了难以容忍的地步，也可再坚持一下，退让一步，留有余地，冷静下来再处理。忍一时风平浪静，退一步海阔天空。总之，不凭一时意气对人处事。借用一佛家语："处己何妨真面目，待人总要大肚皮。"所谓"大肚皮"就是佛家所说的"大肚能容，容天下难容之事"。对于智者来说，这种肚量与佛家所行的"忍"有着性质的不同；他不是出世的、脱离红尘的人生态度，而是为了事业，从长远考虑，努力克制个人的情感和情绪。

人到中年之所以要豁达一些，不只是为了养生、长寿，主要还是为事业的进取和创造保持必要的身心条件。没有必要的、良好的身心条件，个人要完成自己的社会使命，建立功业，是不可能的。那么，这是不是说，对所有的困难都可以用乐天的态度去对待呢？也不是，生活不是这么简单。这就是说，应该采取积极的态度，而不要采取消极的态度。就是说，必须关切生活中的问题，又要跳出

---

① 《河南程氏遗书》卷二上。

生活的琐细烦扰，如诗人之对待人生，入乎其内，又出乎其外。入乎其内才能深知其奥，出乎其外方能观乎其妙。入乎其内故有清醒、感悟，出乎其外才能幽雅、高致。这其实也是郑板桥恪守的"难得糊涂"之境界。

对现实生活的豁达是关切、积极，而不是忧愁、消沉；恰恰相反，它是一种对纷扰和无奈的超越。关切和忧愁的区别在于：关切是冷静地了解和分析问题，找到解决问题的方法；忧愁则是盲目地、心灰意冷地在愁苦里徘徊，不采取积极的态度想办法解决问题，只能在无奈和痛苦中打发时日。现代社会纷扰喧闹，激烈竞争，有无尽的诱惑，与其终日奔波于功名利禄之中，莫如淡泊敬业，释放心理压力，贡献一技之长，活得轻松坦荡、悠然自在。

有一种现象值得考虑，人到老年之境，特别是知识分子到老年的时候，往往容易接受老庄哲学和禅学。这大概与人到这时候对人生的反思、希图超脱有关。老庄哲学与禅宗思想有一个共同的追求，就是虚静和超脱。表面上看来，这与人世进取、求实逐利的人生态度不相容，但深入生活的实际考察，就可以看到二者之间有着一定的内在联系，它们在精神世界里是相辅相成、相得益彰，能够沟通、融合的。前面所说的"豁达"，正是在虚静和超脱中糅进入世进取精神的结果。一个人不回避自身的七情六欲之累，不掩饰生活的悲伤忧怨之烦，但却又不为这些所禁锢，所绊缚，而是超然释缚、泰然处之，从而为入世进取铺垫平坦大道，这不正是智者的人生态度吗？虚静，借以理智地审度得失；超脱，借以抚慰震荡的心境。自我调适，自得其乐。这是一种包含否定自身因素于其中的具有整合性的积极的精神状态。人的自立能力与合群能力，应该到老年仍然保持，并且在能力和人格上更加成熟，如孔夫子所说的"六十而耳顺，七十而从心所欲，不逾矩"。一般来说，人到老年往往有孤独感，也有的人喜欢独立生活，图个清静，但有些老年人也更趋合群，或改变合群方式。

为什么人生自立要合群？这里有两个方面的道理。从客观方面说，人生的实存状态，就是以群体的方式存在的，绝对孤立的个体不可能实现人生。因为，人自身生存所需要的物质资料和精神资料，不可能完全由个人的活动来取得和满足；而且个人的体力、智力有限，必须在群体的活动和交往中得到发展。不仅如此，个人在生活中所遇到的困难、危机，不可能完全由自己的力量得到解决，必须有他人或集体的协助、支持才能解决。所以，人必须相互依存、相互联系才能生存。人是作为关系而存在的，这是人生的实存状态。

从主观方面说，人之为人是能够意识到群体的关系和联系的，因此应当在理智和情感上，自觉地、主动地去适应和促成必要的、有益的群体关系。所谓"合群"，正是强调在认识客观存在的群体关系的基础上，自觉地、主动地去维护或促进群体的正常关系，使人生得到健康、顺利的发展。客观方面所揭示的是人生的"实存"，它包含着"应该"的根据；主观方面所要求的就是人生的"应该"，它是在实存中包含着的人际关系发展的合理性要求，反映在相关个人的意识和态度上，就是"我应该如此"。这就是说，人生不仅是群体的，而且应该是自觉去过群体生活的，要能够合群、善于合群。人只有能够合群、善于合群，才能积极维护和促进群体的生存和发展，同时也才能使个体更好地自立。这就是个人只有在群体和集体中才能得到自由发展的道理。

自立与合群，是人生得以全面发展的两个方面，特别是在现代社会，市场经济普遍发展，科学技术突飞猛进，文化生活丰富多彩，人际关系也相应地复杂多变。在这样的生活条件下，要使个性和能力的全面发展成为可能，就必须把自立与合群结合起来，在竞争与协作中，积极发展自立与合群的能力。

二、竞争与协作

（一）竞争与竞赛

人生的自立与合群，蕴含着积极的竞争与协作。平稳的日子过惯了，铁饭碗端久了，往往喜欢说协作，不喜欢说竞争，甚至讨厌、惧怕竞争。其实，竞争与协作，都是社会生活中必然发生、必须经历的，也是人生进取与事业成功的机制。

积极的竞争，也可以称做良性的竞争，是人类生长、完善和社会发展的普遍现象。不过在私有制的、专制的、强制的社会环境中，这种竞争机制得不到正常的、良性的发展，常常酿成嫉妒、暗算和厮杀。17世纪英国哲学家霍布斯，在《利维坦》一书中所描写的那种"人对人相互为敌的战争状态"，就是这种社会竞争状况的反映。而在比较民主、自由的制度和环境中，竞争则能够得到正常的、良性的发展，在社会生活中普遍发生积极的作用。其实，竞争在最早普遍施展的英国，也是与竞赛做同义理解的，而且做这种理解的就是讲出"人对人是狼"的霍布斯。他在《利维坦》中论人类时说，竞争者为取得成功，"奋力自强以图与对方相匹敌或超过对方，就谓之竞赛"。但这种竞赛如果加进自私的目的和自私的手段，力图排挤和妨碍对方，就会变为互相敌对和损人利己的争斗。由此，他提出保证个人生存权利的契约论和自然法，强调人人都有追求快乐和幸福的权利，同时又要受理性的控制，遵守自然法，以约束个人的为所欲为。这就要求有为达到利己目的，并能保障和平而不侵害他人的履行契约的协作。

19世纪的英国空想社会主义者威廉·汤普逊，在他的《最能促进人类幸福的财富分配原理的研究》一书中，曾经从功利主义观点上对历史上的竞争做过比较分析。他首先肯定谋求利益的动机，对劳动者来说是一时也不可缺少的推动力。要充分发挥这种动力的作用，就要使劳动者有条件发挥自己的能力。这就是要使劳动者得到自己的劳动成果，并因努力劳动而得到奖励。如果用强迫劳动和专制统治的办法压抑劳动者，那么无论在经济上还是在道德上，都将是对社会的危害和损失。因此，他肯定个人竞争制度比起强制制度与非自愿制度来，具有更大的优越性。但是，鉴于资本主义私有制中的剥削制度和利己主义，使竞争成为贪得无厌、损人利己的手段，因此他试图寻求一种既能保持竞争的优越性，又能避免竞争所带来的流弊的制度。他找到的就是社会主义制度以及在社会主义制度下的合作制。按照他的理想，实行竞争加合作的社会主义制度，就能克服私有制竞争的弊端，实现个人利益与社会整体利益的结合。他的思想在社会作用和理论的局限性上，当然没有超出空想社会主义的范畴，但是他所提出的理想却反映着人类发展的要求，具有永久的魅力。

竞争是生物界和人类社会的一个普遍规律，积极的、良性的竞争是应当肯定的。所谓竞争，就是充分发挥自己的才能，追求成功，并力求超过他人，成为先进者。这种竞争在个人方面的表现，就是自立、自强、敢为天下先。在社会主义制度和健康的工作环境中，在正当的目的、手段和方式下的竞争，能使每个人的智慧、才能和人格，得到充分的发展和表现，从而大大提高人生的效率，实现个人和社会的理想目标。正是竞争激发着人们强烈的创造性思考和行动。从群体方面说，也只有在竞争中自立、自强的个体所组成的群体，才能有整体的活力和创造力。没有竞争的个体所组成的群体，是缺乏生命力和创造力的。再说，群体和群体之间，也需要在竞争中相互促进、相互激励，在优胜劣汰中不断发展。因此，竞争是个体和群体发展并富有创造力的根本机制。

（二）知足与不知足

一个民族最危险的是墨守成规，不敢改革；一个人最糟糕的是知足常乐，不求进取。要树立起竞争观念，就必须破除知足常乐的旧观念。所谓"知足常乐"，就是满足自己的眼前所得，满足自己的安乐。这种处世态度，并不只是指日常生活不奢求，而是一种保守主义、利己主义的人生哲学。曾经民间流传过一幅画，前面画着一个人骑着高头大马，衣冠锦绣；中间一个人骑着毛驴，衣着平常；后面一个人拉着一辆车，衣衫褴褛，汗流浃背。画上为中间人题了一首打油诗："世人攀比说不齐，他骑骏马我骑驴；回头看到拉车汉，上比不足下有余。"

这种人生哲学，可以说源于春秋时代老庄哲学中的消极因素。老子提倡"知足""知止""无欲""不争"。他认为"祸莫大于不知足"，人生在世如能知足、知止、无欲、不争，不但可以保持内心的清静和愉快，而且还可以免遭屈辱和灾祸；只有知足知止，无欲不争，才能长乐久安，即所谓"知足不辱，知止不殆"、"无欲则刚"、"不争无忧"。这种人生哲学在一定情况下，对养生、安身不无益处，但就个人的进步和社会事业的发展来说，无疑是一种保守的、消极的人生哲学。

首先，知足者的知足，不论是夜郎自大还是甘居中游，都是形而上学思想的表现。它不仅违背事物发展的规律性，而且也不符合个人自身进步的内在要求。事物是不断变化、发展的，人生也总得有所发现、有所创造，永不知足地积极进取，自强不息。我们处在振兴中华、进行社会主义现代化建设的新时代，处在竞争、自强的时代。在生活激流里，任何满足现状、停止不前的思想和行为，都意味着落后和倒退，其结果不但不能长乐久安，而且必然会增加苦恼和不安。相反，在学习、劳动和工作中，永不满足于已有的成绩，总是看到不足，向着更高的目标积极进取，就会不断达到新的成就，在日新月异的进步中得到安慰和幸福。生活的经验证明，"乐"不在于"知足"，而在于"不知足"；知足者常忧，不知足者常乐，这才是人生进步的逻辑。

其次，在"知足常乐"这种处世哲学的背后，隐藏的是狭隘的利己主义打算。它所追求的"乐"，不是集体事业的发展，不是国家的富强、民族的振兴，而是个人自足之乐。这样的知足、自足，一旦得不到满足，就会产生对生活的不满和怨愤，甚至对人生失望。因为这种追求和满足的只是一个"自我"，仅仅是自己的个人利益，如果这个"自我"的个人利益得不到满足，那么他仅有的一点得意和快乐就会转化为痛苦和消沉。抱有知足常乐人生哲学的人，常常因自足而不假外求，因不求人而不愿与人合作，孤芳自赏，自得其乐，自以为是，最终使自己成为一个孤独者。

当然，指出"知足常乐"的人生哲学的狭隘和片面，并不是说任何情况下都不能讲"知足"。知足还是不知足，要看具体情况。在一定意义上，"知足"也可以使人今昔对比，更加珍惜新生活的进步和幸福，防止因物质享乐欲望的不知足而产生消极对立情绪。"知足"可以抑制过度的欲望，淡泊名利，有利于明志，专注于事业。如前所说，知足还有利于养生健身。世纪百岁老人陈立夫的养生八字诀是："养身在动，养心在静。"其实践信条就是"知足常乐，无求常安"。还有人把"无欲则刚"改为"无欲则康"，这些都是养生的经验之谈，有可取之处。但是，对于一个辩证唯物主义者来说，决不能离开自强、进步谈"知足"，那就意味着不求进步。对于"不知足"也要做具体分析，并不是任何"不知足"都是可取的。那种好高骛远、贪得无厌的不知足，同消极的自私的"知足"一样，也会破坏正常的、积极的竞争和协作。

（三）单干与集体力

人在事业中，有竞争也有合作，在现代社会分工巨细的情况下尤其如此。所谓合作，就是许多人在完成同一事业的过程中，或在完成不同的但互相联系的任务过程中，有计划地一起协作劳动、工作的形式。人们通过合作，不仅可以提高个人的工作能力，而且也能创造出一种集体力，更大地提高劳动或工作效率。合作是建立事业和发展事业的渠道，是增强集体力、克服困难以取得成功的必要条件。

竞争与集体合作是相互联系的。在事业的进行中，有时要单干，有时又需要与他人合作，如在遇到个人无法克服的困难时，与人合作、形成集体，就比单干更能克服困难，获得成功。在多人的合作中，人们可以化解困难，同时保持自己的独立。在集体的合作关系中，个人可以实现既有个人活力又有集体相互配合、相互促进的发展。应当说，与集体合作是成年人成熟的标志和应有的本事，不懂得集体合作和不善于集体合作是一种做人不成熟的表现。许多成功事业的经验说明，在事业的进展过程中，每个人必须学会在与他人的合作中独立，在独立中又成为集体的一员。某种职业或事业的活动可能表现为单干的形式，如书画创作、陶瓷雕绘、乐器独奏等，但这只是这些职业或事业活动的一部分，而不是全部。就其全部来说，他们都有需要与他人和集体合作或配合的活动内容，他们的创造活动都离不开或大或小的群体和集体；至少有一条是无疑问的，他们个人离开社会群体和集体就不能生存。可以说，世上的各种职业或事业都必须这样那样的依靠群体和集体的力量，互通有无，集思广益，相互切磋，互相配合，才能达到职业和事业发展的目标，同时完成自己的创造，实现自我的价值。事实上，每个成功者的道路都要经过三个阶段：独立—依赖—更高的独立，也就是独立—合作—成就。就工业、企业而言，在现代化、网络化的条件下，不使个人竞争与他人、集体密切合作相辅相成，不依赖有形或无形的集体力量，几乎是不可能有所成就的。

合作需要有诚意。与人合作要多想别人和集体的需要，不能老是想着自己，这样一来别人就会信任你、接受你，愿意与你合作，并真心帮助你。当然，你有可能因为别人不诚实而上当，也有可能因合作者不默契而使事业不成，也可能你自己因而变得不诚实；但是经过一段人生的磨炼，见过一些世面之后，你终究会明白，做个无诚信的人，内心世界总是不平静、不踏实，也不会得到别人的信任。人们终究会明白那句中国古训："人不信，无以立。"失信即失人，只有诚实做人，善与人同，才能立身成人，成就事业。

合作还要讲究方法。在寻找和选择合作伙伴时，可以采取逐步推进的方式，使合作程度分阶段加强、加深。可以先进行试验性合作，有条件的合作，即考虑到一定条件下解除合作的可能性。这里要区别朋友关系和集体合作关系，两者不能等同。朋友是忠诚的伙伴，集体合作者并不一定是朋友；前者是个人与个人的关系，后者是个人与集体的关系，尽管这里也要通过个人间的合作。把两者简单地等同起来，可能会遇到情感的困惑，对前者会损伤朋友的真情，对后者会感到难以融入的苦恼，这对集体合作和朋友关系的发展都会不利。

从另一方面看,个体的竞争也必须以促进集体的合作为条件。如果竞争妨害集体的合作,削弱、破坏集体的发展,这样的竞争不但不能促进个体的完善和集体事业的发展,而且有可能成为集体腐败和个体堕落的因素。因为个体只有以正当的目的、正当的手段、正当的方式进行竞争时,才能有利于集体的合作与协作。那种极端个人主义、自私自利的争胜斗强,发展下去就会成为常言所说的"害群之马"。

一般来说,集体合作的障碍主要是狭隘的个人主义、自私自利的思想和行为。具体来说有很多表现,如不尊重别人的人格,只把别人当工具为自己所用,以致发生隔阂和冲突;事事以自己为中心,只考虑自身利益、自我兴趣、自我名声,使合作成为表面的关系;相处不见心,不诚恳,常耍手段,搞欺骗,使相互关系处于互不信任状态;过分地讨好或依赖他人,使合作关系片面化,或一方失去独立性,另一方自行其是,役使他人,使集体合作变成独断专行;自卑和骄傲,使自卑者缺乏自信,而骄傲者又自高自大。自卑使集体合作失去合作应有的力量,骄傲同样也削弱集体合作产生的力量;嫉妒与偏见,使集体合作处于若即若离、貌合神离的状态,不仅伤害同事感情,而且往往形成怨恨,互相妨碍,以至于最终使合作解体;如此等等。凡心有不诚、不公者,都难有真正的集体合作;凡不重视个人者也不能形成真正的集体力。

话说回来,又提倡个人竞争又重视集体合作的人生能否实现?理想的模式固然难说,但在现实生活中,这样的情况还是真实存在的。在我们的社会各界,有许多先进的单位和集体甚至于一些社区,都能够顾大局、识大体,在发挥个人积极性的同时,努力完成集体和社区的建设任务,促进集体和社区事业的发展。这样的先进集体和社区，大体上是形成了一种既有集体的统一意志又有个人良性竞争的动态和谐局面。我国航天事业飞速发展，各种高难度的项目成功，既有个人超群的技能，又有严格的集体合作，就是最有力的证明。

有些合作得不好的社会群体，情况比较复杂。它们不乏有能力的人才，有一定的集体合作条件，但是却不能实现有效的集体力，其原因可能是多方面的。有的偏于个人竞争性，集体合作搞得不好；有的偏于强化集体合作，而个人竞争性发挥不够；有的是因为集体的领导不力。如前所说，与工作或劳动的性质有一定的关系，有些工作或劳动有利于使两者结合，有些工作或劳动不利于两者结合，也不能简单地责怪个人觉悟或领导能力。

日本人的生活方式，有个体与集体并重、竞争与协作结合的传统。一个典型的日本人，不仅具有强烈的成就动机和竞争取胜的精神，而且同时又非常注重集体或团体意识，善于合作与协调。这就是日本人的自我表现与自我克制统一的性格。我们在身临日本的企业、团体，或与日本雇员和公务员的接触中，就会明显地看到他们做事的那种争强好胜的个性，同时又会深深地感叹他们那种严格得近乎机械的团体精神和协同动作的方式。这种民族传统和生存特性，不仅是他们的哲学理念、伦理情结，而且已融化为他们日常人生的礼俗伦常、行为习惯。美国历史学家埃德温·赖肖尔赞扬日本人比多数西方人具有更多的集体倾向，而且在互助合作的团体生活中形成了这方面的高超技巧。但是，他又强调指出，日本人具有浓厚的个人意识，在让个人从属于集体的同时，在其他方面仍然保持着强烈的自负、自立意识，顽强地表现自己，积极奋斗，干劲十足，有他们自己的个人主义哲学。

总之，在人生过程中，要自觉地介入竞争，在竞争中不断进步，同时必须正确地对待竞争，注意同他人的团结和协作。在团结与协作过程中，既要有"敢为天下先"的勇气，又要注意把个人的作用同集体的力量结合起来；必须克服自封、自卑、自满和嫉妒心理，避免压制别人、伤害别人、打击别人以抬高自己的不良行为。要敢于竞争，善于竞争；重视集体，热爱集体。在社会主义条件下，人生的积极竞争，是在共同理想、共同进步前提下的友好竞争。这样的竞争本质上是一种竞赛，不仅竞争者要有求胜、成功的强烈意识，同时又要善于合作和互助，以成就个人的事业，并推进共同事业的和谐发展。

三、自利与利人

（一）自利与自私

人的本质是在社会关系中体现出来的，人生的境界、权利和义务也是在个人同他人、个人同社会的关系中体现出来的。这里，最能体现人生道路和理想的，是如何对待个人与他人、与社会的利益关系的。人生的道路，不论是重理想或重实惠，实际上都表现着一定的功利性追求，或者说都是在功利的基础上表达和实现着人生的追求。从这个意义上说，人生的道路，就表现为如何对待个人与他人、个人与社会的利益关系。

人生要不要利益？要不要讲实利？正常的人都会做出明确的回答：要。人生要利己，还是要利人？如果不是挑剔问题提法上的毛病或对概念发生误解，那么正常情况下的回答也只能是两者都要。人生就是自利与利人的统一。

这里所说的"利己",是在人生必要的、正当的需要意义上使用的。它同"自利"是同义的。利己、自利,都是指人生需要这个科学事实,不是道德诫命。从这种意义上说,它不同于自私更不等于利己主义。"自私"这个概念包含着只为自己而不顾别人,甚至损害别人的意思。自私与善没有共通之处,因为善之为善是以不自私为前提的。我们平常说"某某人自私",就是对某人为人处事的道德品质的批评,也包含着对他的行为品性的评价。而利己、自利则不包含只顾自己不顾别人的意思,因为它不是以利己、自利为根本的行为准则。利己、自利在合理的社会利益关系中,在正义的法律和道德的范围内,就是正当的个人利益。所谓合理,就是利己与利人统一、自利与利他统一。这正是一般社会法律和道德的普遍性、广泛性要求。

在人生哲学史上,除禁欲主义、苦行主义外,一般都是肯定人生利益的。不过有人偏重于强调个人利益,有人偏重于强调他人利益和公共利益。甚至佛教也不例外。如佛教讲究"自他增上",就是强调互让、互助、互利。其中小乘佛教偏重自利净心,大乘佛教则强调利他为上。实际上,尽管宗教戒律重重,但都不能超出维持人生最低需要的界限,否则把人欲完全戒除,就谈不上生存和解脱了。从这种思考上来说,历史上的哲学家、伦理学家,都是以不同的方式和方法,来论证人生利益的合理性的。有些理论强调个人利益,但也不是肯定极端利己主义,否认他人和公共利益,而是主张合理利己,或者主张利他主义,或者强调利己与利他结合、平衡,或者强调公共利益为上。

(二)义利之辨

中国的哲学家,在自利与利人问题上,常常就利与义的关系问题发表自己的见解。除道家崇尚自然、鄙视义利之辨外,其他各家都比较重视义利关系及利益选择。一般地说,儒家重视大义,轻视小利或私利。儒家所谓"义",是指行为的道德价值,即道德上的应当。如北宋大儒陈淳说,"当营而营,当取而取,便是义"。应当的根据不在利己,而在于人之为人的人格,在于"公利"。所谓"利",在多数情况下,是指私利,即能维持和增进个人生活、满足个人生活需要的私利。由此就划分出君子与小人,在孔子看来,"君子喻于义,小人喻于利"。孟子比孔子更强调行为的义,很少讲利,因为利是特殊的、常变的,不能成为准绳;只有义出自人心,永恒不变,所以只能以义为准绳,持身立命,治国安邦。其实,孟子言"利"与《周易》一致,认为利物足以含义,并不否定利。但是鉴于人们常常求利而害义,便拔本塞源,慎于言利,后来有反对者,也有拥护者。荀子是义利兼顾,认为"好利恶害,是君子小人之所同也","义与利者,人之所两有也"。但是,荀子强调为人应"以义制利""先义后利""义以为上"。

自汉代董仲舒开始,对义的理解已突出公利、天下大利的意义。此后的义利关系之论,近乎公私利益关系。董仲舒重公利,以"为天下兴利"为己任,但也肯定"兼利"之正当。他所谓"正其道不谋其利,修其理不急其功",是强调对待公私利益关系要以公利为标准,同时又反对急功近利;个人应当为天下兴利,不应当只谋私利。董仲舒对之后的重公利、轻私利思想的影响深远。不过到宋代道学家时,更注意义利的区别和对立方面,强调公而忘私为义。不过,程氏有时说得也很平实,认为:"人无利,直是生不得,安得无利?"认为趋利避害是人之常情,只是圣人不论利害都要问"义当为不当为"。但圣人也只是"以义为利,义安处便为利",或是说不是不讲利,只不过是善于把义利统一起来。对于一般人来说,"利者众人所同欲",只是不应失其正理。如果失去正理,过分好利,就蔽于自私自利,以致"求自益以损于人",陷入不义。所以,宋儒一般都肯定人的自利,但反对自私自利、损人利己。对于利人,他们强调"和义",即"与众面利","公其心"而"不失其正理"。凡是不自私自利、损人利己的,也就是在同一正理之下的"和义",与公利、利人并不矛盾。如果公私有矛盾,则应以理正之,即以公利为准加以调节。他们之所以重义,就在于其有利;之所以反对私利,只在于其侵害公利之时。他们的思想中包含有公利私利对立统一的意思,比较合理。

程氏以后的儒家,一般都兼重义利,主张以义制利。但宋以后,有些儒者强调自利,表现出反对只讲义不讲利、只讲公不讲私的态度,在思想倾向上有所偏重。这大概与新兴市民阶层的利益要求有联系,为近代功利主义思想做了准备。叶适在《习学记言》中讲得很清楚:"正谊不谋利,明道不计功,初看极好,细看全疏阔。"又道,"既无功利,则道义乃无用之虚语耳。"叶适的意思是说,道义应见于功利之中,谋利而不自私自利,计功而不自居其功,就是道义。完全离开功利的道义,只是些空话而已。这种兼重义利、反对空讲道义的思想,到明末思想家颜习斋那里更趋成熟。他认为,"利者义之和""义中之利"才是君子所贵者,后儒强调正其谊不谋其利,"过矣"。他的公式就是:"正其谊以谋其利,明其道而计其功。"当然,颜习斋的思想只是强调义利并重,先义后利,并不是否定或轻视义。孙中山在这方面的深刻之处,就在于他既承继中国儒家思想重义的传统,倡导天下为公,争民族之大义,同时又顺乎时势,肯定近代资本主义发展的要求,力图把公利与私利结合起来。

不过,欧洲中世纪的千年间,这种自利利人的观念被否定了。

那时候每个人的生活指南就是《圣经》和基督教教义。最高的律法就是爱上帝，否定自我。爱上帝不爱自己就是美德，爱自己不爱上帝就是罪恶；爱上帝同时也爱自己，是不可能的。因为上帝的圣灵住在人心中，同人的情欲进行水火不容的斗争。人生只有彻底进行这种斗争，净化灵魂，才能获得永生的幸福。《圣经》所说的"爱人如己"，只是同一个上帝原则的世俗要求，只是爱上帝的表现。个人的行为要抱着与人为善的动机，在结果上要利人，但心中只能是为了上帝，出于爱上帝的。可是，实际上"爱人如己"这一原则本身也包含了对自爱的肯定，而且是比爱人更真切、更根本的。《圣经》教导人"不要思念地上的事"，只管"出死入生""救自己"，也正表明了它的利己主义的本质。所以自文艺复兴运动以后，欧洲各国思想家都尖锐地抨击《圣经》和基督教在这方面的虚伪性。

西方近代利益观，总的说来，比较注意从自利与利人相结合的关系上，考虑人生的利益取向。不过，如何具体对待二者的关系则比较复杂。一般来说，都肯定自利、利己的正当性，视为"自然权利"。在伦理学理论上，真正主张极端利己主义的学说是极少见的。即使是比较公认的利己主义的霍布斯主义，也只是强调自然权上的自私，但在按照自然法的普遍原则约束下，个人也不能为所欲为，损人利己。所谓合理利己主义，就是这样一种利己主义：它认识到只有与他人协作，或实现他人利益，才能获得个人利益。因此自利必利人，不利人就不能自利。这种理论是与资本主义商品经济的发展相连的。对此，马克思曾做过深刻的剖析。在分析资本主义简单商品流通中的交换关系时，马克思指出，在这种商品交换中，"每个人为另一个人服务，目的是为自己服务；每一个人都把另一个人当做自己的手段互相利用"。[①]在这种互为目的和手段的关系中，每

[①]《马克思恩格斯全集》第46卷上，人民出版社1980年，第197页。

个人只有作为另一个人的手段才能达到自己的目的；每个人只有作为自我目的才能成为另一个人的手段；每个人是手段同时又是目的，而且只有成为手段才能达到自己的目的，只有把自己当做自我目的才能成为手段。这种相互关联是一个必然的事实。这个事实就是最后达到自私的利益，此外并没有更高的东西要去实现。在这里，"共同利益就是自私利益的交换，一般利益就是各种自私利益的一般性"。这在市场经济活动之外，也是资本主义社会普遍的人生处世哲学。

在西方，强调以他人利益和公共利益为上的也不少。从培根的全体福利说，到法国启蒙思想家的政治道德论，直到黑格尔的市民社会的普遍利益和绝对国家义务，都是把整体利益、社会利益、国家利益看做最高原则。但他们又都肯定个人权利、个人价值和个人利益的正当性，强调把个人的自利、利己与利他、利公结合起来。黑格尔总结的关于义务的公式就是："行法之所是，并关怀福利，不仅是个人福利，而且普遍福利，即他人福利。"[1]他还把这种结合概括为"他们为我，我为他们"，这就是他所说的"真正的伦理精神"。在合理的社会分工条件下，这与社会主义市场经济活动中的互利精神也有相通之处。

（三）公私之辨

中外思想家所肯定的，就是自利与利人、利己与利公的结合、平衡或协调。义与利并不是针锋相对、水火不相容的。在实际生活中具体情况虽然比较复杂，但只要分清公利和私利，权衡大利和小利，就不难找到道德把握的界线。当然，问题在于当遇到利益冲突

---

[1] ［德］黑格尔：《法哲学原理》，范扬、张企泰译，商务印书馆1961年，第136页。

时应如何对待，以什么为本位和原则来解决冲突。在这时，一定的道德意识和境界就起着支配作用，有时往往需要极强的道德意志控制自利的欲求。在自利与利人、私利与公利发生矛盾时，是先人后己、先公后私，还是先己后人、先私后公？抑或损人利己、损公益私？抑或舍己为人、舍己为公？人生的每一步几乎都会遇到这种十字路口的选择。

先人后己与先公后私，是与自利利人、利己利公一致的或兼顾的选择，这是正常的、正当的。但要注意，先公后私的"私"，指的是正当的个人利益，并不是指利己主义、自私自利。如果指后者，那么无论放在前或放在后都是错误的。

先己后人、先私后公，这是比较低层次的选择。就其先顾自己、后顾别人和公利而言，是自私的选择；但就其没有损害他人和公利而言，在一定程度或在结果上还是正当的选择。但"先私后公"也是指正当的个人利益，而不是自私自利。不仅如此，这种取向的境界也时时埋藏着一种危险性，即"先己""先私"实际上是以私利为标准去权衡利益得失，在发生冲突时就会以损人利己、损公益私的手段实现自我利益。

损人利己与损公益私，这种选择之不道德是古今共谴的。不仅道德谴责，法律也不容。所以做这种人生利益的选择终究逃不脱害己的命运，或受他人、社会的惩罚，或受自己良心的谴责。自私自利必不长久，也无真正的快乐和幸福可言。

问题是如何看待大公无私。有的哲学家提出，大公无私不过只是"完美邈远的理想"，而假私济公才是"切实有效的方法"。如果说放在我国20世纪40年代的社会条件下，这样说还过得去，但推广于现在则是不通的。

所谓"假私济公"，其实就是主观为自己客观利社会的另一说法。主观为自己客观利社会这种情况是否存在呢？是存在的。用马克思的话来说，这是商品经济中的"必然的事实"。在商品经济中，每个商品生产者和交换者，在正常情况下谋得个人利益的满足，同时也就是一般利益的实现。但是，这仅是商品生产和交换中的必然，并非社会一切人我关系中的必然。我们不能简单地否定这个事实，但也不能把它作为普遍的道德原则和社会利益关系调解原则。因为事实上，在很多领域、很多时候，假私就不能济公。当然，如果"主观上为自己"，所为的是个人正当利益，那么它无论自利或利人都是正当的。从这个意义上说，怎样成全个人的"自私"，而又能够促进社会进步，使为私与为公相辅而相成，确实是制定政策的政治家们所应慎用的治国大道，不可空论而否认现实生活事实。当然，还要有切实的政策，逐步提高个人的觉悟。

但是，"大公无私"也绝不是"完美邈远的理想"。这里要明确，大公无私的"无私"，并不是不要个人利益，而是反对利己主义、自私自利，反对损人利己、损公益私，要求人们对人对公，公正无邪。从这个意义上说，"大公无私"并不是高不可攀、远不可及的理想，它就在普通人的公正无邪的日常行为中，就在千千万万人的正义事业中，当然更在模范人物和高尚人物的品质中得到集中体现。

人们常常把"先公后私"与"大公无私"区别开来。其实这两种道德要求是一致的，同属一个层次。先公后私的"私"，与大公无私的"私"，不是同一个意义。前者是指正当的个人利益，后者是指自私自利。两个提法是从不同角度提出的要求。前者是反对自私自利、损人利己的思想和行为，后者是提倡办事以公为重、先公后私，私事服从公事，也是反对自私自利的思想和行为的。因此，两者应当是现实的行为原则，是可行的道德要求，同时又是理想的道德要求，是人们应当努力的方向。人们在处理个人与他人、个人与社会的利益关系时,要尊重先公后私、先人后己的原则,同时必须坚持大公无私的原则;而坚持大公无私的原则,在具体处理公私事务和利益关系时,也就是要做到先公后私、先人后己。这是一致的道德要求。不能说先公后私就低于大公无私,大公无私就高于先公后私。

如果人们能够全面地、冷静地理解上述用语,就不至于在对待利益关系的选择和价值取向上,产生过重的心理不平衡,也不会在人生的十字路口上停下来,责怪生活提出那么多应当如何的要求。理想人格,大公无私的浩然之气,不是乌托邦空想,它是正当的行为中所包含的道德价值的集中,是高尚品德的人所具有的人格特质。人一生做到时时事事高尚,是困难的,所以理想人格的完美典型总是少数。但是,就个人的行为品性来说,高尚的价值并不是不可企及的。在适当的条件下,只要人们愿意和决心去做,都是可以做到的。对于畏难者、自私自利者来说,当然是做不到的。其做不到,不是不能为,而是不愿为。这就是孔夫子所说的道理:"仁远乎哉?我欲仁,斯仁至矣。"[1]这个道理至今仍然是值得现代人深思的。

(四) 有德与有财

德与财是什么关系?中国传统道德几千年都讲德本财末。现在实行市场经济体制,有些人开始对这个千年哲学提出异议,有的人对它抱有反感。这里也有道义论与功利论之争。有人说中国传统讲的是道义论,西方传统讲的是功利论。这种议论并非冷静的结论。其实,就个人的人生来说,坚持德本财末是有道理的。

四书之一的《大学》是这样论证的:"君子先慎乎德。有德此有人,有人此有土,有土此有财,有财此有用。"结论是"德者本

---

[1]《论语·雍也》。

也；财者末也"。如果相反，财本德末，即外本内末，那么结果就会"争民施夺"。道理说得简单明了，作为君子，应当怎样处理好德财关系呢？显然，应以德为本，取财有道；以德为本，才能立身做人；能立身做人，才能有财产，以为齐家、治国之用。内无贤德，只图财富，不但会失去人们的信任，而且还会使民众为财富而互相争夺，使德心沦丧，这是本末倒置的结果。

按照《大学》的说法，"物有本末，事有终始，知其先后则近道矣"，不知本末、先后就是远离了事物之道。其道就是先义后利，义利结合。这种思想有一定的道理，在古代农业社会也是讲得通的。马克思在1857年至1858年创作的《经济学手稿》中，曾经写过这样一种看法，认为在古代人那里，财富不表现为生产的目的，尽管那时也有人研究有利的耕作方法和放债的利率，但根本的目的还是如何有利于造就国家的好公民。可是在商业时代和从事商业贸易的民族中，获得和积累财富就表现为目的本身。在现代市场经济发展的社会中，不能排除以财富为目的的社会群体，也不能否认国家造就好公民的价值导向。世界各民族的道德传统中都有类似的思想，只不过时代不同，社会制度不同，其道义和功利的内容、性质也有所不同而已。

人们都说当代西方社会是功利论主宰道德，但即使如此，也不能说他们就只知道财本德末。美国巨富拿破仑·希尔，当然是知道财是可贵的，而且他也是善于聚财的。但他如何看待"财"呢？他给"财"做了如下规定：

有积极进取的人生态度；

有强健的体魄；

有大无畏的精神；

对未来的成就有大希望；

享有良好的人际关系；

有信心并懂得利用信心；

愿意与人分享自己的成就；

愿意以情爱的精神去工作；

胸怀阔大，能容人容物；

有良好的自律性；

有了解他人的智慧；

享有经济充裕的生活。

希尔讲的这些内容，其基本精神也是自古希腊哲学中就有的财富观念，而这种观念的精神支柱就是道德人格。按照这种注释，道德人格是本，财富是末。本立而末生，本固而末成。不能本末倒置，舍本逐末。这个道理中西相通。不论中国古人，还是西方现代人，明智者都会悟到此道。这样说并不是轻视财富对人生的重要性，也不是贬低财富的地位，而是强调应以正道取财；做一个有财富的人，也应同时是一个有德的人。为什么要强调立本？因为不立本，人就不能立身，人不立身谈何有财？不择手段固然可能一时发财，但终归不能长久，也不能心安理得，即使有财又如何做人？以德为本才能问心无愧，心无挂碍才能享受应得的财富，在赚钱致富的同时也有内心的宁静和人格的升华。

四、奋斗与成功

(一) 奋斗即人生

人生道路是曲折的、坎坷的，不是一帆风顺、平坦笔直的。在人生道路上，有必然性的过程，也有偶然性的机遇；有稳定平安的状态，也有变动不安的岁月；有事业的顺境和成功，也有逆境、困难和挫折。积极的人生，就要清醒地、勇敢地对待这一切。

人生的过程，同任何其他事物的发展一样，包含着复杂的矛盾因素，通过矛盾的不断解决，实现最终的发展过程。所不同的是人生更复杂，更难以进行一般的矛盾分析和把握。因为在人生把理想变为现实的过程中，有许多难以预料和把握的偶然的随机因素。人生成功能有多大的把握？这不能不是人生道路上最难的课题。

在人的生命过程中有肯定的因素，它保持着生命的存在；也有否定的因素，它促使着生命的发展和消亡。肯定和否定这两种因素相统一，又相斗争，不断地实现着由肯定到否定的转化，最后完成生命的过程。这是生命的自我否定、自我实现过程。没有否定就没有人生的发展，而这种否定也就是人生的自我实现。正如毛泽东在《〈伦理学原理〉批注》中所说，"人类之目的在实现自我而已。实现自我者，即充分发达自己身体及精神之能力至最高之谓"。毛泽东在这里所说的"实现自我"，并不是个人主义者所宣扬的那种抱着自私狭隘目的而实现个人自由、满足一己需要的自我主义，而是强调人生必须自立、自强，以达到人生发展的更高、更充实的境界。这就是我们在人生阶段的研究中所看到的人生从童年到中年，再从中年到老年的过程，即所谓人生由低到高、由幼稚到成熟的过程。这是一个必然性的过程，不但人人不可逃避，而且人人"应以为期向"。

人生没有现成的路，路是个人闯出来的，也是众人走出来的。就我们的社会来说，社会环境以及社会共同理想给人们指出了共同的路，或者提供了开辟人生道路的大环境。但是就个人来说，实现人生目标的道路还要靠自己走，任何人都不能代替。每个人都必须在现代化建设中树立开拓进取的探索精神，发挥自己的潜能，实现自我的价值。在这个意义上说，走自己的路，自我奋斗、自我实现，都是一个意思。它们只是表示个体人生发展的形式，并不意味着自私或无私。人生就是奋斗，就是通过奋斗服务群众、贡献社会的自我实现过程。晚清学者王国维在《人间词话》中讲过人生三境："昨夜西风凋碧树，独上高楼，望尽天涯路"这是第一境。"衣带渐宽终不悔，为伊消得人憔悴"，这是第二境。"众里寻他千百度，蓦然回首，那人却在灯火阑珊处"，这是第三境。三境递进，由远及近。第一境为立志高远，渴求理想，饱尝孤寂；第二境为艰苦奋斗，执著践行，百折不挠；第三境为水到渠成，实现理想。三个境界相互贯通，相得益彰。坚持三境固然不容易，但只要坚持不懈地努力，达到三境并不是不可能的。只要经过三境的实践，就是人生的自我奋斗，自我实现。

人生的奋斗过程，是为达到一定的目的、目标的过程，因此人总是在设立目标、实现目的的过程中生活着，也就是在不断地把理想的可能性变为现实的过程中生活着。人生的环境和条件是复杂的、多变的，每种既定目标的实现都有多种可能性，究竟哪一种可能性会变为现实，这不仅决定于已有的客观条件和主观条件总和构成的必然性，而且还要看各种随机因素。所谓随机因素，就是在人生活动的展开过程中随时出现的影响目标实现的因素。这种随机因素的程度，表现着实现目标的可能性的概率。概率越大，目标实现的可能性就越大；反之，就越小。人生目标的实现或人生的成功，究竟有多大把握，这就要看人们对人生道路上的必然性和随机因素的认识的程度和把握的程度。

人生概率很难用数学方法计算，即使可以找到一个计算公式，在实际的人生中也很难应用。要认识和把握人生的必然性和随机因素，就要靠智慧和精明。善于从繁杂易变的人生世事中，发现指导人生的哲理和一般原则，就是人生的智慧；善于参照一般哲理和原则，发现随机因素，利用一切可能利用的条件实现目标，就是人生的精明。在人生道路上，要能把这种智慧和精明结合起来，实现目标就会有较大的成功把握。不仅如此，还要试一试，看看在实干中有什么问题。做任何事情，不试一试就不知底里，就不能发现实践中的具体问题，把事情做好。

人在旅途，大家都在赶路，所不同的是有的人看得远，走得远；有的人鼠目寸光，走不多远就停住不动了。

（二）顺境与逆境

人生道路既然是复杂的、易变的，有必然性也有偶然性，因此不可避免地会有顺境和逆境。即使在良好的社会制度和环境中，总体上给人生准备了顺利成长的道路，但就个体的人生活动来说，由于条件的复杂和易变，由于各种随机因素的难以把握和个人的行为选择不当，仍然不可避免地会有挫折和逆境。例如，有些农村青年，信息不灵又不准，而自己又想找个门路赚大钱，于是盲目地外出，流入到大城市，结果往往找不到工作，流落街头；或者找不到合适的工作，郁郁寡欢，积劳成疾，后悔不迭。这就是由于不能明智地判断形势，精明地做出行动选择，结果陷入挫折和逆境中，使人生历经困难和艰辛。有些人生活并不困难，在原来的环境中本来可以大显身手，顺利发展，但由于错误地判断和选择，也会使顺境变成逆境，失去成功的机会。当然，也有的人遇上了有利的随机因素，使逆境变成顺境，从而一举成功的。

这里强调了逆境对人生的影响，并不是说身处逆境就不能成功。逆境只是给人生造成了不利的条件，但条件是可以为人所用的，有些条件也是可以改变的。不利的条件经过人的主观努力，往往会成为人们创造有利条件的催化剂和发愤图强的助力。事实上，条件的困难和艰辛，方能显出强者的精神和力量。中国古代思想家往往强调"逆性"，教人逆着心性做事。这是为什么呢？魏源有个解释值得注意。他说："逆则生，顺则夭矣；逆则圣，顺则狂矣。草木不霜雪，则生意不固；人不忧患，则智慧不成。"①"逆则生，顺则夭"，这话说得很重。"生"是生存，"夭"是死亡。处逆境会使人更加顽强地生存和生活，这容易理解。但处顺境怎么就会使人夭亡呢？因为处逆境使人精神振奋，发愤图强，增长智慧，趋向圣明；而在顺境中生活，就会使人精神放纵，狂妄不羁，智慧不成，岂不等于夭折！

魏源这段话，不是说顺境绝对不好，逆境绝对就好，而是教人辩证地对待顺境和逆境，看到顺境对人生有消极的作用，逆境对人生有积极的作用，要从积极的方面去对待逆境，甚至逆着心性给自己的人生选择个逆境，以造就非凡的人生。这里重要的是积极地对待逆境。人生要奋斗，就会有逆境，逆境如草木经霜，孕育着茁壮成长。这是生存和生长的一个普遍规律。对一个国家、一个民族是这样，对于一个人的成长也是这样。

对待逆境的强者，应当正视环境，积极谋求打破逆境的道路和办法，力争成功。应该看到人生总会逢噩运，没有人一生从不失败，也没有人一生万事如意，永远一帆风顺，但任何逆境、噩运，总会有转机。重要的是要坚持正确的方向，努力克服困难，顶住逆境；要有坚强的意志力，冷静分析转机的条件和机遇，控制自己的反应；还要有信心，信心是一个人对目标实现把握的程度，也是对自己能力的切实判断。不要低估自己的能力，失去信心，也不要夸

---

① 《魏源集》上册，中华书局1976年，第39页。

大问题的严重性，以免影响自己的决心。抓住时机，就要全力以赴，冲破困境，争取胜利。要知道，困难和危险最能考验一个人，因为顺利和安全的境遇是任何平常的人都能应付的。在这种意义上，人的主观态度、信心、毅力和决心，将是决定成败的关键。对于具体环境来说，智者创造机会，愚者错过机会，强者抓住机会，弱者空等机会。这里贯穿一切的就是一种积极奋斗的精神力量。

处逆境，争成功，不要怕失败。任何理想目标，在实现过程中总会遭到这样那样的挫折或失败，或者因为时机不当，或者因为条件变化，或者因为合作者阻碍，总之，天时、地利、人事及种种条件的变化，都会造成事业的挫折和失败。自强者绝不能因挫折和失败而灰心，放弃成功的努力。决定一个人成功与否的关键，是怎样对待失败。有些失败者往往不是被打败，而是不能正确地对待失败，重新奋起，是自己打败自己。面对失败应该懂得：失败只是表示你尚未成功，并不是注定不能成功；失败只会使你得到经验教训，并不表示你一无所成；失败并不是证明你天生愚笨，而只是给你一次更明智地重新开始的机会；失败并不能证明你无能，只能说明你需要重新探索，改换方式；失败并不表示你浪费生命，只是说明它为成功做了准备；失败并不表示你永远不会成功，只是表示还须再花些时间；失败多少次并不重要，重要的是成功多少次。

总之，失败是成功之母。否定的反馈可以为你提供尝试另外一种不同方法和道路的机会，使你变失败为成功。如果你能从失败中吸取教训，那么，从事情的总体发展来说，就不算失败，而只是交出成功所需的"学费"。能够承受失败的压力本身就是胜利。最美好的品质正是在逆境中造就出来的。这就叫做"强行者有志""自胜者强"[1]。当然，这里不容许阿Q精神，失败毕竟是失败，其中

---

[1]《老子》第三十三章。

必有缺点和错误,应认真总结经验教训,吃一堑,长一智。不能只是跟着感觉走,有时须得每一步都要看清楚,三思而后行。成功始于觉醒,心态决定命运。

要懂得,人生并不是只有一个回合,而是要经过进退、成败的无数回合,才能走完一生。短视的人往往把生活的某个断面,看成人生的全部;把人生的一时,当成生命的永恒。遇到一次较大的挫折,就消极颓废、痛不欲生,以为一生进取的机会从此失去了。其实,这是对人生的误解和短视。有远见的人,立志于成就事业的人,会把一时、一事的挫折看做成才之路的必经阶段和有益的考验,积极地总结经验,吸取教训,再接再厉,转败为胜,争取成功。人生,只要有一线希望,就还有无限的可能。即使对一个残疾人来说,摆在他面前的生活也不只是一线希望。我们知道,"乐圣"贝多芬在 26 岁时耳聋,身体经受着巨大的痛苦,又经受着失恋的折磨,使他几乎到了垮掉的关头。他曾经想自杀,但后来很快醒悟,战胜了命运,又顽强地活了 31 年,写出了大量珍贵的交响乐作品。他的以《第五交响曲"命运"》和《第九交响曲"合唱"》为代表的作品,不仅改变了音乐的形式,提高了器乐曲的地位,而且为人类创作了强烈的情感与完善的构思相结合的音乐,传播了自由、进取和英勇奋斗的精神。贝多芬之所以能够创造那样有价值的人生,就在于他有高远的信念和顽强的意志。他要"扼住命运的咽喉",决不向命运屈服。这就是说,不管人生遇到多大挫折,都不要忘记:人生不止一个回合,要继续奋斗。

有人概括说,人生路上最大的天敌就是自暴自弃。自暴自弃是成功的头号天敌,其原因和表现多种多样:有为感情挫伤者,有为工作失意者,有为健康发愁者,有为债务心忧者,有为信仰绝望者,有为家庭伤心者,有为人格失落者,甚至有为长相不美而懊丧者。有些人基于成长过程的挫折、失意和解不开的烦恼，在自我实现的过程中，不断地怀疑自己的人格和能力，以为自己笨、自己傻、自己丑、自己无能，强烈地、过分地自责和自我否定的结果，便造成自暴自弃的心境。要克服自我障碍，脱离自暴自弃的状态，就必须接受既成事实，尽可能发挥自己身上仅存的优点，纠正缺点，补上不足，增强素质，变劣势为优势，并且在转化的过程中和转化之后，以乐观的精神对待人生。

蒙古族诗人巴特尔说得好：心情沉重的时候，相同的是，所有的人都可能放慢脚步；不同的是，有的人连思想也变得麻木，有的人却在重压下迸出新的智慧。

（三）才干—勤奋—创新

人生成功需要聪明才干，更需要勤奋工作的精神，特别是在我们进入全面建成小康社会、中国特色社会主义进入新时代，更需要发挥聪明才智和艰苦奋斗的精神。聪明才干与艰苦奋斗不是互相排斥的，而是相互补充、相辅相成、相得益彰的。艰苦奋斗并不是只要人们甘于苦和穷，而是鼓励人们开拓进取，勤奋劳动和工作，而且能克服困难，勇于革旧创新。

什么是人才？实现社会主义现代化需要什么样的人才？从我国的现实需要出发，我们不能把"人才"仅仅看做领导、权威、名家、学者，还应该包括那些默默无闻、勤勤恳恳，在自己的劳动和工作岗位上做出优异成绩的人。如果说"创造型"人才的话，那么，应当说存在着这样三种类型：一种是富于创造性思维，有杰出创造、发明才能的人；再一种是掌握了某种技术并加以运用，创造出显著成绩的人；第三种就是能够适应某种需要，踏实肯干，吃苦耐劳，为社会创造财富，或在某项事业中做出优异贡献的人。这三种类型的人，就其创造的社会价值来说，有大有小，有高有低，其精神特征和品格素质也有差别，但都是社会主义现代化建设所需要的人才。现代化建设要特别重视知识和人才，需要有创造、发明才能的人，但也需要具体实施和制作的人；需要创造性思维，也需要苦干实干；需要理论、哲学，也需要实际生存的技能。即使将来高科技发展起来，进入知识经济时代，人才结构有所变化，也不会只需要一种人才。落实到个人的人生来说，每个人都应有生存和生活的才能，应有真本事。

说到这里，想起马克思给他女儿讲的一个寓言故事。说有一位哲学家和一位水手同坐在一条船上，在大海里航行。哲学家问水手："你懂得数学吗？"水手说："不懂。"哲学家说："那你就失去了一半生命。"哲学家又问："你懂得哲学吗？"水手回答说："不懂。"哲学家说："那你就失去了大部分生命。"说话间，海上突然起了风浪，船颠簸得很厉害，一下子把哲学家抛进大海。这时水手问哲学家："你会游泳吗？"哲学家回答说："不会。"水手在咆哮的海浪中大声说："那你就失去了整个的生命！"马克思讲这个寓言故事，当然不是轻视哲学和哲学家，而是要告诉他的女儿，也告诉青年人，人生的路是实实在在的，也是复杂的，不仅要有一般的知识，懂得哲学的理论和科学知识，更要有生存和生活的真本领，要有克服困难、战胜危难的技能。多一种技能，就多一条生活之路；多一样本事，就少一分人生的危险。

每条路都有拐弯处。人生路上的拐弯处，人人都会碰到，只不过有大有小、有久有暂不同罢了。这种情况的存在不可忽视。一个人如果长期处于这种不定的状态，就会一事无成，久而久之就会对自己失去信心。所以要及时找出症结，排除故障，增强信心，充分发挥自己的潜能和活力，争取成功。

一般来说，要做成某件事情，必须具备一些必要的素质，其中主要的是：

第一，要有强烈的成就欲望，没有强烈的成就欲望，就不会产生奋斗的激情和持续工作的内在力量。欲望是一切行动的源泉，是人生必备的条件，也是支持人生的动力。没有欲望，任何事情都不可能坚持和成功，其人生也将变得疲沓和平淡。当然，人的欲望形形色色，其中不乏偏激、劣等的蠢欲，此类欲望对人生有害无益，应当压抑和克制。克制蠢欲的最好办法，就是以积极的、有益的欲望投入事业的追求。这种欲望越强，情绪就越高，意志就越坚定。强烈的欲望可以使人的能力发挥到极点，为事业的成功献出一切。

第二，对工作能够目标明确、专心致志，有脚踏实地、百折不挠、不达目的绝不罢休的精神。目的给人生道路定向，具体的目标则是达到目的的手段。先确定目标，然后心无旁骛地逐步接近目标，超越目标，这是人生走路的基本方式，也是事业成功的必经路程。只有目的明确、坚持不懈，工作才能积少成多，时有所进，最终完成事业。对于做事来说，切忌三心二意、浅尝辄止、兴趣无定，如此状态下，任何事情都不能成功。

第三，要有兴趣和责任心。一般说来，做事应有兴趣，最好要有浓厚的兴趣，才能把做事坚持下去，并且把事情做好。当然，在实际生活中，不会是每件事情都使人感兴趣，在这种情况下，如果又不能改换工作，那就要力求培养自己的职责精神，强化职业责任感和社会义务感，坚持做好工作。有些工作，人们并不是从心里愿意干的。在无兴趣的情况下从事这类工作，除了被强迫者外，真正做好工作、坚持下去的，主要还是靠社会义务感和责任心，依靠自己的高尚人格和坚强的意志力。如劳动英雄时传祥从事掏粪工作，长年累月，任劳任怨，尽职尽责，他当然不会是凭兴趣，一定是出于责任心和义务感。正因为如此，他的为人和人生选择才令人敬佩；他的离去让人永久怀念。还有许多在极其艰苦的条件下工作的人，也是如此以职责和义务而献身，令人备感敬仰。这些人的可敬可贵之处，正在于他们以高尚的人格，承担着自己本来不感兴趣的工作，并且兢兢业业，坚持不懈，做出了优异的成绩，为人民做出了贡献。

第四，最重要的是要有创新精神。我们说创新精神是一个民族进步的灵魂和国家兴旺发达的动力，但是，它首先应是每个人才所具备的素质。只有每个人才具备了创新精神，并进行创造性劳动，整个民族和国家才能不断进步和兴旺发达。严格地说，人才之才，就在于有创新精神和创新行动。才干、勤奋，就意味着开拓创新、奋发有为。只有具备创新精神和能力的人才，才能成为有活力的细胞，成为民族和国家有机体的永葆生机的源泉，推进民族振兴和国家富强。

改革的时代，是与时俱进的时代，也是创新的时代。在这样的时代，我们每个人不但应该勤奋劳动和工作，解放思想，参与改革，而且还应具有自觉的创新精神，掌握创新思维的思想方法，以适应人生进取和社会发展的要求。

成功的经验和失败的教训人人都有。愿事业成功者，不妨根据成功因素的分析，自己做个问卷回答：你是否树立了人生的理想目标？你是否制订了可行的达到目标的计划？你是否有实现目标的信心和有效地控制了自己的心态？你是否具有创新精神，掌握了创新思维方法？你是否善于团结同事，保持协调的关系去完成任务？你是否能吃苦耐劳，专心致志？你能不能经受挫折、打击和失败，百折而不挠？

（四）直行与即行

道德之道，体现在心为正，表现在行为直，即直来直去，不绕弯子，不半途而废。正确的实践应该是"直行"并"即行"。日本现代伦理学家丸山敏雄提出"直行"和"即行"两个概念，用于阐释人生实践。所谓"直行"，就是想到的当即就去实行，就是怀着诚敬的道德心和事业目标，直接地、亲身地、立即地去行动。此外，他认为，道德的本性在于实践，也在于"即行"，就是人们做什么事情，想到的时候是最适当的时候，也是条件最好的时候，如果错过机会，实行的机会就不会再来；如果现在不即行，以后就很难再能做到。他提出并阐发的"即行"概念，是对道德实践概念的具体化，它不仅表达了道德在于实践这个一般本性，而且突出了直接实践的特殊本性。道德行为在于实践，这实践必须是即行的实践，否则它就会停留在思想的实践上，停留在拖沓而无效率的实践上。

丸山敏雄认为，人生实践之所以要"直行"、要"即行"，就在于人生的时间短暂，在时间之外没有人生；机会难得，机会错过很难再得。按照人生实践的严格要求，"直行"和"即行"就意味着对要做的事情或工作，要亲自去做，立即去做，而且要勇敢地、乐观地、积极地去做，要一贯到底、有始有终地去完成。"直行"和"即行"是人类实践的要义，是成功的秘诀，是打开幸福之门的金钥匙。当然，伦理实践的要点还有其他方面，如目标纯正；无顾虑，不畏首畏尾，抓紧时间，不松懈；一气呵成；沉着；反复坚持；不悲；慎终。总之，做人做事的要义在于：初志贯彻，皆无不能，不忘本末，善始善终。

人生做事贵在善始善终。这是丸山敏雄伦理思想的贯彻。丸山敏雄本人就是这样的人，做事顽强执著，善始善终。

丸山敏雄本人在这一方面可以说做了个榜样。他不仅一生孜孜不倦地探求人生之道，鞠躬尽瘁，死而后已，而且自身修养极为严格一贯。有件事令我敬佩不已。他年轻时，大学刚毕业不久，曾随团到中国旅行过近20天。在他的全集第10卷中，我们可以看到他当时的日记，从大正八年（1919年）3月25日下午1时10分随团队出发时起，一直记到4月15日下午3时20分随队回到日本在门司上陆解散时为止。不到20天的时间，他历经青岛、淄博、济南、曲阜、北京、大连、旅顺等7个城市，在紧张的集体旅行中，他竟记下了10万多字的日记，所见所闻，即事即景，凡人事、风俗、奇闻、史迹、学术、时政，无所不记，而且图文并茂。他的所做正如他的所说"初志贯彻，皆无不能"，"不忘本末，善始善终"。丸山敏雄先生的一生成就卓著，人格伟大，被誉为"现代孔子"，这与他青少年时代遵道谨行、自律勤奋的修养是分不开的。丸山敏雄先生的一生就是他所追求的道德的体现，就是实验伦理真实可信、切实可行的生动的证明。

丸山敏雄强调，要按照事业的法则去做事，才能使事业取得成功。事业成功最重要的是：

第一，要有目的。做任何事情都要有目的，目的要明确、自觉。目的就是本分，就是方向、目标和旗帜。从这个意义上说，目的就是人自身。经营事业就是经营目的，实现目的，也就是实现自身，就是自我实现。

第二，要有准备。有备无患。凡事预则立，不预则废。这都是说做事准备的重要。任何职业活动都有它的准备过程。准备在于精心、周到。人与对象的关系，中心是人，因此事情的成功在于人的准备的精心和周到，而不能抱怨对象。

第三，要有顺序。顺序是事业的过程和程序，伦理的要义在于顺序和秩序。没有顺序，就没有秩序。没有秩序就达不到目的，事业就不能成功。自然事物有它的顺序，社会生活的事物也有顺序，即使是穿衣戴帽也有顺序。顺序是时间的约束，所以要守时。劳动、工作必须养成良好的顺序观念和按照顺序做事的习惯。

第四，要有方法。方法是手段，是成功的最短距离，是成功的关键，也是事情结果的保证。没有正确的方法，事情不能成功。任何事情、事物，本身都有个"道"在其中，把握了其道是认识事物和事情的规律，但只有这种认识还不够，还必须掌握实现道的方法。没有方法还是不能实现"道"。

第五，要有始末。做事要有始有终，有头有尾。有始有终，才能有结果，有始无终就没有结果，或者没有好的结果，这就等于目的没有达到，也就等于无目的，是无效劳动。

此五者是事业经营的大道，大道立则事业成。

第六章　人生的价值

个人之所以成为个人，以及他的生命之所以有意义，与其说是靠着他个人的力量，不如说是由于他是伟大人类社会的一个成员，从生到死，社会都支配着他的物质生活和精神生活。

——爱因斯坦

人生的理想和实现人生理想的道路，从目的性和实践性的统一中体现了人生的价值。人生价值问题是在讨论人生理想和人生道路的基础上，对人生意义的反思。如果关于人生道路的讨论偏重于人生经验的陈述，那么关于人生价值的讨论将偏重于深层的理性思辨。当然这种讨论也不能离开经验和常识。我们的讨论将把人生作为一个整体和过程，包括自身价值和社会价值、内在价值和外在价值、现有价值和应有价值、相对价值和绝对价值等方面。

一、自我与社会

（一）"自我"的界定

人生的价值，在个体的人生过程中，首先是作为自我价值表现出来的。"自我价值"这个用语,在西方哲学史上,往往指自我对自己本身的肯定关系。用一个简单的公式表示就是:我=我。

自我价值是否存在呢?十七八世纪欧洲的一些哲学家以不同的哲学观点做了论证。英国哲学家霍布斯提出了人类的"自然状态",认为在自然状态下的人是孤立的个体,每个个体之间在身心两方面的能力相等,所产生的达到目的的希望也是相等的。从这种能力上的平等出发,当两个人想取得同一个东西而又不能同时享用时,彼此就成为仇敌,各为自己的生存和快乐而发生相互间的"战争"。他称这样的人为"自然人",认为自利自保的自由是这种人的自然权利。人的价值是什么?他说:"人的价值或身价正像所有其他东西的价值一样就是他的价格;也就是使用他的力量时,将付与他多少。因之,身价便不是绝对的,而要取决于旁人的需要与评价。"①

这样说来,人的自我价值只是在于别人的需要与评价。即使社会的公民,其价值也只在于国家通过赋予他的地位和名义而对他的估价。因此,在霍布斯那里,人的自我没有独立的价值,只有作为他人或国家的工具的相对价值。霍布斯的观点实际上否定了"我=我"的这种自我同一的自我价值。法国思想家卢梭把人提到社会哲学的中心地位,他也设想了人类的自然状态和自然人。不过,与霍布斯不同,他设想的自然状态是和平状态,自然人虽然也是软弱的、自利的,但他能够自己满足自己的需要。因为自然人的需要很简单,每个人的自我保存的需要很容易得到满足,而且也不会妨碍或侵害他人的生存。他认为,这种关心和保存自己的本性就是自爱。自爱就是个人对自己的关系。这种关系像人吃饭一样,是一个自然事实。在这个意义上,卢梭肯定自然人是一种"绝对的存在",

---

① [英]霍布斯:《利维坦》,黎思复、黎廷弼译,商务印书馆1985年,第64页。

是"绝对的自我",其价值也是绝对的。他还设计了一个爱弥儿的成长过程,来说明从自然人到社会人再到道德人的发展。这个爱弥儿在达到恋爱年龄之前,是在孤立的自我中度过的。他只管他自己,自己满足自己的需要,对其他任何人都没有什么要求,也不认为自己对他人有什么应尽的义务。他就是他自己,他愿意做什么就做什么,他的本性是自由。

但是,卢梭毕竟是一个深刻的思想家,没有使自己的人生哲学停留在对自然人的设想上。他在做了上述推论之后告诫人们:关于自然人的一切,不过是为了从对比中认识文明社会的本质而做的理论假设。实际上,自然状态和自然人在历史上和现实社会中,都是不存在的。因为人的本质是社会关系。在社会生活中,个人不可能孤立地生活,绝对地自我存在。因此,他抛弃了先前的"通过人研究社会"的原则,转而强调"通过社会研究人",并考察了私有制和人类不平等的起源,强调了人的社会关系和社会价值,特别强调了独立人格的劳动的价值。他认为,人生的根本内容在于诚实的劳动。做一个人,首先应当尽到劳动的职责,通过劳动达到自立,靠自己的劳动生活,同时要为人正直、诚实,独立自信,始终如一。在他看来,做人的价值不在于高官显位,成为帝王和权贵,而在于做诚实、勤劳而有德的人。卢梭对人生价值的思考,至今仍有积极意义。

生活的经验告诉我们,自我的存在是无可怀疑的。人生首先是以自我的个体生存形式存在的。人是"为我的存在",从思想和欲望上说,人只能是以个体的形式自己思考,自己吃饭,既不能由别人代替自己思考、吃饭,也不能代替别人思考、吃饭。从客观方面看,在一定空间和时间中,确有作为个体的自我存在着;从主观方面看,人的思想、欲求更能自觉到自我的存在。从这个意义上可以说，自我就是具有自觉意识和欲求的单个的社会存在物。

只有个人才能思考这个生命事实，说明：个人不仅能不断地给社会创造物质财富，而且还能建立新的道德和风尚，使世界丰富多彩，变化无穷。没有能独立思考和创造能力的个人，社会的发展和丰富内容就是不可想象的。但是，这里所肯定的自我，不是在自然人意义上的自我，而是社会的存在物。作为社会的存在物，自我就不可能是绝对的、孤立的存在，而只能是作为一定的社会关系而存在。可以说，人这个物种的表现形式，就是作为社会的化身存在的。不能把个体的自我同社会分离开来，个人只是社会存在物。因此，个体的自我生命，即使不采取共同生命的直接表现形式，也是社会生活的表现和确证。因此，个人也只有在社会中，在与他人的联系中才能进行创造和实现自己的价值。

不仅如此，自然人的本质也不可能是由人同自然的关系规定的。在马克思看来，自然人的本质只有在同社会的关系中才能存在。因为只有社会才是人与自然之间的纽带，"只有在社会中，自然界才是人自己的存在的基础"，"人的自然的存在对人说来才是他的人的存在"。[①]从这种观点出发，马克思和恩格斯以及后来的马克思主义理论家，都不是抽象地谈论自我，而总是把自我看做在一定社会关系中活动的个人。因此，"自我价值"这个概念，也就意味着个人价值或个人的自我价值。

（二）自我的价值

作为个人的自我价值，并不是孤立的自我的绝对价值，即不是自我对自我的关系、自己满足自己需要的价值，而是自我与社会相关联的价值。在这里，当然也可以分析个人的"自为价值""为我

[①]《马克思恩格斯全集》第42卷，人民出版社1995年，第122页。

价值",或称"反身价值",但这种"自为价值""为我价值"或"反身价值",如果离开自我与社会的关系和社会实践,也是没有内容、没有意义的。马克思所说的真正现实的人的存在,就是"他为别人的存在和别人为他的存在"。[①]显然,作为社会的人,其个人的自我价值并不是孤立的自我对自我的价值,而是在其与社会的关系中规定的价值。在这个意义上,个人的自我价值就取决于个人在一定社会关系中所尽的责任,以及满足社会需要的劳动、创造和贡献。自我价值的创造和实现过程,就是履行责任、劳动、创造和贡献于社会的过程。劳动、创造、贡献,就是个体的人生价值的基本标志。

每一个正常的人,都能够在多方面为满足社会需要做出自己的贡献,因此也都具有多方面的价值,如物质价值、精神价值、生命价值等等。在这种相对关系中,个人作为客体,是满足社会需要的手段,他的劳动、创造和贡献,就体现着他的个人自我价值,其中也包括他人或社会给予他的肯定评价。对于个人来说,谁的个人生活动符合这种满足社会的需要,谁就具有价值。贡献大,价值就大;贡献小,价值就小;没有贡献,就没有价值。如果损害社会,破坏社会的生活,就只有负价值,要被社会所否定。

个人与社会是不可分离的。社会要依靠全体的个人,个人更要依赖社会。个人的生存和发展,不仅要靠自己的劳动,还要依靠他人的劳动,即向社会索取。而个人对社会有所索取,同时也必须对社会做出贡献,而且在一般情况下,贡献总要大于索取。个人要为社会做贡献,不仅是社会发展的需要,也是个人的发展和自我完善的需要。从这个意义上说,一个人的自我价值就决定了他的社会地位,决定了人们对他的社会评价。这种评价往往通过荣誉、奖励的

[①] 《马克思恩格斯全集》第42卷,人民出版社1979年,第121页。

形式赋予个人以社会意义。

个人的自我价值，不是在自然状态下通过自己满足自己的需要实现的，而是在社会实践中，在为社会的存在和活动中实现的。因此，个人只有把自己同社会紧密联系起来，积极地为社会作贡献，为他人和社会服务，才能获得和实现个人的自我价值。个人如果不把自己同社会、他人联系起来，只是囿于"自我"的封闭圈，那就不但不能满足自己的需要，而且势必陷入自我孤独和空虚中，产生心理分裂，感到欲求而不得的失意。这就是说，个人要获得和实现自我价值，就必须冲出"自我"的封闭圈，走上广阔的社会生活，通过各种正当的职业劳动和创造，为他人和社会作出贡献。自我价值的实现只能是一个在社会、集体和事业中积极奋斗的过程。可以说，人生的真正价值，首先在于他在什么意义和什么程度上，从孤立的自我中解放出来。否定自我价值是不对的，因为自我价值是存在的；但是"太自我了"，把自我价值只看做自我的满足，也是不对的。因为自我不是绝对孤立的，只能是社会的存在，只能在一定的社会关系中实现自我价值。可以说，人的自我价值就是人的社会实践活动的结果和一定社会关系的规定；就是人的实践活动在一定社会关系和历史过程中所具有的意义。

有些人以为，自我价值是可以脱离一定的社会条件而独自创造的。例如，有的青年说："我是自己的完全主宰，可以任意地设计自己和熔铸自己，尽情地享受人本来应拥有的权利。"有的青年认为，用不着任何社会物质生活条件，也用不着任何精神条件，一个人只要能从废墟上站起来，他就可以"有无限多的自由选择的可能性，不受任何限制地创造出自我的价值"。自我价值的实现，用不着"社会尺度"，只要个人"忠于自己""完成自己"，就有了自我的绝对价值。因为"人可以为之献身的只有自己"。这样看待自我、自我价值，是否科学呢？我们不妨从历史和现实中，追溯一下这类思想的足迹。

18世纪的德国哲学家费希特，把康德的"自我意识"绝对化，认为精神的"自我"是绝对的，它能够设定非我，创造一切，并能克服与非我的对立，实现自我的绝对独立和自由。尽管他的道德哲学尖锐地批判经验主义的自私自利观点，强调"关心整个人类"，高扬了人的主体性和个人的独立精神，对发展德国哲学、振兴德意志民族精神、鼓舞民众的爱国热情，作出了重大贡献；但是他的"自我论"哲学，还是被理解为狭隘的个人自我论，受到了舆论的批评和嘲笑。当时有一幅漫画，画着一只"费希特鹅"。这只鹅有一个肥大的肝，肝大到使这只鹅自己都不知道自己究竟是一只鹅还是一个肝。在这只鹅的肚子上写着费希特哲学的公式：我=我。不需要有多高的智慧就会发现，前面所说的某些人的"自我价值论"，也是以这种公式为基础的。他们夸大了个人的自我，脱离了个人自我与社会的联系，甚至颠倒了自我意识和社会存在的关系，颠倒了自我与社会的关系，在自我和社会之间画了等号。

无独有偶，现在也有人极力夸大个人的自我，虽然不像费希特那样把自我意识看做创造一切的主体，但同样夸大个人的主观情感，即把自我看做创造一切的原动力。他认为自我价值完全是由自己决定的，自我是存在的实体，具有人性，这便是自我所需要的一切。有了这"一切"，自我就可以完全决定自我价值，而与他人的行为无任何关系。自我满足就是自爱，自爱就意味着自我价值。你要有自我价值吗？只要把费希特公式中的等号换成一个"爱"字就可以了，"我爱我"就是自我价值。总之，应该确定自己的目标，去爱世界上最美丽的、最令人兴奋的、最具有价值的、能获得成功的人——自己。如果说费希特在肯定一个理性主义命题"我思故我在",那么这位现代自我论者就是在重复"我欲故我在"的命题,把欲看做人的本质和价值的根据。实际上,无论纯粹理性的"自我",还是个体情欲的"自我",都不能成为哲学的出发点和价值的根据。

(三) 社会的尺度

"自我"看起来好像完全是独立的、内在的、封闭的,但就其实存来看,却是对象性的、内外统一的、开放的。它不能单独存在、创造自我和社会,而是在交往中、在实践过程中,创造社会财富,同时也创造自己的价值。自我主义者忘记了一个简单的常识:人是社会的,是被社会关系规定的。爱因斯坦说得好:"个人之所以成为个人,以及他的生命之所以有意义,与其说是靠着他个人的力量,不如说是由于他是伟大人类社会的一个成员,从生到死,社会都支配着他的物质生活和精神生活。"[1]自我实现是一个在社会和事业中奋斗的历程,是为社会、为他人做出贡献、履行社会责任的过程。在这里,不只是要忠于自己,独善其身,还要兼善天下。

有一种学术观点,主张人生的追求是"社会的生活",而不是"生活的社会",认为"为社会而进行社会活动是背叛生活的不幸行为"。这种把"社会的生活"与"生活的社会"对立起来的观点,显然是与人的实际生活不相符的,理论上也很难说得通。按照这种推论,要么,生活只是指个体人的生活,而这样的生活就不能是社会的;要么,生活是社会的,而这样的生活也就不能是个人的。实际上,这种说法只是以个人生活为目的,以社会为个人生活的手段,否定社会也是人生的目的。这种看法虽然是可以理解的,但却是片面的。

---

[1]《爱因斯坦文集》第3卷,许良英等译,商务印书馆1979年,第38页。

首先，它割裂了个人与社会的关系，把二者对立起来。人生为了什么？人们都会说为了幸福。这话不错，自古以来就是这个回答。但是，这个"幸福"不只是个人幸福，还有大家的幸福，即由大家组成的社会的幸福。这里的社会，是大社会还是小社会都无关主题，重要的是个人应不应当为社会。个人是在社会中生活的，离开社会的个人不仅不能生存和生活，而且也不能称其为人。个人固然应当为自己的生活、自己的幸福而存在、而劳动，任何人都不可能代替人类生存的这个事实。但是，如果人们都只是为"生活"（人的生活当然是社会的，否则就是动物的生存），而不去关心生活的社会，去建设这个生活的社会，也就是建设自己的"社会生活"的社会，人们还能有"社会的生活"吗？

其次，目的和手段的关系不是僵化的。目的和手段之间是对立统一的关系。在一定的相对关系中，目的就是目的，手段就是手段；目的选择其实现的手段，手段为实现目的服务。但从另一方面看这种关系，手段之所以存在也要以它所依赖的目的为手段。作为发展的环节，目的相对于它的手段而言是目的，但相对于高于它的目的来说，它又是那更高的目的的手段。目的和手段是可以相互转化的。"社会的生活"和"生活的社会"的关系也是这样。人们为了社会的生活要以生活的社会为手段，但是当着人们要想过"社会生活"而没有相应的"生活的社会"时，去争取和建设一个"生活的社会"不就是人们应有的人生目的吗？至于个人对此是否自觉和主动为之，那是另外的问题。

说到底，这种观点还是那个"人是目的而不是手段"命题的演绎。"人是目的"这个命题，可以做以个人为本的演绎，也可以做以"类人"为本的演绎。以个人为本的演绎可以得出以自我为中心的生活观。这种生活观在人生哲学史上并不少见。一切个人主义、自由主义生活观,都贬低社会,抬高个人,认为社会只是实现个人价值、个人自由、个人权利的工具和场所,甚至认为社会只是对个人的束缚;个人对社会没有义务,不必对社会服从,更不应为社会做出牺牲。《唯一者及其所有物》的作者、19世纪的德国哲学家施蒂纳,就从这种意义上批评社会主义、共产主义是"宗教原则的俘虏","热心于建立一个神圣的社会"。马克思恩格斯曾对这位"先知"做过尖锐的批评。按照施蒂纳的哲学,个人的自我就是"唯一者""我是高于一切的"。马克思恩格斯看透了施蒂纳,说他是把社会变成了"我",又把"我"变成了一切。这样的绝对存在的"唯一者"当然不会为社会做牺牲,有时即使做一些牺牲也只是为自己,而不是为他"生活的社会"。马克思恩格斯认为,人类不能等待上天给予他们一个"生活的社会",而是要去为自己建立一个"生活的社会",就是说,在人们想把社会作为取利的工具之前首先要联合起来建立一个社会。面对这样的历史使命的个人,在人生的追求上是应当为"社会的生活"呢?还是为"生活的社会"呢?显然,人生"应当"如何的根据,就在历史的发展中被社会生活提了出来。它告诉人们:你应当去建立一个保障人的正常生活的社会,或者说你应当参与这样的社会建设。遵循这样的"应当"去"为社会而进行活动",怎么能说是"不幸"呢?

从上述分析中,人们不难理解个人与社会、自我价值与社会价值、索取与贡献的关系。在思考这些关系的时候,应该尊重辩证法,而不应该走极端;在处理这类关系时,应该遵循理性,而不应该情绪化。

这里还有一个本位问题,个人和社会何者为本位?有人认为,强调社会本位就是否定人的个性,强制个人服从社会规范;而强调个人本位就是以人的个性否定社会责任,"两者是一根藤上的歪瓜"。这种观点并不是辩证法的观点，其中有对本位问题的误解。

社会本位和个人本位，实际上讲的是社会与个人的关系。"何者为本"中的"本"或"本位"，有两层意思：一是指本原、根本、第一性，也具有决定性的意义；二是指两者在相互关系中的相对地位，如先后、主次、轻重、相互的作用和影响等。这二义用于社会与个人的关系，不能忽视其中的任何一方面，忽视前者会导致唯心主义和相对主义，忽视后者会导致机械论和绝对主义。主张社会本位论必然包含着这样两方面，因而必须全面理解社会本位论的含义，不能仅做字面的解释。

从人类进化的过程来说，人类全部历史的第一个前提无疑是有生命的个体的存在，但这只是说作为肉体组织的个体存在，并不是说在人类社会之前就有了作为社会人的存在。什么时候才有了作为社会人的存在呢？那是当这类个体开始生产他们所必需的生活资料的时候，这时他们就开始把自己和动物或类人猿区别开来，而这时的个人就不再是孤立的作为自然人存在的个体，而是作为一定社会存在者的个人了。这就是社会对个人的本原性、决定性意义。

主张社会本位论，并不是否定或贬低个人、个性、个人的权利和价值，而是一方面肯定社会较之于个人，社会是根本的存在，对于个人来说是本原性的，是规定人之为人的决定性的方面；另一方面，又主张辩证地看待个人和社会两者的相互作用，肯定二者的互动和转化。肯定相互作用和互动，不能否定社会对个人的决定性，只看到相互作用不等于辩证法。

（四）为自己与为人民

这里还应该谈谈"为自己"与"为人民"的关系问题。为自己与为人民是不是根本对立的？要做实事求是的分析。马克思在他的中学毕业论文中曾提出，职业选择的指针是"人类的幸福和自身的完美"。他认为，"不应认为，这两种利益会彼此敌对、互相冲突，一种利益必定消灭另一种利益"，同时指出："人只有为同时代的人的完美、为他们的幸福工作，自己才能达到完美。如果一个人只为自己劳动，他也许能够成为著名的学者、伟大的哲人、卓越的诗人。然而他永远不能成为完美的、真正伟大的人物。"[1]马克思在这里表达了高尚的境界和宽厚的胸怀。这里有三层意思：一是强调应把"为人类的幸福"与"为自身的完美"统一起来；二是强调只有为人类的幸福工作，自己才能达到完美；三是认为"只为自己劳动"的行为也能有所成就，但不具有高尚的价值。马克思讲的这番道理今天仍然适用。

马克思说，人类的幸福和自身的完美这两种利益不是彼此敌对、互相冲突的，不是一种利益必定消灭另一种利益；相反，"人只有为同时代的人的完美、为他们的幸福工作，自己才能达到完美"。这里的"为自己"，是指为自己的完善和完美，而不是为了自己狭隘的低级欲望，不是自私自利。道德不能否定这种"为自己"，也就是说不能否定正当的为自己。马克思如果一般地否定为自己就不会提出两种利益。人有为自己的权利，更有使自己完美的愿望。不想争取自己的权利的人是奴隶，不想使自身进步的人是庸人，不能使自身完美的人是常人。一个人如果不想使自己有所提高，向着完美更进一步，他就不会去选择更有价值的工作，就不会去为社会的发展进行创造性劳动，就不会不断地充实和完善自己。一个乒乓球运动员如果不想使自己成为乒乓球赛冠军，他/她就不会去千遍万遍地练球；如果他/她不想成为世界冠军，就不会争取去参加奥运并力争夺冠。拿到几连冠之后，如果他/她不想使自己更加完美，就不

---

[1]《马克思恩格斯全集》第1卷，人民出版社1995年，第459页。

会再去进修,提高,再创辉煌。

  反过来说,他/她如果不是一心向往奥运,忘我地为祖国争光,不是在奥运会上忘我地拼搏,他/她也就不可能成为世界体坛上的冠军和中国人的骄傲。那些奥运健儿们的"为自己"的愿望和行动,同国家、人民的利益和要求是完全一致的,乃至同世界人民的进步事业也是完全一致的。然而,他们只有在这样的目标、这样的精神、这样的环境中,参与这样具有重大价值的运动,才能实现他们自己的愿望和价值。这就如同作画、搞科研,须全心全意地投入,以至达到"忘我""无我"之境才能成功。只有在奥运中才能成为奥运冠军,只有在集体中才能有个人自由,只有肯定自己才能有自信,只有把自己投入到人民中才能完善自己。这就是人生的辩证法。

  至于对"只为自己劳动"的行为,也应具体分析。只要它不损害他人和社会的利益,也应当予以肯定。这里,还是那个老问题:个人有没有"为自己"的权利?大凡明智的思想家都会做出肯定的回答。中国古代儒家传统观念,强调"义以为上",但并不否定"以从俗为善,以货财为宝,以养生为己至道"的民德。西方思想史上,前有亚里士多德,主张"为生存而生存"也未必就是不幸和不道德;后有黑格尔明确肯定"人有权把他的需要作为他的目的"。马克思和恩格斯也充分肯定了个人生存和发展的权利,认为"任何人如果不同时为了自己的某种需要和为了这种需要的器官而做事,他就什么也不能做"。[①]

  当然,肯定这种个人"为自己"的权利,第一,不是肯定自身封闭的、脱离一定社会关系的抽象的"个人权利";如果肯定这种个人权利,就等于把人看做动物或自然人,从而否定了人之为人的

---

① 《马克思恩格斯全集》第 3 卷,人民出版社 1960 年,第 286 页。

价值。第二，不是肯定脱离人的社会共同体的孤立的"个人权利"；如果肯定这种个人权利，就等于肯定个人可以不顾他人利益而为所欲为。正因为这样，我们在理论上不主张抽象地谈论"人的需要"，也不片面地强调个人"为自己"，而是强调社会的需要和需要的社会性，强调个人与他人、个人与社会、为自己与为人民的统一。

这里有个动机和效果的关系问题。行为选择首先是动机的选择。一个行为往往有几个动机同时出现。究竟哪一个动机能够成为主导的动机和行为动力，这对行为的评价极为重要。从一定意义上说，具有善恶价值的动机和目的就体现着个体的道德良心。在这种选择中，"为自己"的动机和目的，如果是出于对自己的正当利益的考虑，那么它的正当性，就是权衡了客观利益关系而做出的正当选择，其价值就是客观利益关系所规定的价值。如果是出于不正当的私利考虑，其"不正当"，就是对客观利益关系做了不正确的判断和不正当的选择，其价值也是被客观利益关系所否定了的。为人民的行为应该是在其动机中就包含的，而且是具有善价值的。

一个行为由动机到效果的过程，中间还有许多起作用的因素，如智力、情绪、意志力、方法、手段，以及外部因素等。行为一旦做出来，就在进入外部世界的偶然性与必然性的交错之中。因此，好的动机（目的）一般说来会得到好的结果，或者得到比较好的结果。但由于上述种种偶然因素的作用，好的动机得不到好的效果，完全达不到目的的情况也会有的。为人民的行为也会发生这样的情况。这里的问题是如何对行为进行全面的评价。行为动机的好坏和结果的善恶，归根结底还是由它们的社会意义规定的。

这里特别需要正确地掌握辩证法，把握科学认识的灵魂。我们每个人都有生存和选择生存手段的权利，也可以把这种选择作为行为的动机；但是如果我们只把这种选择作为唯一原则，排斥其他原则，那就会得出个人可以为所欲为的荒谬结论。在行为上，我们可以保持我们自己主观的自由，自己的所作所为可以以自己的见解和自信为原则，但是如果我们仅仅以这一原则为自己的一切任性行为做辩护，那就会导致可憎的诡辩，就等于否定一切伦理原则。

二、内在与外在

（一）内在并不神秘

要完整地理解人生价值，不仅要正确地认识自我价值与社会价值的关系，而且还要正确认识内在价值与外在价值的关系。

如前所说，人生的价值在于劳动、创造和贡献，那么进行劳动和创造并做出贡献，依靠什么呢？从社会方面说，当然要有一定的社会条件，包括物质条件和精神文化条件。从个人方面说，就是靠个人的知识、能力和德行。个人的知识、能力和德行，就体现着个人的内在价值。如果把知识包括在能力之中，那么人的内在价值就可以概括为两方面，即能力和德行。人的能力和德行在未发挥出来之前，是实现自我价值的潜在能力。这种能力相对于价值的实现来说，是一种潜在价值；相对于外在价值来说，它就是内在价值。这种内在价值，不是唯心主义哲学家所说的那种先天固有的人性价值，而是出自内心的坚持道德信念的内在价值。人生的内在价值，从本质上说来，只是人的社会性的特殊功能或人的社会特质，是尚未实现和外化的潜在价值。

外在价值与内在价值是密切联系的。就人的行为和人生活动来说，所谓外在价值，就是内在创造能力和德行的外在表现。在这里,外在价值就是表现出来的内在价值,内在价值就是外在价值的主观化。内在之所以是内在,就因为有它相对的客观存在的社会价值存在。内在价值的实质,就表现在外在的行为活动和社会结果之中。以德行为例,社会的原则、价值目标、行为准则,被个人所接受,转化为个人的内在信念、目的和自律准则,表现出来就是具有一定道德价值的行为和结果。所谓"德行",可谓内外之称,在心为德,施之为行。就是说,内在价值必须通过行为表现出来,而且也只有通过行为才能表现出来。能理解德法者为有能,只有能成就德法者才有功。在一定的社会情境中,个人通过自己的社会实践活动,将内在的能力和德性发挥出来,使其客观化、对象化,创造出物质财富和精神财富,满足社会的需要,这就是将内在价值转化为外在价值,即社会价值。实现这种转化的关键,是个人积极的社会实践,不断地挖掘潜力,发挥其内在价值的作用。当然,实现这种转化还要有适宜的、良好的社会条件,但就个人的人生来说,决定的因素还在于自己的主观努力。一个有真实价值的人,应该是一个完整的人;而一个完整的人,应该是一个外在价值与内在价值统一的人。

人格是什么?按照心理学家们的说法,有不下五十个定义。但是不管怎样定义,人们都不能否认它的一般哲学意义:人格就是人的规定,也可以说是"人的内在倾向性"。这种"内在倾向性"在社会生活中,就是由一定社会关系规定的个人对待这种关系的立场和态度。人格就是人的品格,就是做人的资格。在特定的社会关系中,人格就表现为具有一定权利和义务的主体的资格,或叫做"内在质量""内在特性"。

权利和义务是与个人的自由和责任相联系的。在人类世代争取的权利中,最基本的权利要算是自由的权利了。自由是人为之奋斗的理想，也是人要争取的政治和社会生活的基本条件，而权利正是为自由的权利。现代英国思想家弗里德利希·哈耶克说："自由不仅意味着个人拥有选择的机会并承受选择的重负，而且还意味着他必须承担其行动的后果，接受对其行动的赞扬或谴责。"[①]他强调自由与责任不可分，是完全正确的。只有使自由和责任统一起来，才能使个人成为主体。个人作为权利和义务的主体，同时也就是一个自由和责任的主体。自由和责任的意识从主体方面集中体现着一个人的人格。自我的本质在于其社会特质，也就是在于把权利和义务、自由和责任统一于自身。只有这样的自我才有体现其社会本质的人格。这样的自我是作为自由的能动的主体，具有自觉性和自主性的个人，是通过特殊性、个性体现着社会普遍性和共性的个人。在这个意义上，自我是他自己，同时又是类，或如马克思所说，是一个特殊的个体，也是作为人的生命表现的总体。

（二）责任和贡献

从上述关于人格的分析中可以看到，人之所以为人，就在于他体现着一定的社会关系。就其现实性来说，人的本质就是社会关系的总和。人格的本质不是抽象的自我本性，而是人的社会特质，是社会关系的规定。有一定的关系就有一定的要求，有一定的要求就有一定的责任，尽到自己应尽的责任，就是对社会的贡献。因此，人生的价值就在于对社会的责任和贡献。说人生价值在于贡献，是就其外在社会价值来说的，因为对社会的贡献是个人价值的基本标志。但是，完整地说，还应该看到责任对人生价值的重要意义，强调人生价值在于责任和贡献，就是注意外在价值与内在价值的统

[①] ［英］弗里德里希·哈耶克：《自由秩序原理》上册，邓正来译，生活·读书·新知三联书店1997年，第83页。

一。黑格尔在谈到志向和实行的关系时说，人们应该立志做伟大的事业，"但是人们还要能成大事，否则这种志向就等于零。单纯志向的桂冠就等于从不发绿的枯叶"[①]。

责任和贡献是一致的，但两者之间也有矛盾。一般地说，有益的社会贡献，总是体现着贡献者的善良意愿和人格。而强烈的责任心和高尚的人格，必定表现在劳动和工作的行为活动中，它像阳光一样普照着人的一生事业。人的行为形成他的人格，而人格也必定体现着人的行为。但是，也有些对社会做出贡献的人，虽然其贡献也具有社会价值，甚至具有很大的社会价值，但支配他做出贡献的内在动机和意图，并不是出于对社会的责任，甚至也不是出于正当的个人利益要求，而是出于损人利己、沽名钓誉甚至更卑劣的意图。要对他的品格进行评价，就必须全面考虑他的内在方面和外在方面，且要"以其见者，占其隐者"。用19世纪英国哲学家约翰·密尔的话说，就是"人的价值不仅在于他做了什么，而且在于做事的是什么样的人"[②]。

人格问题，也叫做"自我同一性"问题。所谓"自我同一性"，就是指一个人的一生中，在不断变化的情况下，始终保持自己是自己，而不是他者。借用荀子的一句话说就是："生乎由是，死乎由是。"在这个意义上，人格也就体现为人的德操。这就意味着，人应该时刻意识到自己的社会责任、自己所处的社会关系的本质和要求。如果这种社会关系对个人的规定是合理的，自己的社会责任是真正应该承担的，那么在任何条件下都应该坚守本义，保持本色不变。作为一个中国人，要时刻意识到一个中国人应有的责任；作为

[①] [德] 黑格尔：《法哲学原理》，范扬、张企泰译，商务印书馆1961年，第128页。

[②] [英] 约翰·密尔：《论自由》，许宏骙译，商务印书馆1986年，第63页。

一个领导干部，要时刻意识到自己作为一个领导干部应尽的责任；作为一个现代青年，应该时刻意识到现代青年应当承担的责任；如此等等。

人是社会关系的总和，也是各种社会责任的承担者。一个人如果不能意识到自己做人的责任，并且自觉地、切实地尽到自己的责任，就是人格上的缺陷。人格上的缺陷对一个人的人生价值是有重要影响的，在一定的条件下它可能导致一个人的毁灭或沉沦。相反，一个人的人格完满、高尚，就会在事业上做出对社会有益的贡献，实现人生的价值。在这个意义上，我们可以理解前面引用过的荀子的那句话："德操然后能定；能定然后能应；能定能应，夫是之谓成人。"①这句话的根本精神，正在于因德操而挺立的人格。

一个人在一生中，可能会遇到各种变化，如职业变化、地位变化、生活条件变化、家庭关系变化，或者伤残、受挫、遭难，甚至是大灾大难；但是不论什么情况，都应始终坚持真理和正义原则，知天、达人、应变。所谓知天，就是认识自然界的客观环境和发展规律；所谓达人，就是对人类及由其组成的社会的大环境、小环境有通达之理解与领悟；所谓应变，就是在认识自然、社会的基础上，对人生世事能定能应，如青年毛泽东所说"拿得定，见得透，事无不成"，"不为浮誉所惑，则所以养其力者厚；不与流俗相竞，则所以制其气者重"。②这就是说要忠于自己对社会应尽的责任，保持自己的正当、高尚的人格。

责任意识体现着人格。社会心理学的研究表明，责任意识是人的自我意识中最核心、最深层的东西。高度的责任心是道德行为的源泉。严格说来，一个行为只有当它出于对社会和他人的责任时，

---

① 《荀子·王制》。
② 《毛泽东传》上册，中央文献出版社2000年，第33页。

才具有道德价值，其价值就在于它为了社会进步和他人利益而做出了那么大的牺牲，无私地坚持了真理和正义。它的价值就是体现社会进步和他人利益的道德原则的价值，因而具有至上性，并为世人所敬仰。人正是透过这种责任心和纯正的人格，才具有无可取代的尊严。物的价值可以按其有用性代之以等价物，可以用物换，可以用钱买；但是，做人的人格，却是没有等价物的，不能用物交换，也不能用钱买到，其价值具有绝对性。一个革命者在敌人的威逼利诱面前，威武不屈、贫贱不移，以至杀身成仁、舍生取义，就是保持革命者应有的人格尊严。当代青年，面对实现第二个百年奋斗目标和祖国统一的使命，主动地承担起自己应尽的义务，忠贞不渝，艰苦奋斗，就是保持一个先进青年的人格尊严。有一位劳动者讲得好："时代既然把我们推上这个岗位，我们就要干到底。因为我们知道肩上担子的重量，我们知道国家兴旺要靠一大批献身的人。也许这些人比那些'赶出国潮的人'，比那些'大把捞钱不顾国格人格的人'要'傻'得多。"这里所说的就是当代先进中国人的人格。这里的所谓"傻"，正是大智若愚。

人因有德才有人格，因有人格才至尊和高贵。人的价值，人生的价值，可以说是超乎一切之上的，就因为人有人格。荀子说过："水火有气而无生，草木有生而无知，禽兽有知而无义，人有气有生有知亦且有义，故最为天下贵。"[1]这就是说，人之为人不仅在于有生命、有知觉、有能力，更在于有德性，知道自己的社会责任，知道应该做什么，不应该做什么，从而尽到自己做人的义务。可以说，人只有在知道"应当如何"尽到自己的责任和义务时，只有对社会和他人做出自己的贡献时，才能真正领略人生的价值和尊严，才能自尊、自重，并为他人所尊重，体现出人格的高尚和完美。

[1]《荀子·王制》。

（三）把握住自己

人生是个大舞台，每个人都是舞台上的角色，所不同的是各个人演着不同的角色，创造着不同的价值。社会给个人提供了一定的生活环境，个人只有在这种生活环境中发挥创造能力，才能实现自己的价值。这种实现不是像大潮的逐流一样被动，而是个人在一定环境下的自主劳动和创造。这就是说，人的生活环境是个人自主活动的条件，同时环境又是由人的自主活动创造出来的。

人生存于社会中，要从社会中获得自身发展所必需的一切手段。他依赖于社会，但同时又作为自主活动的、创造世界的主体而与社会相对立。人的本性是社会的存在，他在与他人的交往中，在社会生活实践中实现自己作为社会存在的意义。从这方面来说，人在同社会的关系中不只是一种手段；或者与其说是一种手段，不如说更是目的。因为，人的社会生活的意义，就在于创造人类生活的新颖的和独特的形式，而不在于简单地再现已有的生存条件，更不是像动物一样面对生存条件。人生的价值就在于他的创造潜能得到发挥和实现。个人的这种创造力的强化，是社会和集体生活兴旺发展的基础，没有这种创造力的发挥，就没有社会和集体的生命力。

现代机械论把人看做两种系统的组合，一种是计算机系统，即大脑，一种是能量系统，即心脏、肠胃等。按照这种机械论，人生的价值就是由这两个系统的能力所体现的价值，就只是能力价值。如此说来，人生的价值与机械运动、动物生命的价值仅仅是量的区别，而没有质的区别。这就是说，人同物一样，只是工具、手段，其价值就只在于他的有用性。这样，人的价值、人生的价值就远不如一个机器人。然而，人的价值、人生的价值，却是超乎一切之上的。为什么呢？就因为人有道德，有人格，有自觉的创造力。

责任意识是人自立、自强的"精神之骨",忘记或放弃自己的责任,就会忘乎所以,浑浑噩噩,不能自已。一个人忘记了对社会的责任,就会囿于自我的小天地而失去做人的真正价值;忘记对家庭的责任,就会给家庭造成不幸,使温馨的家庭生活黯然失色;忘记对自己的责任,就是失魂落魄的形骸,失去自我。明清之际有则笑话,说有一个狱吏,押解一个犯罪的和尚到某地去,路上,夜宿一家客店。那和尚掏钱请狱吏吃酒,结果把狱吏灌得酩酊大醉。待狱吏睡得死猪似的,那和尚就把他的头发剪得光光的,自己逃跑了。狱吏醒来,一看身边的和尚不见了,先是吃了一惊。他一摸自己的秃脑袋,又是一惊:"咦!和尚还在这儿,我哪去了?"这则笑话也是警世之谈。

不过在现实生活中,还真有些人常常忘记自己做人的责任,缺乏明确的人格意识,糊里糊涂过日子。待到他们有所醒悟寻找自我时,他的自我已不是自我了。有些犯罪、失足的青少年不正是这样吗?他们平时不注意培养自己对社会、对家庭、对集体的责任感,不懂得自己应该怎样生活,怎样做人,忘乎所以,待到失足、犯罪、被强制劳动或判刑时,才悔不当初,思考自我不应该如何,思考自己做人的价值,但却悔之晚矣!岂不知,人生价值体验的能力,不是突发出现的,它必须有内在的精神素质和自我评价能力。而这种素质和能力并不是短时间内能够具备的,必须经过长期的教养、锻炼才能培养起来。在这里,佛家有一条"自警录":"六时日用中,勿忘唤醒自己。"佛家所说的"六时",一般是指昼三时即晨朝、日中、日没;夜三时即初夜、中夜、后夜,合之即六时。意思是时刻不要忘记自省、自律。

这里有必要再回到自然人的话题上来。所谓自然人,就是一个还没有经过文明教养、熏陶的人。就人是有自我意识的这一点来说，他不是一个自然的存在；但是当一个人顺从其私欲的要求，做出种种自然而无教养的行为时，他便是自愿做一个自然的存在，做一个自然人。作为一个自然人，他没有用普遍性的理性原则约束自己，不知道自己应当怎样生活，没有正当、高尚的价值取向，只知道满足自己的特殊欲望，得到自己的快乐。而他一旦离开社会的普遍原则的约束，就不免陷于邪恶。只要这个人停留在这种自然状态里，他就是自己私欲的奴隶。虽然他有时也有善意的社会倾向、同情心、爱情等等，但这些倾向只是出于朴素的本能情感和偶然行为，就其本性和人格而言，他仍然不能摆脱自私的、狭隘的自然人的支配。这就是《礼记》中所说的那种庸人："口不能道善言，而志不邑邑；不能选贤人善士而托其身焉，以为己忧；动行不知所务，止立不知所定；日选于物，不知所贵；从物而流，不知所归。"[①]这是知、情、意、行都不能自主的人，因而也不能成为一个真正的人。

三、现有和应有

（一）"是"与"应当"

人生的价值目标，不是个人幻想的自我设计的产物，而是由社会历史发展所提出的任务和使命规定的，是人们根据社会的要求和自己的理想认同设计的。正确的价值目标，是一种与历史前进方向一致的社会定向，它给人们指出符合历史必然性和人民利益要求的总方向，给人们提出"应当如何"的人生目的和行为准则。因此，

---

① 《礼记·哀公问》。

价值目标是人生的根本指导原则，是人生内在价值的核心。正是这种根本的价值目标引导人们去为理想、正义事业而献身。从这个意义上说，"应当"就体现着社会进步的要求和个人的良心。

从个人的发展和完善来说，"实际是什么"和"应当是什么"是不可分离的。不但不可分离，而且更应该注意人应该是什么。事实上，社会的价值要求和共同理想，同时也就是对于每个人的人生指导。当它走到你面前时，它会严肃地劝告你："应当成为理想的人！"同时它又不客气地提醒你，"你现在还不是！"

每个人都有两方面：是什么和应当是什么。就人生的价值来说，这就是现有价值和应有价值。一个人是什么，这是由他的历史和现状、过去和现在规定的，体现着他的现有价值。但是，人能意识到自己现有的存在和价值，这种自我意识是一种自我评价。当着这种评价与自己的理想相对照时，就会产生理想与现实的差别，从而提出应当如何的要求。于是现有的存在就要冲破已有的规定，向着应当的理想要求努力，实现理想的要求。正如黑格尔所说："精神生活之所以异于自然生活，特别是异于禽兽的生活，即在其不停留在它的自在存在的阶段，而力求达到自为存在。"[1]自然事物受到限制而不知其限制，人则自知其限制。当他自觉到限制时就开始超出了限制，也就是要冲破已有的局限性，向前进取。一个积极进取的人，总是不满足于自己现有的价值，而向着更高的目标追求，力图实现应有价值。在这里，"应当"就意味着理想要求对现有规定的否定关系。个人的现有价值是有限的，它的有限性就是一个人"是什么"的规定。不满足于这种有限的规定，冲破它的有限界限，达到一个新的更高水平，就是所谓"超越自我"。

这个道理不难理解。我们给自己做评价时，就是对自己做出判

---

[1] [德] 黑格尔：《小逻辑》，贺麟译，商务印书馆1980年，第89页。

断。例如我们评价一个人说：他是劳动模范，这是对这个人的劳动情况做出的一个判断。做出这个判断，实际上就是把"他"放到"劳动模范"这个概念中去，也就是拿他与劳动模范这个概念相比较。再如，要说出一个行为是否善，就需把所说的行为和它应该是什么样的相对标准做比较，即要和它的善概念相比较。"劳动模范""善"这些概念里，内涵着关于劳动模范和善行为的理想的、标准的要求，这种要求对相关的人和行为来说就意味着"应当"。

拿某类人和某种行为与其相应的概念做比较，就是和某类人、某种行为"应当如何"相比较。这就是说，"应当"的要求，不只是意味着将来要达到的要求，同时也意味着现实条件所达到的最佳状态。"应当"本身就包含着现有的规定，而现有的规定同时也包含着理想的"应当"。若将现有的潜在性加以充分发挥，就可以显示出现实性本身所具有的理想性。因此，"应当"既是理想的，又是现实的，是理想与现实的统一。这正是善的力量所在，它不仅要定向地改造现有，要求现有，而且本身也有实现应有的基础和力量。

当然，"应当如何"作为理想的目标和要求，具有普遍性和一般性，必须与个人或行为的特殊情况相结合，才能有效地变为个人的指导原则和力量。对于个人来说，就是要善于根据自己的条件和能力，选择适当的途径和手段实现理想要求，并且保持自己的特殊性和个性。如果对这一点认识不足，就会在人生道路上陷入徘徊、彷徨，或者盲目自满，或者消沉自卑，甚至产生狂想型精神分裂症。这就是要注意一个"能够成为什么"的问题。这个人生过程的圆圈，就是：人生的实存是人生的自在状态；人生的价值是人生的自为状态；那么人生的极致便是二者统一的人生的自在自为状态。自在自为是人生行程的统一复归阶段。它不仅不停留在人生的本然状态，即"是什么"的状态；又扬弃了人生的应然状态，即"应该是什么"的状态；它将"应当"的指令，通过行动见之于客观，因此它是一个客观和主观相统一的过程和状态。

"应当"不仅体现着现有价值和应有价值的统一，也体现着人的自律与他律的统一。自律是人的道德生活的特征。对于个人来说，自律意味着对自己的激励和约束。自我约束是多方面的，其中一个重要方面就是对自己的情感、欲望的约束。一般来说，人的情欲（情感、欲望，下同）要求总是发自个别的冲动，通过个别的冲动对外部世界的个别对象发生关系，以达到自身欲望的满足。显然，作为自然的情欲，它是个性化的、任性的，因而在没有正确的理智和原则指导下，往往表现为无节制的自私行为，不利于自他关系的健康发展。一个人如果处在这种状态中而不自觉，就会被任性的欲求所左右，被偏私的欲求束缚而成为"情欲的奴隶"，如贪色的奴隶、贪财的奴隶、贪吃喝的奴隶等等。既为奴隶，就不能自律、自主，因而在适宜的环境中，就往往表现为无教养、粗野、低级，甚至丧失德性和人格。在这种被局限的褊狭情欲中，人就没有自制力，也没有自爱、自尊的能力。如果习惯成自然，铸成"第二天性"，更会失去从"是什么"向"应当是什么"超越的自由。

与上述情欲的奴隶相反，人在把自己的感情、欲望作为对象来思考和加以理智的控制时，就会成为自己情欲的主人，正确地发挥情欲和理智相结合的主体作用。人作为这样的主体，不仅意识到自己的欲求和利益，而且能够意识到他人的欲求和利益，意识到社会整体的欲求和利益，意识到外部世界发展的必然性，从而正确地把握历史进步的方向。只有正确理解个人与他人、个人与社会的关系，才能看到自己的使命和责任，明确自己应该如何，并且主动实践自己的理想选择。这样的人就不再是情欲的奴隶，而是一个有教养的、文明的、高尚的人，是一个意识到自己的利益和人民利益一致的人，是一个真正符合"人"这个字的含义的人。

由此可见，在现有价值与应有价值的矛盾中陷入彷徨、苦恼，只不过是庸人的特征。对于一个有理想、有志气的人来说，"现有"只是前进的起点、转化的中介，"应有"才是奋斗的目标和动力。在实现应有价值的过程中，履行责任与追求幸福是一致的。社会的价值目标和行为规范对于这样的人来说，并不是消极的束缚，而是前进的方向和激励的力量；它不只是外在的要求，而且也是个人内在的要求和良知。它不是使人感到束缚，而是使人警醒、感奋，自觉地克服自己的任性，同主观片面、自私自利、胡作非为做斗争。

（二）求解"应当"

有一种议论，认为不应该强调"应当如何"，任何哲学都没有权力向人们提出"应当如何"的要求。还有一种强调"可能生活"的主张，认为"应该只不过是一种约定的要求"，"应该"本身是"无根的"，因为"任何一种应该都有可能是不应该的"。这种议论听起来似乎很新鲜，也有一定的道理，但仔细想来它又似是而非，带有很大的片面性。其实这并不是什么新问题，而是哲学史和伦理学史上的老问题。

远的不说，近代欧洲的启蒙思想家对中世纪基督教神学批判的结果，差不多都注意到这一点："人生应当是怎样的？""善恶价值的根据在上帝吗？如果不是上帝那么应当的根据在哪里？"他们在批判了基督教神学的上帝原则之后，纷纷回到人的原则上来，从人出发寻求善恶、应当的根据，并建立了各自的哲学体系。

17至18世纪流行于英法的经验主义、功利主义、理性主义、情感主义等，都以各自的观点对"应当"做了解释。弗朗西斯·培根批评马基雅弗利：只是从人性恶的方面"把人的行为事实描写出来"，而没有向人们指出"应当如何"。霍布斯在阐述他的自然法道德哲学时，也强调了人类理性由于功利的驱使而用自然法去限制自然权，正是意味着"应该"如何的道德要求。法国启蒙思想家在从自然主义方面看道德，只注意肉体的必然性，不懂得"应当"是什么，但当他们从政治上看待道德，因而程度不同地从社会要求上理解道德的义务性时，则强调功利的和道义的"应该"。狄德罗还揭示出：应该意味着一般是特殊的根据和将来对现在的要求。至于德国的思辨道德哲学，更是在这个地方大显身手。

康德力图找出排除任何经验、功利、情感因素的道德法则，他找到的是无条件的、纯粹出于"应当"的理性的绝对命令。他认为实践理性借以自律的根据就在人自身之中，"应当"就表示意志对普遍理性道德法则的关系和尊敬态度。他的道德哲学就是论证这个"应当"的。照他的道德法则，道德行为绝对不能考虑功利效果，不能有为了功利的目的。道德就只能是出于对规律尊重的"应当"，出于"义务"。这样，他就把道德的高尚性、纯洁性，也就是把"应当"，推到了脱离人的实际生活的神秘思辨领域里，可以同宗教教义"坐一条板凳了"。

黑格尔看到了英法哲学和康德道德哲学的片面性，力求辩证地解释"应当"这一范畴。黑格尔从分析矛盾入手，认为事物自身由于矛盾而包含着否定性。由于其自身的否定性，同时也是对规定的否定，在发展中就意味着对规定界限的超越。这种对规定的否定关系就是应当。因此，规定本身包含着应当，应当本身也包含着限制。任何事物既是规定，同时也包含着应当。假如它是规定，那么它就不仅仅是规定，它必定还包含着打破规定的否定方面即应当，否则它就不能发展；假如它是应当，那么它就不仅仅是应当，它必定同时也是一个规定，一种有限的存在，否则它就不是现实的。例如，一个现实的人，就其现实的存在来说，他是什么样的人就是他的规定，也就是他的有限性。但是他并不满足于现实的存在和有限的规定，总想突破现有的规定，改变现有的状态，使自己更高、更好。这个更高、更好的状态对于他原有的状态来说就是一种否定，对于他的现有规定来说就意味着"应当"。在黑格尔看来，国家、社会、家庭等客观伦理关系对个人的要求，就是一种"应当"，个人自觉地认识这种伦理关系，遵循个别、特殊和一般统一的辩证法，把个人利益与他人、社会利益结合起来，就是合理的、真实的，而不是康德那种形式的应当。在伦理道德中，应当就体现着特殊意志与普遍意志的关系、个人利益与公共利益的关系、个别行为与普遍原则的关系；也就是要使个别、特殊上升到普遍，使个人之德行符合伦理的要求。个人的德不过是社会伦理的造诣。显然，在黑格尔那里，应当的根据是客观的，是以矛盾发展的必然性和解决矛盾的必要性为根据的。作为应当的东西，不仅是客观的、真实的、合理的，而且是善的；反之，"不是它应该那样存在的"，就是恶，它在现实中就不应该存在。

黑格尔的观点并非纯粹唯心主义的思辨，在他的唯心主义思辨形式中反映着深刻的现实内容。这可以从 1795 年 4 月 16 日他写给谢林的信中看得很清楚。信中提出，为什么到这样晚的时候人的尊严才受到尊重？他认为，这是超越封建专制和宗教统治的新时代的标志，它证明压迫者和人间上帝们头上的灵光消失了。哲学家们论证了这种尊严，人们学会感到这种尊严，并且把他们被践踏的权利夺回来，不是去祈求，而是把它牢牢地夺到自己手里。他针对封建专制主义和宗教统治说，"宗教所教导的就是专制主义所向往的。这就是蔑视人类，不让人类改善自己的处境，不让它凭自己的力量完成其自身。随着人应该是什么的观念广泛传播，那些把一切都看做像现在这样子永远不变，墨守成规的人们的惰性也就改变了"。①黑格尔在"应该"两字下面打上重点，表明年轻的黑格尔正是从社会历史发展的必然性和必要性上去把握"应该"这一范畴的根本意义的。由此，什么是善，什么是恶，也就有了客观的、现实的、历史的尺度。

然而，从黑格尔成功的年代到黑格尔哲学解体之后这一阶段里，逐渐出现和兴起了否定或贬低"应该"的思潮。首先是与黑格尔竞争柏林大学哲学课堂的叔本华。在他看来，黑格尔哲学除了胡说八道之外都是陈词滥调，他的哲学要走出理念的迷宫，以意志为现象的本体，而意志是绝对自由的。因此他针对不讲"实际是什么"的抽象思辨，宣称他的道德哲学"没有什么应该"，自由意志也不服从任何"应该"。这就不仅否定了宗教的他律道德，而且也否定了任何合理的正当的道德要求的"应该"。

前面提到的德国哲学家施蒂纳，从极端唯我主义出发，宣称"我是高于一切的"，"我就是我的绝对本质"，而作为类的人只是理想、思想。在他看来，成为一个人并不等于完成人的理想，而只是表现自己、表现个人；人生的使命并不是如何实现普遍人性的要求，而是如何满足自己。因此，自我的存在和发展"没有准则""没有法则""没有模式"，因而也没有"应该"。道德、法律、社会、国家、民族、人类以及真理等等，所有非个人的普遍性的"应该如何"，都是对个人的奴役。施蒂纳的无政府主义观点，是与他在哲学上否定任何"应该"分不开的。

主张个人主义的尼采，更是以其权力意志的"超人"哲学，否定"应当"。他强调"意志解放一切"。而要这样，人就必须首先成

---

① 苗力田编译：《黑格尔通信百封》，上海人民出版社1981年，第43页。

为一个"能够意志的人",再去做自己所想做的事。按照"应当"去思考和行动的人是弱者,因为弱者不能在"应当"面前说"不"。在尼采的人生哲学里,人只是自己,个人的目标就是成为"超人","应当"的道德只是虚伪的说教。尼采与叔本华的不同之处在于,他面对人生的痛苦和不幸,不是否定自我、追求宗教的灭我的超脱,而是绝对肯定自我、主张用创造使痛苦得到拯救和安慰,而且认为多量的痛苦和不幸对于造就"创造者""超人"是必要的。人生的价值完全在于人去创造,去赋予。他说:"创造这是痛苦之大拯救与生命之安慰。但是为着创造者之诞生,多量的痛苦与多种的变形是必要的。"[①]在这种意义上,他特别强调个人奋斗、主观的估价,在追求超人和价值重估中摆脱一切"应当"的束缚。

如果说,尼采和叔本华在批判基督教的意义上,反对约束个人自由的"应当"还有一定的积极意义的话,那么一般地否定"应当",只承认个人主观意愿、主观的估价,而不承认社会的要求、他人的要求,从理论上说不过是一种主观主义的夸大,甚至是一种"自大狂"。从实践上说,是无视社会关系存在的事实,逃避自己应负的社会责任。

如果我们能从辩证唯物主义观点去批判地分析黑格尔关于"应当"的思想,无疑会从中得到珍贵的东西,使我们对"应当"的范畴得到深刻的理解和把握。讲应当或应该,恰恰就是讲的根据。

科学的"应当"是有根据的,没有根据的"应当"是虚空的、骗人的。在历史上,人们转向主体、主观方面探求"应当"的根据是有原因的。因为人们在上千年的中世纪黑暗中受到专制主义和宗教蒙昧主义"应当"的压抑太久了,要求"回到人自身",树立人

[①] [德]尼采:《查拉斯图拉如是说》,尹溟译,文化艺术出版社1989年,第99页。

的权威，提高人的价值，在人自身确立"应当如何"的根据。马克思在青年时代，曾经为这种解放进行过积极的斗争，但是实现解放不能再走老路，而要走出一条新路。马克思和恩格斯创立了辩证唯物主义哲学和科学社会主义学说，为理解和实现理想的"应当"找到了正确的方法和理论。马克思说："哲学家们只是用不同的方式解释世界，而问题在于改变世界。"[①]这就是说，哲学面临两个任务：一是解释世界，即用理性认识世界"是如此"；一是改造世界，即通过意志和行动使世界成为"应如此"。马克思把对世界的"应当"的反思，从抽象的思辨推向改造世界的科学认识，引导人类遵循历史发展的规律实现人类的解放。

（三）"应当"的根据

按照马克思的理论，要解释"应当"必须首先到客观世界中去找根据，即认识事物发展的必然性和调节利益关系的必要性。在历史领域，事物发展的进程是客观必然性。当事物的发展同人的需要、利益相联系时，就产生了变革事物和调节利益关系的必要性，并形成一定理论、思想和实践的目的，再把实践的目的变为实施计划和方案。这就是从事实中引申出"应当"。如果说理论、思想体现的是"应当"的理想性，那么目的、计划、方案就是"应当"的具体化。"应当"作为对外部世界的理想要求，就是通过实践，按照一定的目的、计划和方案实现对世界的改造。毛泽东把这后一过程看做比得到"是如此"的认识"更重要的一半"。它之所以更重要，就在于它能够指导行动达到改造世界的目的。

什么是"应当"的根据？"应当"的根据就是事物的矛盾。任何事物都是规定，任何规定本身都包含着矛盾，因而都包含着要求

---

① 《马克思恩格斯全集》第3卷，人民出版社1950年，第6页。

解决矛盾的"应当"。事物和人由于自身包含着矛盾才能运动,才有冲动和活动。所以,矛盾是一切运动和生命力的根源,也是"应当"由此产生的根据。然而,客观事物不会说话,是人在改造客观世界的实践中认识到事物发展所出现的矛盾,从而把握住解决矛盾的"应当",表达了客观世界和事物发展的要求。因此,谁说出了历史发展的"应当",并告诉人民使之实现,谁就是伟大的人物。在道德领域,这就表现为善恶矛盾和人们向善的追求。矛盾促使人们积极地行动,根据对外部世界的认识提出对个别外部现实的要求。善就是对外部现实性的要求,就是人的实践。人们向善的追求就是按照外部世界的规律性和行动的必要性,改造世界的实践。这样的实践才是"应当"的;否则就不是"应当"的。道德的"应当"就是反思的、被把握的规定。在这个意义上,善、真、"应当"是同一层次的范畴。善与真是客观的内容,"应当"是它的形式。如果说从实然求应然是由实而求虚,那么从应然到实然就是由虚而求实。前一过程是求知,后一过程就是践行。

在具体的行为中,"应当"就表现为人和人之间的相互关系的要求和道德责任。人们在社会中生活,发生着各种交往关系。有关系就有要求,有要求就有"应当"如何的观念和行为规范。任何一条道德规范都既是一条行为指导,又是一条行为禁例,它规定什么是"应当"做的,什么是"不应当"做的,因而"应当"也就规定了人们的道德责任。这也就是说,人们越是准确地把握合理的"应当"的要求,就越能够使自己的行为具有现实性,使"应然"转化为"实然"。高尔基曾在一篇题为《在生活面前》的杂文中,描绘了一个在生活面前只要"我意愿",不要"我应当",不想尽义务,只想个人自由的人。他说:"生活回答他:如果你没有能力同生活做斗争,并取得胜利,你就只能是个人意愿的奴隶;有力量摈弃个人欲望为理想献身的人，才能得到自由。"这就是说，自由不是摆脱"应当"的要求，而是对合理的、正义的社会要求，对科学的、真实的"应当如何"的要求做出正确的认识和选择，把客观的"应当"变为自己的"意愿"，并付诸实践，这样才能获得自由和幸福，实现自己的人生价值。

"应当"从必然性、必要性到应然性，是主观与客观的统一。从客观方面来说，"应当"首先意味着客观的要求。这种要求如果是有根据的、现实的、合理的，它在客观上就是确定的。从主观方面来看，有两种情况：一种是普遍性的，就是在社会和集体的发展中，树立一种值得仿效的理想范型，尽可能使社会或集体的成员感到应当见贤思齐，心向往之。再一种是特殊性的，即使"应当"与他个人的意志能够做出这种选择相联系，一般有相当条件的人都有可能做出"应当这样"的选择，或者基本上能够做出这种选择。在上述两种情况下，"应当"都意味着一种确定性和可预见性。

当然，这是大体上的确定性和可预见性，不是精密科学的那种确定性和可预见性。但是，正因为这样，也就存在着不确定性，如客观根据本身的不确定性，从现实到理想实现过程中存在的多种可能性的不确定性；事物发展的曲折和反复的不确定性，以及规范的模糊性给个人寻求行为选择理由带来的不确定性，等等。"应当"包含着不确定性，所以有人说对于任何一个"应当"都可能提出"不应当"，也是有道理的。因为任何一个"应当"作为一种判断，都要有理由。可是任何事物的理由在逻辑上都不可能是充足的。从这种意义上说，对任何"应当"都有可能提出"不应当"。当然，就其有正当根据和比较充分的理由来说，凡是被判断为能够做的和能够达到的，同时也就是应当的。用康德的话来说，"应当包含着能够"。不包含"能够"的"应当"，不是合理的"应当"。这里要区分社会的整体要求和个人的特殊情况。社会的要求不是从个人角度权衡的。看到"应当"的不确定性可以防止僵化，看到个人的特殊情况可以避免盲从，但由此就断定任何"应当"都"不值得尊重"，甚至把"应当"看做一种"诱骗"，那就由片面而走向谬误了。

四、相对与绝对

（一）"价值"界定之疑

人生的价值是相对的，还是绝对的？或者是既相对，又绝对的？这首先涉及对价值的看法。

说到价值，有一个人们也许不太注意的现象：自从价值论在中国悄然兴起以来，人们就很少再用"真理"一词，而更多、更经常地是使用价值这个词了。可是挂在人们嘴边上的价值这个词究竟是什么意思？普通人不究学理，往往根据流行的宣传回答"价值就是满足需要"，或者回答"价值就是有用"。可是细究起来，问题就复杂了。随便翻一翻有关的翻译著作，就可以看到许多不同的说法，如"价值是引起兴趣的任何对象"；"价值是以某种方式被享受和可享受的质"；"价值是客体对主体吸引和排斥的程度"；"价值是很难定义的质"；"价值是第三本质"；"价值是我们对事实的态度"；"价值就是愿望的满足"；"价值是纯粹理性的意志"；"价值是有助于提高生活的经验"；"价值是人格统一体的对照经验"；"价值是由福利引起的满足的感觉"；"价值就是兴趣"；"价值是人类需要满足的衡量标准"；"价值是一事物作为手段与实际达到的目的的关系"；"价值是人的生活和它的客体的关系";"价值就是人性";"价值就是人"。当代英国著名哲学家罗素颇有风趣地说,价值就好比吃一盘菜,你吃好吃,我吃不好吃,价值就是口味。如此说来,价值就是跟着感觉走了。

如此等等,可以列出一张几十种、上百种定义的清单。到底什么是价值?众说纷纭,莫衷一是。西方一些价值论专家似乎已感到陷入困境。美国著名社会学家索罗金不无失望地说:"价值论之所以一度停留在毫无结果的哲学水平上,是因为人们试图用一实质语言来分析一种虚无缥缈的东西。"①美国实用主义哲学权威杜威先生在其90岁高龄时曾说:"就目前有关价值问题的情况而言,最重要的问题乃是方法。"②实际上这是当代西方哲学界比较普遍的情绪和看法。有人认为,在价值问题上,我们只能遵循人本主义观点。其实,价值论上的人本主义往往陷入困境,那些自相矛盾的价值定义常常造成理论的和价值判断的混乱。出路何在?不妨先听听另一种声音。

(二)黑格尔论价值

了解黑格尔哲学的人都知道,他在《逻辑学》和《小逻辑》中,描述了绝对精神通过抽象概念实现自我发展的过程和环节,阐释了反映绝对精神发展的基本过程及其各个环节的概念、范畴;指出了思维从抽象到具体即从单面到多面、从空洞到内容充实的运动,但是就没有专门阐述价值这个概念,或者说没有把价值概念放到他的概念体系中去。我们在读他的逻辑学时会有这样的印象。可

---

① [美]马斯洛主编:《人类价值新论》,胡万福等译,河北人民出版社1988年,第105页。

② 方迪启:《价值是什么》,(台北)联经出版事业公司1986年,第21页。

是当我们读他的《法哲学原理》时，就会改变这种印象。他在那里不但使用了价值概念，而且把价值概念贯彻到经济、法律、道德、审美等领域，还谈到了人生的价值、公共舆论的价值、公开性的价值等，并对价值概念作了规定。剥去其理念论的神秘外衣，我们可以从中得到关于理解价值概念的有益启示。

黑格尔是从经济关系入手分析价值概念的。在经济领域，他对"在使用中的物"做了分析。他指出，物一旦进入人的实践，被人所使用，那么它就是在质和量上被规定了的单一物，并且与人的特种需要有关。这样，一方面，物的特种有用性由于它具有一定的量，就可以与其他具有有用性的物做比较；另一方面，该物所满足的特种需要同时也是一般需要，因此它也可以与其他需要相比较。物的这种简单的规定性，是一种来自物的特殊性的普遍性。这种普遍性就是物的价值。按照黑格尔的理解，这种物的普遍性、一般性，就是物的实体性。而物的实体性就在这种价值中获得规定。有用性是个别性、特殊性、现象性；价值性是一般性、普遍性、实体性。正如特殊性不等于普遍性，有用性也不等于价值性。正因为这样，价值才能成为意识的对象。如果它只是满足需要，那它还只是感觉的对象，而不是意识的对象。[①]从感觉上升到意识，就是超越感觉的价值的思考。

这样看来，价值是个量的概念。当我们考察价值概念时，我们是把质暂时排除了的。在价值里，质在量中消失了。假如不把质排除，就无法对不同的事物进行比较，就无法在比较中规定其价值。就是说，当我们谈到需要的时候，我们所用的名称可以概括各种各样不同的事物；这些事物的内在共通性使我们能对它们进行测量和

---

① [德] 黑格尔：《法哲学原理》，范扬、张企泰译，商务印书馆1961年，第70页。

比较。这样，我们的思维就从质进到量，从感觉上升到意识。黑格尔说，这种"由质的规定性产生的量的规定性，便是价值"。①

量的规定性不能离开质的规定性，后者是前者的载体，前者是后者的所值。当我们考察物的价值时，我们就把物看做量，看做符号（如货币），只把它当做所值来看。在这种意义上，价值也是意志的主观表现，是意志的存在方式。从市场交换的经济关系来看，一旦交换双方订立了契约，那么当事人双方就放弃了各自的所有权，而保持着他们同一的所有权，也就是放弃了质的不同一性，而保持着量的同一性。在这种关系中，这个"同一的东西"就是价值。因此，价值不仅是"物的内在普遍性"，而且是物在比较中的同一性、可通约性。

从这些论述中，我们可以看到黑格尔关于经济学价值概念的规定。这些思想显然直接影响了马克思关于经济学的价值概念的形成。如果仅仅到此，我们只能说这是经济学的价值概念，并没有解决我们的问题。但是，黑格尔并没有到此结束他的价值分析，他把这个概念的规定用到了法律领域。

当黑格尔论到对各种犯罪行为进行处罚时，他强调必须由法律来规定。而法律的规定即在于找到由犯罪行为所造成的侵害的普遍性，即找到它的价值。黑格尔说："当损害达于毁坏和根本不能回复原状的程度时，损害的普遍性状，即价值，就必须取代损害在质方面的特殊性状。"②这就是说，犯罪人作为具有理性的人做出的行为，各个都是特殊的行为，但每个行为都包含着它对作为法的普遍性的侵害，即包含着他的行为应有的价值。法律对犯法行为的惩罚

---

① ［德］黑格尔：《法哲学原理》，范扬，张企泰译，商务印书馆1961年，第71页。

② ［德］黑格尔：《法哲学原理》，范扬，张企泰译，商务印书馆1961年，第100页。

就是使犯法行为体现其价值。犯法行为的价值就是它的侵害性质的普遍规定。法律就是适用于个别事件的一种普遍规定。

对犯法行为的惩罚是对犯法行为的报复。这种报复是对侵害的侵害，但不是与犯法行为特种性状的等同，即不是对犯法行为的同态报复（如以窃还窃，以眼还眼，以牙还牙），而是与侵害行为普遍性状的等同，即价值的等同。（当然，杀人者偿命，这种"同态报复"是因为生命是人的整体，生命是无价的，它的普遍性状与其特殊性状是同一性状）这种法的等同性、价值的等同性，就是不同种犯罪行为的同等量刑的根据。在黑格尔看来，道德只是行为的主观方面，虽然与犯罪行为有关，但法律不能处罚其思想，而只能处罚其外在行为。法律所要处罚的，即所要规定其价值的是行为的外在方面，即客观的、实存的行为。

在这里，黑格尔给价值范畴作了规定，即价值是"在实存中和在种上完全不同的物的内在等同性"。[①]这个规定与经济学的价值规定是一致的。黑格尔说，通过这一规定，我们对事物就能够"从其直接的特殊性状提高到普遍物"，也就是把握它的价值。在法中，等同性是根本原则。把握等同性，就能对不同的犯罪行为加以比较，给犯人处以应处的刑罚。审判就是通过事实和理智去寻求犯罪行为的价值上的等同性。这里应注意，黑格尔所说的"在实存中"，就是在一定的实际存在的关系中。不在实际关系中的存在只是抽象的存在，不是实存的存在。就法律行为而言，就是处在一定的社会关系中。这样来说，黑格尔的价值概念的规定就是：在一定社会关系中实际存在的不同事物的内在的等同性。简单地说，价值就是处在一定社会关系中的不同事物的内在等同性。这种内在等同性就是

[①] [德]黑格尔：《法哲学原理》，范扬，张企泰译，商务印书馆1961年，第105页。

与事物的内在本质相联系的。马克思在早期著作中肯定了黑格尔的这个观点，也是把价值看做普遍性、内在本质的。

对道德领域的价值，黑格尔也按照他对价值的理解做了解释。在黑格尔看来，道德就是关系的观点、要求的观点、应然的观点。因此，道德的价值就要从关系的要求去考虑。道德所追求的"应当"，是作为普遍物的善，即价值。这种善如果是在主观意志中设定的，就是主观价值，也是相对价值；如果是在客观伦理中的实现，就是客观价值，具有价值绝对性。黑格尔指出，道德价值与别的价值不同，在于它自始至终是包含在他的主观意志中的（注意：黑格尔所理解的道德是狭义的，属于伦理的一个环节，只是主体意志的内部规定，相当于通常所说的德）。就是说，主观意志应以善为目的，并实现善的目的，才具有实体性的价值。在一个具体行为中，有两方面的意义：一方面是特殊的利益意图，另一方面是意图的普遍物（善）。行为通过特殊物而具有主观价值，通过普遍物而具有客观价值。主观行为的价值要在客观的伦理关系中实现，即赋予客观的价值，才具有实体性价值。因此，人的主观意志仅仅以在见解和意图上符合于善，才具有价值和尊严。

黑格尔在《小逻辑》的概念论中谈到人时，不仅把人看做一个个人，同时也把这一个人看做是众人中的一分子，把这个人看做体现着他的普遍性的人。在黑格尔看来，个体的人之所以是一个人，是因为他具有人的普遍性。普遍性才是个体的根据和基础，是个体的根本和实体。要对这个人的价值做判断，那么，不管他一切别的情形怎样，只有它们符合他作为一个人的实体本性，它们才有意义和价值。黑格尔以黄金为例，说"黄金是昂贵的"这个判断所涉及的，只是判断主体的需要、嗜好和费用等外在的关系，即使这些关系变化了，消失了，黄金仍然是黄金。只有金属性才是构成黄金的实体本性，没有了金属性，黄金以及属于黄金的一切特质都将无法自存。这就是说，黄金对人有用，它的有用性是通过人对它的需要和黄金满足这种需要的性质确定的，但是黄金的有用性是由它的金属性决定的，没有这种特殊的金属性，其有用性也就不复存在。我们判断一个人的价值也是这样，要把握他的普遍性，在与普遍性的统一中去评价他的特殊性。

从这些论述中可以进一步说明，黑格尔所说的具有一般哲学意义的价值是指体现事物本质的普遍性，它是普遍性与特殊性的统一，而不只是特殊性。黑格尔所说的"实体本性"，在历史唯物主义者看来，就是人之为人的社会规定性，亦即一定社会关系中的普遍性。它是好的、坏的、善的、恶的、美的、丑的、正的、邪的，荣的、辱的、忠的、佞的，等等，都是人的一定的社会存在的意义和价值体现。如果说世上的真、善、美、正义、平等、自由等等，自古以来确有不同，甚至"各好一套"，那正是由于一定的社会关系存在方式使然。人的活动的一定的社会存在方式，也可以说是人的活动的一定社会意义。我们应该承认，这类价值同真理一样，是相对的，但就其作为客观的、本质规定而言，又具有绝对性。应该把特殊性和普遍性、相对性和绝对性统一起来认识价值。

（三）马克思对瓦格纳的批评

有人说，马克思提出了经济学的价值概念，没有提出哲学的价值概念。这种说法值得讨论。实际上，价值论并不是被马克思忽视的领域，他像重视真理一样重视价值。马克思在早期著作中，在论述出版物的好坏时，认为出版物的好坏划分不能根据个别人的想象，而应当根据出版物的实质本身。他还强调指出，判断事物的善恶不能靠感觉，因为感觉不能认识事物的内部本质，就像小孩子凭感觉评价事物。如果一个人说"这火炉是热的",那么做出这样的判断只要靠直接的知觉就可以了,但是要对一个人的美或善做判断,就不那么简单,必须把要判断的对象和他应该是什么样的概念相比较,也就是以其特殊性对照其普遍性,把握其本质。当然,价值评价要有主体的感觉、知觉、兴趣,要有对事物的需要、喜好、欲望,这也是做出评价的认识基础和条件,但这些只是评价的主体和主观条件,要真正做出善恶评价,就必须透视事物的"内在本质"。对于社会事物就是要看透事物在历史和现实发展中的作用,要在与整体和普遍性的联系中进行评价,把握事物的内在本质和根本属性。马克思虽然没有专门给价值下定义,但在他使用的"价值"一词中,已经包含了后来价值概念的基本规定和方法论原则。

这一点还可以从马克思对瓦格纳的批评中看到。1879年至1880年间,马克思写了一篇经济学笔记——《评阿·瓦格纳的〈政治经济学教科书〉》,其中对价值概念做了深刻分析。

瓦格纳在他的《政治经济学教科书》中把使用价值当做价值,对价值概念做了错误的理解。他从抽象的人出发理解价值,认为"人作为具有需要的生物,同他周围的外部世界处在经常的接触中,并且认识到,在外部世界存在着他的生活和福利的许多条件";"人们的自然愿望,是要清楚地了解内部和外部的财物与他的需要的关系。这是通过估价来进行的。通过估价,财物被赋予价值"。在这两段话里包含着这样三步推论:

第一步,从人出发,肯定人是有需要的,表现为满足需要的自然愿望;第二步,肯定人同他的周围环境处在经常的接触中,人的愿望是要认识并且能够认识外界物与需要的关系;第三步,通过对外界物的认识对外界物进行评价,而评价就是对外界物赋予价值。结论就是:价值是从人们对待满足他们需要的外界物的关系中产生的。马克思认为，瓦格纳对"价值"概念的规定是错误的，其错误归纳起来主要是：

第一，人的需要不是抽象人或自然人的需要，如果是指一般人、抽象人，那么人就没有需要；如果是指孤立的自然人，那么他只是非群居动物，也不是人的需要。人是具体的，具有他所生活的那个社会的规定性。

第二，说"处在"关系中，那是静止的、理论的关系。人不是静止地"处在"与外界物的关系中，而是积极地活动，通过实践活动取得外界物，从而满足自己的需要。人在反复的实践中认识外界物的性质。这种实践活动是从生产实践开始的。

第三，人们在生产活动中必然结成一定的社会联系和交往关系，并且相互间发生着利益矛盾和斗争。外界物对人的服务，是为满足已经生活在一定的社会联系中的人的需要服务的，因此，人的需要的满足是受一定的社会关系制约的。

第四，瓦格纳从人出发，进行抽象的推论，马克思说他是从"一定的社会经济时期"出发，也就是从一定的生产关系出发，从现实的人出发。这是两种不同的方法论。

马克思认为，使用价值与价值的关系是个别性与共同性、特殊性与一般性、外在性与内在性、自然性与社会性的关系。因此，物的有用性不等于其价值性。不能按照瓦格纳的方法，把个别性与共同性、特殊性与普遍性、外在性与内在性、自然性与社会性，以及有用性与价值性等同起来。从上述思想来看，马克思虽然没有专门给价值概念下个哲学的定义，但在他对经济学价值概念的规定中，已经包含了规定一般价值概念的基本方法论原则。

这里的一个关键环节是如何理解需要。人是有需要的。不管行为科学对人的需要做出什么样的分类，人有各种需要这是一个科学事实。但是，人不是抽象的，需要也不是抽象的。作为生活于一定历史条件和社会关系中的人的需要，其内容、原因、动力以及实现的手段和方式，都是受一定的历史条件和社会关系制约的。人的主体需要及其主观表现欲求、愿望、目的和激情等，看起来是来自人自身的，但实际上却是依赖于外部世界的，是由社会实践产生的；各个人按其自身需要活动的结果，也是个人预料不到的熔铸社会历史的进程。对于这个外部世界和社会历史进程来说，主体的主观需要只具有从属的性质。在实践过程中，自主的主体要变为被社会历史所决定的客体，主观的自由就要服从客观的必然性。借用黑格尔一句话说就是，"必然性的观点就是决定人的满足与不满足亦即决定人的命运的观点"。这就是说，在解释主体及其需要时，应当看一看，在客观的历史进程和社会关系中，人们是在什么样的位置中思考和行动的。弄清人们所处的社会关系和地位，就可以知道人们的欲求、愿望、目的和激情等等，是怎样产生和发展的，大体上具有什么样的内容和趋向。

我们不能用抽象的人性和人性需要去解释或规定人的社会存在，而应当用人们的社会存在去解释或规定人性和人性需要。把抽象的人性和人性需要说成是"解开真善美的钥匙"，是"理解价值的根本"，实质上正如马克思所说，不过是"利用抽象的想象的主体"，去代替现实的主体，"不让社会成为真正起决定作用的本原"。[①]由此可见，用"满足需要"来规定价值概念，或用"满足需要的有用性"来规定价值概念，虽然包含部分真实，但是并没有把问题说到底，仍然留下了"价值到底是什么"的疑问。

抛开价值定义问题不论，我们可以说，人生价值就是人生活动的一定的社会存在方式，是人生活动的社会意义。就其一般社会内

[①]《马克思恩格斯全集》第1卷，人民出版社1960年，第67页。

容来说，人生的价值就是人们通过一定的社会活动对社会所尽的责任和所做的贡献。它是人的活动在社会历史中的投影，犹如人生一路走过来所留下的脚印。在我们的社会主义社会关系中，这个结论化为一个通俗而深刻的命题，就叫做"为人民服务"。"为人民服务"这五个大字，就体现着人生的自我价值与社会价值、内在价值与外在价值、现有价值与应有价值、相对价值与绝对价值的统一。

（四）评价的相对性

论说人生价值，不能不涉及价值评价问题。价值的复杂性，给评价带来了复杂性。智莫难于知己，也难于知人。无论是评价自我的价值或是评价他人的价值，都不是容易的。

首先，人生价值的评价，是人们根据一定的标准，对人生实践及其贡献做出肯定或否定的判断，或者做出部分肯定、部分否定的判断。所谓肯定评价，就是做出恰当、正当、高尚等评价；所谓否定评价，就是做出不当、错误、卑贱等评价。这里的肯定或否定，其层次或程度，是与上述价值的层次、等级相关联的。这里有价值的两极性问题，即或善或恶两极评价，也有价值的等级或程度问题，即善恶的级次和程度。当然，实际存在的价值等级和程度不止三层，而是有多层，换而言之可以有无限层，如同光谱颜色的层次一样，大体区分有红橙黄绿青蓝紫，细分下去，很难确定色度之间的界限。不过这样细分对社会生活也没有什么实际意义。

价值评价有没有客观标准？从个人的视角来看，对人生价值的评价总是有局限性的，即局限于个人的视野范围和判断能力。几乎每个人都有占主导地位的生活倾向、人生态度，甚至有自己坚定不移的人生哲学和行为取向，因而人与人之间常常发生价值评价上的争论和对立。要使一个人全然超出个人的局限性，领会他的视野和能力以外的人生价值，往往是很困难的。有时出现这样的情况：一个人往往以为自己的生活方式是最好的，自己的人生选择是最明智的，也是最幸福、最有价值的。例如，一个学者在做学问中创造价值，实现自我，总觉得自己的生活是最好的，最幸福的，甚至有亚里士多德所说的"神似幸福"之感。可是在一个讲究吃喝享受的人看来，这种生活太枯燥，简直是苦行僧。他觉得痛痛快快干活，歇下来弄点吃喝，才是快乐和幸福。那些堆积如山的书籍，在他眼里不过是一堆砖头。对待这种评价的对立，就不能非此即彼，而应亦此亦彼，从多样性的视角进行评价，互相理解、互相沟通，同时也冷静自省。不同的人尽管有不同的生活倾向、态度和兴趣，但人们的生活经验也能使之确信和理解人生的一般价值和共同价值所在，理解各种人生选择和生活方式的社会意义。这种观察生活的多视角，正说明有一元的共同价值标准存在，否则就不能做出多样化的肯定。统一的、一元的价值标准与有限多元的价值标准和多样化表现相结合，就构成人生整体和全局的生动活泼的图景。

对人生的评价是与利益相联系的。人们对人生价值做出判断，常常受到利益的支配，它使一些人眼明，使另一些人智昏；使一些人狭隘，使另一些人大度。主体的利益在自身尚未意识到以前是客观存在的。在被主体意识到并做出评价以后，就在主体意识中形成生活目标和理想追求，这时就表现为主观利益情感和利益观念，于是在主体意识中就形成了某种特殊的评价标准，即内在尺度。这种尺度从形式上看是主观的，但从内容上看却是客观的。正确的评价标准，应当是正确认识各种利益关系，形成正确的客观标准，而不能单凭主观好恶、任性或一时情绪做出评价，如对社会公共利益和个人利益、局部利益和全局利益、眼前利益和长远利益以及物质利益和精神利益、生存利益和享受利益等等，没有正确认识，不能正确对待这些关系，就不可能有正确的评价尺度。所谓对错、正邪、高卑，就是由这些关系规定的，只有在这些关系中才能做出正确判断。

价值评价虽然有时因人而异，因评价主体而异，但就整个社会的发展来说，价值评价还是有它客观的、统一的标准的。任何阶级的、集团的和个人的评价标准，如果不与这种根本标准相一致，就不能作为评价的普遍标准，就不会得到社会成员的普遍认同和遵行。在社会主义社会，一般性评价的客观标准只能是社会的进步和人民的利益，在我国现阶段只能是有利于社会主义现代化建设和祖国的统一，评价的根本标准归根到底是"三个有利于"，即有利于社会主义社会生产力的发展，有利于综合国力的增强，有利于人民生活水平的提高。这里包含着生产力标准，也包含着价值标准；包含着历史评价标准，也包含着政治评价标准和道德评价标准。道德评价不是直接以生产力为标准的，而是要以现存的社会主义道德原则和规范为标准，不能简单地套用生产力标准，但社会道德评价归根到底也不能违背生产力标准。生产力标准是一切价值评价的最终基础和根据。这就是社会主义道德评价具有特殊的功利性质的根源。

但是，道德评价具有功利性质，却不能归结为功利主义。这就是说，对人生和行为活动不仅要依据其客观效果、外在价值进行评价，还要依据主观态度、内在价值进行评价。不仅要评价其作为手段、满足社会和他人需要的价值，即所谓有用性的价值，还要评价其作为目的、在人格对待和确证中的价值，即在社会关系规定和社会发展的普遍意义上所体现的价值。如果只注意功利评价、有用性评价、外在价值评价，就会把人看做工具，把人与人的关系完全归结为互相利用的关系；如果只注重内在价值、主观态度的评价，就会把人生价值完全看做精神价值,把人看做只是目的,是绝对独立的人格,而忽视或否认人生的实践意义,忽视或否认社会功利价值,而陷入纯粹的思辨中。

人生评价标准是客观的,但不是永恒不变的。世界上没有永恒不变的评价标准。价值是扎根于一定社会关系并随着主客体关系的变化而变化的。价值评价是具体的、变化的,不是抽象的、永恒不变的。追求永恒不变的评价标准,必然导致价值评价的绝对主义。

但是,抛弃价值评价的绝对主义,不应当否认价值评价标准的客观性和绝对性,陷入价值评价的主观主义和相对主义。价值评价中的主观主义和相对主义认为,价值完全是主体的主观创造,是主体赋予客体的;认为强调"应当如何"就是对人生的"专制和束缚",甚至是什么"现代独断论"。按照这种理论,人生要得到自由,就必须取消任何"应当"的束缚,任凭个人的主观选择和"创造";人生就是要"由我""为我";"我"就是价值评价的唯一标准。这就意味着,人人各有自己的标准,没有统一的、客观的标准。如《四十岁前成功》一书的作者戴路所说:"任何人都不能告诉你什么是'对的'。这只能由你的良心来解决。""我们每个人都有自己的规律。"他把良心看做抽象的,把规律看做个人的主观的,因而不能不离开社会实践和社会关系的规定,陷入主观主义、唯我主义。普列汉诺夫说得好:"一个人对这个世界的关系一旦到了把自己的'我'看做'唯一的现实'的地步,他在思想方面就必然成为一个不折不扣的穷光蛋。"[①]

"应当"是价值关系的一个基本特征,是价值观念的核心,也是价值评价的基本形式。所谓人生价值评价,就是对人生世事和行

[①]《普列汉诺夫哲学著作选集》第5卷,生活·读书·新知三联书店1984年,第875—876页。

为做出"应当"或"不应当"的判断。一切对的、好的、正当的、高尚的行为和人生，都是应当的；反之，一切不对的、不好的、不正当的、卑劣的行为和人生，都是不应当的。应当的与不应当的，是人生实践中普遍存在、时时存在的，它们就是人生的内容。因此，在人生过程中，总可以区分出什么是"应当的"，什么是"不应当的"。在一定的情境和条件下，人们还是可以做出而且必须做出"应当怎样做"和"不应当怎样做"的判断的。人的每一个行为是这样，整个人生也是这样。尤其在生活变动、新旧交替的历史时代，旧的评价标准还在流行，虽然已为人们所抵制，新的评价标准已经建立，但还没有为人们普遍接受，在这种情况下，正确地把握"应当如何"的价值取向和标准，对于人生的成败还是非常重要的。

美

可欲之谓善,有诸己之谓信,充实之谓美,充实而有光辉之谓大,大而化之之谓圣,圣而不可知之之谓神。

——孟子《孟子·尽心下》

图难于其易,为大于其细。天下难事必作于易,天下大事必作于细。是以圣人终不为大,故能成其大。

——老子《道德经》

第七章　人生的纯朴

在艺术家看来，一切都是美的，因为在任何人与任何事物上，他锐利的眼光能够发现"性格"，换句话说，能够发现在外形下透露出的内在真理；而这个真理就是美的本身。

——奥古斯特·罗丹

真、善、美三位一体。人生的一切有益活动，都是在对假恶丑的斗争中达到的真善美的状态和境界。抽象地说，人生的"真"所要回答的问题是：人生是什么？人生的"善"所要回答的问题是：人生应当是什么？那么人生的"美"所要回答的问题是什么呢？就是：人生能够成为什么？这个问题实际上就是要讨论作为社会存在的人生所能达到的限度，人生所能达到的可能状态和境界。"应当"要受制于"是"，还要依赖于"能够"。美要以真和善为基础，真和善还要加上主体的充实情状，才能向美升华。真只有变为善才有力量，善只有变为美才更可爱。在美之中有体现人格真实的纯朴，又有体现主体善行的崇高。美与真的统一是纯朴；美与善的统一是崇高；真善美的统一就是人生的不朽。

一、精神的沉入

(一)"美"的觉解

人生能做到真与善,就进入了更高的境界。这种境界,可以理解为人生按照理想所实现的状态和对这种状态觉解的程度。人生对人所显示的理想状态以及人对这种状态的觉解,就是人生美的境界。

人类对美的认识是从什么时候开始的,这难以考察,但可以从古代的文字中看出人类早期对美的觉解。在中国古代的甲骨文中,"美"字从"羊",从"大"。这里包含着什么意义呢?人们做过这样三种解释:第一种解释说,羊在古代为六畜之优,用于膳食,肉嫩味鲜,所以美。在这种意义上,美与善同义,都意味着对人有益和有用,所以有"羊大为美"的说法。第二种解释说,"美"字结合了"羊"和"人"之形,意味着在人身上披一张羊皮,或头上戴羊角,就显得漂亮、英武,所以美。这种意义上的美,也是与善同义的,即对人有效用。以上两种解释,都是与人类的吃、穿、用相联系的,即从人生的需要和效用上解释的。这两种解释的意义比较符合古代人的生活方式,符合畜牧生活和舞蹈服饰等的需要。一般说来,从有用的观点对待事物和行为的态度,是先于从审美观点上对待事物和行为的态度的。按照这种解释,美产生于人类的生活需要,具有效用性或功用性,美就具有善的意义,善也意味着"有用""有益"。

还有一种解释,认为中国古代文字中,不独美字有从羊的结构,还有其他一些字也有从羊的结构,如"义""善""祥"等。因此,不能只从感性的效用、功用上,来解释"羊"与"大"相结合的意义,还应该从古代人的宗教意识和祭庙活动上,来理解美字结构的意义;也就是说,还需要从抽象意义上去理解。《论语·八佾》中有"告朔之饩羊"的说法。朔是农历每月初一,告朔是指古代诸侯每月初一到祖庙杀羊祭庙,表示听政的开始。祭庙活动要用活羊,由人背着羊去祭庙,这羊就是祭祀用的牺牲物。"羊"与"大"的结合,就包含着为祭庙而牺牲的意义。古文"义"字写作"義",是在"我"字上面加一"羊"字,意味着祭庙牺牲体现着义礼的规定。把祭庙用的"羊"放到祭台上,就有了"善"字。当然,这种仪式的意义,在当时就有不同看法。孔子的弟子子贡就不赞成杀羊祭庙,但孔子不同意,说他"尔爱其羊,我爱其礼"。孔子间接地批评了子贡不爱礼。但这羊祭是否体现着义,师生就不能再争了。在孔子看来,善与牺牲相联系,对人来说,就意味着在付出极大牺牲以至献出生命时,达到了对神的至诚至美的境界。因此,美作为精神价值,要比善更高,可以说是善的升华,善的至极。这个最高境界,用中国儒家的人生哲学范畴表示,就是所谓"至善"。超凡入圣,就是指超出世俗凡人的水平所达到的至善境界。从这个意义上说,美不只是意味着视觉、听觉上的愉悦,还是由心灵达到的精神境界,体现着一种高尚、完美的人格。这也就是孟子所说的"充实之谓美",朱熹所谓的"力行其善,至于充满而积实,则美在其中,而无待于外"。善就是内在充实的、精神的人格美。

上述三种解释,归纳起来就是两种,即把美理解为感性的、功效的价值,或理解为精神的、牺牲的价值。前者是功利的、外在的、自然的性质,后者是非功利的、内在的、人格的性质。这种觉解在西方和东方文化中,也有大体相同的内容。通常都与美好相并使用，用以评价人的外表形象和内在人格。有时也在不同的意义上使用，用"美"这一概念评价个别事物和现象，用"美好"这一概念评价整体事物和现象。至于用于评价事物的多方面的特性，就带有时代性、民族性、地方性特征，差异性和相对性意义就很多了。

古代希腊有过关于什么是美的争论。柏拉图在《大希庇阿斯篇》中说，苏格拉底为了回答论敌提出的"什么是美"这个问题，向他的朋友希庇阿斯请教，于是两个人对什么是美的问题展开了一场争论。一开始，希庇阿斯不以为然，以为这是一个小得不足道的问题。当苏格拉底问他"什么是美"时，他毫不迟疑地回答说：美就是一位漂亮的小姐。显然，这个回答没有分清美和美的人，对什么是美没有真正地理解。苏格拉底听了希庇阿斯的回答以后，抓住他的错误，向他指出美和美的人、美的东西是不同的，美是使人或事物成为美的那种性质，人或事物有了这种性质才能成为美的。他反驳说，如果说美就是漂亮小姐，那么漂亮小姐就是使美的人或东西成为美的原因。如此说来，一匹漂亮的母马也是美的，一个漂亮的竖琴也是美的，一只精制的汤罐也是美的，这些东西的美怎样同漂亮小姐联系起来呢？希庇阿斯不服气地辩解说，这些东西固然可以说是美的，但是不能与漂亮小姐相提并论。苏格拉底又引用赫拉克利特的话说，最美的猴子比起人来还是丑的，最美的汤罐比起漂亮小姐来也是丑的。但是漂亮小姐比起神来，也是丑的。因此，用某种东西或人来给美下定义是不行的，因为它们在一种关系中相比是美的，在另一种关系中相比就可能是丑的。所以，美不能是指美的东西、美的人，而应该是指美的东西或美的人之所以美的性质。这种性质本身就是美，它加到什么东西或什么人身上，就使那种东西或人成为美的。

争论还没有结束。希庇阿斯又提出，这种特别性质的东西只能是黄金、是金钱，或是健康的生命和优良的品质等。后来他又提出"美就是恰当"。这种说法比起前面那些答非所问的说法来，倒是表现出思考的重要突破，离开直接的感性认识而进入了抽象的概括。但是，在苏格拉底看来，"恰当"只是一种外表的美，还不是实在的美。他要寻求的是实在的美是什么。

为了引导希庇阿斯从实在的性质上理解美，苏格拉底又从不同的侧面对美作了规定。他先是说，"美就是有用"，凡是有用的，就是美的，没有用的就是丑的。但这只是强调了效果的、外在的性质，这样规定也还不能概括人的美。于是他又从人实现某种效能的良好目的方面，对美作了规定：美就是有益的、善的，美与善是一回事。这就是说，美与善之间有因果联系，美是善的原因，善的结果就是由美好目的产生的，因此"美是善的父亲"。后来他又提出"美就是视觉和听觉产生的快感"，或"有益的快感"。①这就涉及审美领域的问题了。

这场争论虽然没有得出最后确定的结论，但他们的探索和"对话"却成了美学界的"圣经"。那以后，人们提出了数不尽的关于什么是美的看法。例如，说美是"因其为善而使人感到欣悦的那种善"（亚里士多德）；美是"各种因素之间的令人愉快的关系"（托马斯·阿奎那）；"美就是指望中的善"（霍布斯）；"美在关系""美就是对关系的感觉"（狄德罗）；"美是产生快乐的形相"（休谟）；"美是包含在事物中的引起人的心灵快感的完善"（沃尔夫）；"美是实在与形式尽可能完满的结合与平衡"（席勒）；"美是对象的合目的的形式""美是道德秩序的象征""美是无一切利害关系的愉快的对象"（康德）；"美就是完善"（希尔特）；"美是理念的感性显现"（黑格尔）；"美就是普遍自然规律的表现"（歌德）；"美就是理想化

---

① 《柏拉图文艺对话集·大希庇阿斯篇》，朱光潜译，商务印书馆 1963 年。

了的真"(德拉克罗瓦);"美就是生活"(车尔尼雪夫斯基);如此等等。

这里没有系统地、完整地叙述从古至今关于什么是美的定义,也没有列举中国美学家们的言论,因为我们的任务不是在此述说美学思想史,而是试图从几个典型的定义中,得到关于如何理解人生美的哲理启示。

(二)"充实之谓美"

从上述关于美的定义中,可以注意到两个闪光点。其一是美同真的联系,其二是美同善的联系。前者以画家欧仁·德拉克罗瓦的定义为典型:美就是理想化了的真;后者以哲学家霍布斯和希尔特的定义为典型:美就是指望中的善,美就是完善。这两个定义的共同点就是把美看做真和善的升华,是真理和正义的体现。其他定义,都是与这两个定义相一致的。黑格尔的定义,剥去理念的神秘外衣,实际上就是把美看做真实的感性显现。而康德的定义虽然强调的是善的形式,但实际上还是强调美就是理想化的善。车尔尼雪夫斯基所说"美就是生活",虽然不能说是美的确切定义,但它却蕴含着丰富的内容,直接关照着人生的真与善。

美就像人本身一样,是二重性的。美既是物质的,又是精神的;既是客观的,又是主观的;既是生活本身,又是其形象。"美就是生活"这个命题,既包含着美与真的统一,又包含着美与善的统一;既要求生活的真理,又要求生活的正义。人生应当是对真与善的追求。只有真实的、善良的人生,只有符合真理和正义的人生,也才是美好的人生。美就在劳动和创造之中,在追求真理和正义的人生实践中。这就是孟子所说的"充实之谓美"。

人们谈论最多的事物,往往是人们最不熟悉的事物;人们使用最多的概念，往往是没有确切规定的概念。美，大概也属于此列了。两千多年前，孔子、释迦牟尼、苏格拉底，就使用这个概念了，东方人和西方人无不在谈论这个美，那个不美；谁个美，谁个丑。但是，至今对什么是美的回答，仍是众说不一。这是不是说明，给美下定义是不可能的呢？不是。问题在于如何看待定义。

定义是一种解释和概括。所谓解释，就是对特定事物及其关系在思维中再现其特征和本质，并用准确的概念、判断和语言表达出来。解释性概念的内涵，并不仅仅由特定事物的抽象观念构成，而是由许多反映特定事物及其关系的判断构成，它是一个思维的判断系列。正确的解释，应该是排除非本质性、偶然性因素，反映事物的本质特征及必然性关系，这也就是要做出科学的概括。给一个概念下定义，就是对概念所代表的一类事物及其关系做出解释和概括。可是，正因为这样，在思维中对事物及其关系的任何解释和概括，就都只能是一种不完整的、不全面的抽象。这就是对概念的定义总是不能全面、完整的原因。

什么是美？美不仅要从对象、客体的性质、关系方面去解释，还要从主体的认知、感受、情感、境界去解释；不仅要从自然方面去把握，而且还要从社会方面去把握。揭示这种关系的性质和特征，可以做出一系列的思维判断，从多方面做出概括。这种解释和概括是极为丰富的、抽象的过程，可以说是无止境的。"美"这个概念，虽然两千多年来有许多人不断做出解释，其内涵已经相当丰富，但是并没有穷尽抽象过程，看来像对价值这个概念一样，还得解释下去。

按照解释学原理，任何解释都包含着解释者的主观看法。不过，无穷尽的解释过程，并不妨碍我们在实际生活中使用"美"这个概念。因为在实际生活中使用概念，总是在某种特定的关系和情境中使用的，因而总是具体地关涉到美的某一方面特征，也比较容易认知，或者达成共识。在一般情况下，要把握它的最重要的特征；在特殊情况下，只要把握它的某一特殊方面的特征就可以了。当你说出"这个人真美"这一判断时，你无须把美解释为"理想化了的真""指望中的善"，也无须同时说出"美是生活""美是完善"，而只须把握某一方面的特征，如纯朴的人格或善良的心灵，或者只是漂亮的面容、素雅的服饰，等等。从这种意义上说，哲学家和美学家们给美所下的各种定义，虽然在日常生活中不一定都使用，但它对人类生活都具有指导和启发意义。

做了前面一些解释之后，我们还应该把话题转回到两个定义上来，即反观"美是理想化了的真"和"美是指望中的善"的意义。显然，美对于真和善来说，是有不同意义的。按照康德的划分，美有两种，即自由美和附庸美。所谓自由美，就是不以对象的概念为前提，即不是依据某种概念把它看做"应该是什么"；它是无条件的、因其自身而美的。例如，花的自然美、树的自然美，就是这种自由美。人对这种美的判断是纯粹的，没有任何假定目的概念，美的纯粹性就是真。所谓附庸美，是以对象的某种概念为前提的，即依据它的概念规定"应该是什么"，它是附属于一个概念的，即隶属于某种特殊目的，因而是有条件的。例如，一个人的美，一座建筑物的美，是以一种目的概念为前提的，这个概念规定它"应该是什么"，因而它是附庸的美。这就是美与善的结合破坏了美的纯粹性。

康德对美的区分，从形式上看是有道理的，是审美学的经典之论。但假如不是从纯粹形式上，而是与判断主体理性相联系的、带有一定社会目的性的，那么自由美就不再是纯粹的形式，而是形式美与内容美、自然美与社会美、审美愉悦和理智愉悦相结合的美了。从两千多年人类对美的思考来看，美所包含的真实性，其意义无非是两个方面：一方面是内在的自由性，一方面是外在的目的性。人生的美应是两者的统一。这两方面的统一就是孟子所说的"充实"。

（三）美与功利

美不能排除功利，排除功利就等于排除了生活，排除了人的实践创造。人生不能只追求没有生活、没有创造成果的美，否则就陷入唯美的、形式主义的空想。就人生来说，美就在于发挥潜能，为社会尽到责任，进行创造，做出贡献。在这方面我们只能肯定美的功利性。我们不能把不劳而获的剥削者的人生看做美的，不能把只求索取不做贡献的懒汉的人生看做美的，更不能把破坏社会安全、杀人越货的亡命徒的人生看做美的。美的这种功利性，意味着目的的外在规定。没有这种规定，心灵对美的追求就会陷入幻梦痴想。

但是，我们也不能把美归结为功用性，把心灵对美的追求，只看做为了功利。应该看到，美并不是单纯基于有用性才美的，有时恰恰在于单纯的功利性和有用性而损害了美。如果一个人只把自己作为一个附庸，而没有自己的内在精神和人格，那么他所达到的功用目的，就不能是美的。文学家把这种美典型化，塑造了美的典型人物，如雨果的长篇小说《巴黎圣母院》中，塑造了外貌丑陋而内心善良的卡西莫多，正是由于他的善良的道德品质，使他成为美好的人。

什么是审美？黑格尔认为在对艺术作品的审美中，应当没有任何利益念头或利害打算，若是有这种念头和打算，那么对象的价值就不是因它本身，而是因为审美者的主观需要，即价值仅仅是主观的价值。这样，一方面是对象，另一方面是与对象不同的主观性，这两者应当有一种正确的关系。他举例说，比如我们要把一个苹果吃掉来获得营养、满足需要，这个利益念头只是在我们的心里，对于那个对象（苹果）却是不相干的。那么这里可能有两种观点：

一种观点是，审美的判断允许现存外在事物的独立存在，它是由对象本身引起的快感出发的，就是说，对象本身自有目的。美是这样一种性质：它无须借诸概念，而被感觉为一种引起"普遍快感"的对象。因此，要评判美，具备一颗有修养的心灵即可。这是康德的观点。康德认为，个别行为的善是要统摄于普遍概念之下的，这行为如果符合这概念，就可以说是善的；美却不然，它不假借于这种概念而直接引起普遍快感。所谓美包含着普遍性，是说它包含着目的性。如，刀不含割，凳子不含坐，它们是按照能割和能坐的目的制造的。

另一种观点与康德不同，在黑格尔看来，对客观对象的审美，要通过理性去把握它的普遍性。普遍的东西就其为普遍的东西来说，固然是一种抽象，"但是，凡是自在自为的真实的东西都包含有普遍的正确这一属性和要求"①。刀之所以是刀，因其本身就含有割的性质，凳子之所以是凳子，因其本身就含有能坐的性质；人应包含着活，如不包含着活，他就不是人。从这个意义上说，尽管美的价值判断不是凭借概念而来，但美作为价值应该体现对象的普遍性，得到普遍的承认。按照黑格尔的理解，必须把概念及其显现统一起来，才能把握美，或者说把两者统一起来才能把握美的价值。②

世界上最美的莫过于人格的美。这种美所体现的就是人的内在的至善性。这就是说，至善性是一种理想的要求，包含着内在的应

---

① ［德］黑格尔：《美学》第 1 卷，朱光潜译，商务印书馆 1979 年，第 73 页。
② ［德］黑格尔：《美学》第 1 卷，朱光潜译，商务印书馆 1979 年，第 168 页。

然性、理想性的根据。这种至善性在这里就是人生"可能成为什么"的内在价值根据。这个理想性一旦确定下来，欲望、情感、意志、理智等一切构成主体的因素，都应该与它协调一致，达到与人的本质和社会的发展相符合的"充实"。如果把前者称为功用美，那么内在的美就可以称做理想美。人生的美，应该是功用美与理想美的统一。按照中国传统的说法就叫做"内圣外功"（唐甄《潜书》）。内圣与外功必须统一起来，只有二者的统一，功用美才没有附庸性，理想美也才不再是空洞的梦想。

这个统一意味着什么呢？它意味着主体与客体的统一，精神与物质的统一，理想与现实的统一，应然与实然的统一。从物质、客体方面说，美必然体现为一定的可感的形式；从精神、主体方面说，美就在于有精神渗透于物质，由主体驾驭和改造客体。按照黑格尔的说法，就是"概念灌注生气于它的客观存在"；用恩格斯的话说，这个统一就是使"精神沉入物质之中"。

这样说还是比较抽象难解，通俗一点，可以拿市场经济活动中的服务来说。有一种个人服务，如把走街串巷的裁缝请到家里，给他提供布料，让他为自己做衣服，给他一定的工钱。从经济的交换关系来说，一方是"我给，为了你做"；另一方是"我做，为了你给"。这是物化劳动（货币）同活劳动（服务）相交换。这种交换中的付钱的一方，其钱并不构成资本；另一方即支付劳动力的一方，其劳动力也不是雇佣劳动。实际上这里只是双方彼此提供服务，是现实的实践活动。

现在我们来分析一下"沉入"他们行为中的精神是什么。这里可能有几种情况：一种是双方完全抱着自私的目的，一方脑子里想的只是钱，另一方心中的算盘也是钱。一方想尽量多要工钱，另一方想尽量少给工钱。这样，相互的服务就不可能实现，或者带着铜臭味成交。第二种情况，双方虽然都抱着一颗自利心，一者想多得工钱，一者想衣服做得好，价钱又便宜；但是双方又能体谅对方，顾及到对方利益，一者想到人家出门在外干活不容易，不能在工钱上抠得太紧，让人家吃亏；一者想为人做活一定要把活做好，让人家满意，不能亏待人家。双方都有"与人为善""己所不欲，勿施于人"的善心。这样，双方的服务就会进行得比较顺利、顺心。第三种情况，双方或一方具有助人为乐、扶贫帮困的精神，完全不收工钱，或少收工钱，为困难的人或急需者做些自我牺牲，以至于达到诚心诚意为他人服务的境界。这种种精神灌注到"服务"行为之中，就使得看起来是同样的"服务"行为，却具有了不同的性质和高低不同的价值。

什么是美的服务行为呢？第一种情况不能说是美的。因为它们纯粹是自私的功利行为。第二种情况可以说具有本分的为人之德，就其想到利人方面来说，也具有一定程度的美德。第三种情况中的自我牺牲精神、为他人服务的精神，才是高尚的、美好的。这就是说，把善的精神注入生活，让善的精神追求在现实中放出光彩，就是人生的美。所以，"美是生活"，不是只求保持生命实存的生活，也不是只求满足眼前需要的生活，而是按照善的理想要求去创造现实的生活。从这个意义上说，"美是真与善的统一"这种说法似乎未尽人意，因为并非一切真与善的统一都是美。真与善的统一还须再加上理想的情境，才能成为美。按照车尔尼雪夫斯基的解释，美是"依照我们的理解应当如此的生活"，即只有理想的生活才是美的。换句话说，只有理想的真与理想的善的统一，才是美。美是"应当"的存在。

人对生活的把握，就是对美的追求。人把握生活，意味着人与生活形成一种关系。在这种关系中，科学和艺术把握的方式，侧重于客体生活的方面,即把握生活的本质规律和现象特征。道德和宗教把握的方式,则侧重于主体的方面,即侧重于主体以什么目的、态度把握生活。从真、善、美的角度来看,前两种方式偏重于达到真理和真实,表现出人们追求真理和真实的愿望;后两种方式偏重于达到善,反映出人们追求正义和善良的愿望。也就是说,前两种方式通过追求真来把握生活,后两种方式通过追求善来把握生活。而人对美的追求,就实现在这两种追求之中。换句话说,前两种方式追求的是与真相结合的美,后两种方式追求的是与善相结合的美。各种把握世界的方式,都与美的追求相联系,也都能达到对美的追求。所以,美不只是在艺术作品中,它首先在生活中,在人生的奋斗和创造中。正是在生活中,美成为手段和目的的统一,使人由感性升华到理性,从实存转化为理想状态。

二、真诚与虚伪

(一) 真诚与纯朴

人的个性千差万别,有的含蓄、深沉;有的活泼、随和;有的坦率、耿直。含蓄、深沉者可以表现出朴实、端庄的美;活泼、随和者可以表现出热诚、活泼的美;坦率、耿直者也有透明、纯真之美。所有这些可能为不同的人所有,也可能在一个人身上都得到体现。人生纯朴的美是多姿多彩的。在各种美的个性之中,有一种共同的品性,就是真诚。

真诚是做人应有的品性,是为人纯正的根基。所谓真诚,在己就是心术正,表里如一;对人就是坦率正直,以诚相见。真诚首先是人的内在素质中的道德品性,最根本的要求是心正、意诚、做事正派,忠于自己应负的社会责任,坚持真理和正义的原则。这种真诚的品性就是纯朴。纯朴和真诚是人生的命脉。

在中国传统伦理中,讲人性善时是把人性的善就看做美,而讲人性恶时也正是把它丧失了的善反而看做是美的。所谓丧失了的善,就是荀子在《性恶篇》里所说的"朴",资朴之于美,心意之于善,善和美都生于纯朴。他认为,人之所以变恶就是因为他离开了纯朴的资质。1865年,马克思在写作《资本论》第一卷的紧张时刻,应女儿的要求,在"自白"调查表中回答了这样一个问题:"你认为一般人最宝贵的品德是什么?"马克思写下了两个字:"纯朴。"马克思填写"自白"调查表,既是公开的即兴之作,也是严肃的自我解剖和表露,通过这种方式表明自己的观点和做人的原则。马克思的一生无论在个人生活、科学研究或革命事业上,处处都以纯朴律己,把纯朴奉为做人的道德准则。他对纯朴的理解,不是处世的表现风度,而是对人的真诚,对朋友的真挚,对事业的热忱。他真诚得像孩子,纯朴得像真理,在他身上没有虚荣和造作。李卜克内西回忆马克思时说,在他所认识的人物中,马克思是为数不多的完全没有虚荣心的人物之一。他从不装模作样,始终保持本色。《资本论》第一卷出版后,许多朋友要登广告进行宣传,马克思坚决反对。他认为这样做有害无益,对科学工作者是不体面的。出版商向他索取简历,他不但不给,而且连信都不回复。在一封信中,马克思是这样谈论他和恩格斯的"我们两人都把声望看得一钱不值",并说他"厌恶任何矫揉造作、任何虚荣和自负的表现"。[①]由于厌恶一切个人迷信,在第一国际存在的时候,他从来都不让人公布那许许多多来自各国歌功颂德的东西,甚至从来也不予答复。

[①]《马克思恩格斯全集》第29卷,人民出版社1960年,第371页。

他和恩格斯最初参加共产主义者秘密团体的必要条件是：摈弃章程中一切助长迷信权威的东西。马克思和恩格斯几十年如一日的真挚友谊，也证明了他们是为人纯朴和真诚的典范。

纯朴和真诚是做人的基础。做人失去纯朴和真诚，不仅会失去别人的信任，而且也会失去自信。在假面具后生存，是人生的悲剧。戴假面具生存不会太久，因为人诚然在个别事情上一时可以伪装，对一些事可以隐瞒，对丑陋之相可以包装，但却无法长期掩饰其内心的活动和外在的行为。"形于中而发于外"，《礼记》中的这句话讲的是真理。在人生进程中，任何人的内心都不可避免地必然要流露出来、表现出来。因为人的心与行相通、内与外相连，人不外是由他的一系列思想和行为构成的，伪装只能掩盖一时。

这里强调了为人真诚的一个基本要求，就是具有社会责任感，言行一致，心口如一，忠于自己的社会责任。没有社会责任感，不忠于自己应负的社会责任，就不会有真诚，也算不上纯朴。真诚固然要自我坦白，自己对得起自己，但它必须首先肯定自己的社会责任，在自我与社会、自我与他人的关系中，自见其真诚和纯正。也就是说，首先要对得起社会，对得起他人，对得起人民。真诚不是天生的，没有所谓"自诚明"的天性。真诚只能是后天的，只能在社会实践及其所履行的责任中，养成真诚的品格。因此，真诚不但要求一个人明确自己的社会责任，更要用自我牺牲的精神去履行自己的责任。从这个意义上说，否认自己应负的社会责任，只求"对得起自己"，恰恰表现出脱离人生实存的不真诚、不纯朴。

真诚，在具体的环境条件下，表现为深度不同的自我意识，也表现着人格、境界的高低。不说谎，这是真诚的要求，但它只是基本层次的要求，是直接地说出目的，表现单纯的动机。在复杂的社会事物和人生活动中，在一定条件下，目的和手段要有一定的分离,即使用"说谎"的手段,达到更高的正义的目的。例如,医生为了减轻病人的负担,以利治病救人,往往向病人隐瞒病情,编造一套"谎话"骗病人。军事上,为了战胜敌人,取得胜利,也需要在一定场合"说谎",而不要单纯的"真诚"。但是,这种为了更高目的的"说谎",只是手段和目的的暂时分离,它表现的不是虚伪,而是更高、更深层的真诚,是出于高度的对他人、对社会负责的真诚。这种"说谎"与那种出于伪善目的的说谎,是有本质不同的。只有智慧、德性和能力达到高度统一的人,才能表现出这种高深层次的真诚美。

(二)真诚与无私

有一位大学生给自己制定了一条人生格言:"一个人不伪装已算是难能可贵了。如果分明天生小气,便承认小气好了;如果天生实际,不爱谈什么理想,便不谈好了;这是一个自私的社会,既如此,大家都自私好了,不用假做高尚。"如果这也算做格言的话,只能把它归入自私者的格言之列。不伪装,固然可贵,但承认小气、不谈理想、宁愿自私而不想改变自己的狭隘,跳出自我的小圈子,未必就是真诚。真诚不但要承认自我的实存,更要追求自我的应当,即实现具有社会责任的人的本质。按照责任要求的应当去做人,并非"假做高尚",那只是做人的起码条件。只有真诚、纯朴的人,才能全面、正确地对待社会和他人,而不是自以为是。

真诚,应该包括坚持真理、改正错误的精神。人生处世,难免有错。如果不是明知故犯,那么一般说来,错误总是与认识的主观性、片面性有关。错误就是离开了真理。一个真诚的人,应该是襟怀坦诚的。一旦认识到错误,就能正视错误,认真总结经验教训,找出错误的原因。遇到有承认错误和纠正错误的机会,就抓住机会，改正错误，回到真理方面来，绝不掩饰错误，逃避责任。这种回到真理的精神，是为人真诚、纯朴、正直的表现，是一种高尚的品格。可以说，它甚至比认识无误还纯正。因为一个没有犯认识错误的人，除了他的判断正确、头脑精明以外，不能得到人们的其他赞美；而一个能够认识错误、改正错误的人，则不但表明他的理解能够达到正确，处世聪明，而且表明他为人真诚、光明磊落。按照中国传统道德，这就是"过而能改，且改之又改，即是圣贤功夫"。①

卢梭曾经批评过某些写自传的人，总是要把自己乔装打扮一番，名为自述，实为自赞，把自己写成他所希望的那样，而不是他实际上的那样。他的批评所指，也包括赫赫有名的16世纪法国思想家和散文家蒙田。蒙田把自己的散文称做"忏悔录"，表白要把自己赤裸裸地描画出来，绝不打扮一番才和世人见面。可是，实际上他的几篇"自画像"，都是轻描淡写的一些弱点和缺点，以致用这种描写来烘托自己性情的可爱和高尚。他口上说不想为自己树立雕像，实际上却用了十几年的工夫精雕细刻他的那个可爱的"自我"。有时用抽象的概括描述他的自我是：羞怯与倨傲、端庄与放荡、饶舌与寡言、刻苦与脆弱、机智与呆滞、冷漠与和善、扯谎与诚实、博学与无知，还有慷慨、吝啬、挥霍等集于一身，但没有一点具体内容。卢梭对他的不坦诚表示反感，针锋相对地提出："绝没有一个人是没有可耻之事的。"这个警句当然要比那句"人都是有缺点的"话严厉得多。它不仅肯定人都是有缺点的，而且进一步指出人都有"可耻的事"。这就对人的真诚提出了更高的要求。

承认自己有缺点并不困难，任何一个人都能够做出这种表白。

---

① 《陈确集》上，中华书局1987年，第99页。

但是要公开承认自己有可耻的缺点和错误,却需要有高度的真诚和勇气。人贵有自知之明,更贵在严于解剖自己,把自己的真实揭露在世人面前。对照蒙田看卢梭的《忏悔录》,我们就会看到一种自我解剖的真诚。卢梭坦率自陈,述说自己的人生经历、思想感情和品性人格,毫不保留地说出自己的一切。他把自己扯谎、偷窃、下流和卑劣的内心隐秘活动都如实地揭露在世人面前。正如他自己所说,"当时我是卑鄙龌龊的,就写我的卑鄙龌龊;当时我是善良忠厚、道德高尚的,就写我的善良忠厚和道德高尚"。他要除去为人处世的虚假,宁愿世人知道他的为人和一切缺点,也不愿意留给世人一个虚假不真实的卢梭。正因为这样,他的自我形象不但表现出惊人的真实,而且表现着纯朴的美。

  人生的纯朴,要保持真实的自我形象,坦诚地表现自我,不要在世人面前把真实的自我深藏、包装起来。要增强求真的自我意识,如实地评判自我,不要使真实的自我受到虚假角色面具的压抑。说出来的自我,要与实际的自我相吻合,不多也不少。雕琢过度,真也会变成假,美也会变成丑。包装实质上只是取悦于消费者的商业手段,是一种将真实掩饰起来的技巧和工艺,它只能给人以虚假的满足感。当然,绝对吻合很难做到,但如有真诚的为人态度,就能力求接近吻合,而不致有意远离真实。"认识你自己"这句希腊古训,不仅要求人们如实地肯定自己的力量和美德,同时还要求人们坦诚地揭露自己的一切缺点和错误;它要求的一切,归根到底就是人生的纯朴和真诚。马克思在谈到成人的真诚时曾说,一个成人不能再变成儿童,否则就变得稚气了。但是,儿童的天真却会使成人感到愉快,并因此使他感到应该努力在一个更高的阶梯上把儿童的真实再现出来。成人的真诚,应当是再现儿童的真实。

  纯朴和真诚,要求如实地认识自己,表现自己,承认一个有缺点、有可耻的事的自我，但并不是让人固步自封，保持这样一个有缺点、有可耻之事的自我而不求超越。这样的保持自我，并不是为人的真诚，而是愚昧和怠惰。人生的纯朴和真诚，要求人生如实地承认现有的自我，意在激励人们正视现有，不断地、勇敢地向着应有的理想目标超越自我。要超越现有的自我，首先就必须如实地认识自我的现状，包括缺点和可耻之事。不如实地认识自我的现状，超越就缺乏现实的根据。因此，认识自己是超越自我的前提和动力。认识到缺点和错误，就是改正了一半；这一半就是如实地认识，后一半就是坚决地改正，把正确的认识付诸行动，在实践中充分发挥自己经过调整了的内部功能，超越现有的自我。这就是说，纯朴的真诚不只是在现有状态中的表现，而是从现有到应有的发展过程的表现，是人生的积极进取。

（三）诚信为人

人生真实的美和做人的美是统一不可分割的。有一种人格论，把"做人的美"与"真实的美"对立起来，认为讲究"做人"，就是抛开自己的本来面目，单纯顺从别人的评价或社会规范，去做出一副好样子，像演戏一样扮演出令人喜欢的角色。这种理解，把"做人"仅仅看做工于心计，"做"给人看的，因而要"做人"，就是对"本真之我"的扼杀，就是"独立意识的销匿"，势必形成人的"类型化""人格化"和畸形的"两重人格"。

显然，这是对"做人"的曲解。讲"做人"，并不是说可以不出自本心，而单凭心计；不坦示本相，只给人以假面；不讲信义，只要手段。那种不出自本心，只以假面讨好别人、顺应社会的人，并不是在做人，而是在做戏；不是在做给人看，而是在骗人。如此做戏的人，当然不能称为"做人"之美，而只能是"装人"之丑。

真正的做人，是出自本心的。所谓"出自本心"，就是出于作为人的自主人格，出于对作为社会成员所应负的责任。一个自主人格者，是通过自己的认同，接受他人的评价和社会正义的要求，因而是自觉自愿成为他人和社会要求的、应是的角色和面具。在这种客观的要求和主观的认同一致的人格中，他就是他的角色和面具，而角色和面具就是他。他既是自我，又是人格；他的自我是人格的特殊化，而他的人格是自我的人格化。自我不人格化，就不称其为人；同样，人格不个性化也不是现实的人。在社会的角色、面具之外，去寻求一种"本真之我"，就等于是要在社会关系的规定之外，去寻找无规定的人。那只是一种远离人生真实的抽象。"人的内容是人的真正现实"，马克思这句名言，深刻地说明离开现实社会生活的人，就是没有人的内容的人。而这样的人就会在现实社会生活的为人处事中表现出尖锐的矛盾。

做人就是要把公开对人展示的一面与实际所是的一面一致起来。其目的不只是为了给人个好印象以便得到社会承认，更重要的是以自己的真实为人，达到所要达到的成事目的。这当然不包括个人的隐私。个人总有隐秘的东西，对这种隐秘的东西往往不置可否，述之于口时，则不能超出评价所许可的时间、地点、交谈的对象。这里只是说，作为正常处世的人来说，不应过分地讲究面具，即工于心计地设计逢迎他人的面具，搞所谓"包装"。这里说的"包装"也不是指穿衣打扮，而是指作为人格及其表现的为人如何。为人过分包装，那就是做作，并非自我的真实自然面具。至于所谓"恶性面具"，内心怀有卑劣意念却又以善人面目出现，笑里藏刀，佞以忠进，诈以诚言，更不能称之为"做人"，只能说他在"做鬼"。

这就是说，做人绝不能只是自我面对自我，自己以为好就是好，自己以为美就是美。或好或坏，或美或丑，或人或鬼，自有社会的标准和公论。当然，个人可以有自己的评估，但这种评估不应是纯粹主观的、个人的。在这里应当承认社会的存在和他人的要求，对个人的形象塑造具有决定性影响。正因为这样，个人才必须注意"应当如何做人"，而不只是满足于"自以为是什么人"；个人在做了什么事之后，必须顾及到别人怎么看，而不能把脸一抹，把眼一闭，满不在乎地说："我不管别人怎么看！"在这个意义上可以说，"做"一个人与"是"一个人，是同一个人。

一个人所"是"的，就是他"应当是"的；他"应当是"的，就是他所"是"的。在这一点上，我们可以接受费尔巴哈真诚的唯物主义观点："人被规定为人，生存、存在就是完成了的规定。这个人就是自我行动着的存在；他的'应当'总是依赖于他'能够'成为什么。""在任何一刻，他都是像他能够是的、从而所应当是的和希望是的那样。"[①]但是我们要辩证地理解费尔巴哈的思想，不能把"应当"完全归于"是"，从而扼死超出现有规定的超越的希望和努力。应该说，任何规定是他所"是的"，又不是他所"是"的，而是他所"应当是"的。美就在于他把"是"与"应当是"统一起来，融于一体，即把真实美与做人的美融于一身。如果一个人在一定的社会关系中（或朋友，或家庭，或集体，或社会）承担着一定的责任，他"应当怎样"而不去按他应当的那样去做人，而是以"不应当"的角色和面具出现，他就是不会做人，甚至做的不是人，如那些衣冠禽兽、丧失人伦的人就是如此。

做人不仅在于自知其"是"，而且更要自觉其"应是"。人是意识到自己是人的主体。这种自觉性就体现在人知道应当如何做人。

---

① 《费尔巴哈哲学著作选集》上卷，生活·读书·新知三联出店1962年，第313页。

一头猪只是一头猪,它不会讲究怎样"做猪"。它只"是",而没有"应当"。它既不知其为"是",也不知其为"应当是"。因为它不自知其为猪,也不作为关系而存在。人如果不知"做人",岂不是降低了自己!这也叫"人贵有自知之明"。要讲"做人",这并不是人生的悲剧;相反,不知"做人"才是人生的悲剧。"做人"不是教人伪善,做出一副假样子给人看。伪善的人必然做不成人。伪善者必食恶果,在假面被揭穿后就要失去人们的信任,包括他最亲近的人的信任。

真诚与虚伪常常穿着同样华丽的服装。世上有很多纯朴、善良的人,也有不少虚假、伪善的人。区别两种人的办法,就是仔细倾听他们的心声,观察他们的行动;看他说的什么,做的又是什么,叫做"听其言,观其行"。要去伪存真,由表及里,揭开假相的蒙蔽,就能分清善人与伪善人。有句格言说:"闪闪发光的并不都是金子。"识物辨人,应记住这句格言的启示。

《大戴礼记》中有一段曾子论观人立事的文字,很精彩,可以看做对怎样辨人的经验总结。曾子曰:"故目者,心之浮也,言者,行之指也,作于中则播于外也。故曰:以其见者,占其隐者。故曰:听其言也,可以知其所好矣。观说之流,可以知其术也。久而复之,可以知其信矣。观其所爱亲,可以知其人矣。"[1]

这段话,言简意赅,全面地论述了观人的道理和方法。这里至少包含着这样三层意思:

首先,指出了内与外的关系。目是心的外浮,是心理活动的流露,目以示意。言语是行为的表示,言以示行。人的内心活动必然表现于外部表情和动作,即"作于中则播于外","诚于中而形于外"。内与外是相通的,内是外的原因,外是内的结果;内是作者,

---

[1] (西汉)戴德:《大戴礼记·立事第四十九》,中华书局1983年。

外是内作的传播。这个道理为识别人心提供了根据。

其次，从内外相通的道理推论出识别人心的方法，就是由外而内，"以其见者，占其隐者"。"占"是"视"的意思，在这里是指视察征兆。人的内心活动是隐秘的，外面看不见，不能直接评价、识别其心术善恶。但是它也并非神秘莫测，不可识别。因为按照前面所说的心、言、行三者活动的规律，心理的活动必然通过言论和行动表示出来，必有征兆可察。所以，可以通过外部表现看到人的内心隐秘的活动。从外观内，以见占隐，这就是行为评价的一个基本原理。

第三层意思是第二层意思的引申。其中又按其递进层次分出几种情况。一种是从言谈话语中进行观察，认识一个人的兴趣、倾向、喜好。如果把一个人的一些言谈话语综合起来，从其流向和总体倾向上看，就可以判断出一个人的心术好坏。如果再进一步反复观察，看其长期的、反复的言论，就可以知道这个人的为人品质和信义的程度。再者，看人的行为活动，看他亲近什么人，喜爱什么人，即观察其亲情关系、情感倾向、交友所好，就可以知道这个人是什么人。古语说"不知其人，视其友"，"视其亲"，就是这个道理。

仅就这一段话来说，对评价的分析，可以说是很周到入理的。但中国伦理学家的特点是重实行，不只是做理论的推论，得出人伦、德性的义理，而是根据生活经验，提出处世之道、行为之方。这是中国伦理学长于西方伦理学之处。

《大戴礼记》在做了上述推论、分析之后，又进一步列举出观察人的言行的各种具体情境，以便具体地进行评价。其中有这样九项：临惧之，观其不恐；怒之，观其不惛；喜之，观其不诬；近色之，观其不逾；饮食之，观其有常；利之，观其能让；居哀之，观其贞；居约，观其不营；勤劳之，观其不扰。

以上九种情形，包括了欲、情、意、行各个方面，不仅给人指出了以见观隐的道理，而且给人提供了"占隐"的标志和方法。判断、评价的标准就是：惧应不恐，怒应不乱，喜应不妄，食应有常，色应不逾，利应能让，哀应守贞，约应不惑，劳应不扰。这就是说，人不仅是欲、情、意、行各因素结合构成的自然人，而且还要按照一定的社会生活规范要求，做应该做的欲、情、意、行的社会人、道德人。看一个人究竟什么样，正是要看他应是什么，也就是看他怎样做人。

三、骄傲与自卑

（一）人性的偏颇

有句俗话说："人比人得死，货比货得扔。"这是说人各有自己的生活条件、方式和志趣，不必攀比他人，鄙弃自己。这话对鼓励人生的自信不无积极意义。但是，既然有社会和市场，人与人、货与货总要相比较而显出高低和美丑。有比较，才能做鉴别，才能知人知己，做出取舍选择。在商品市场上，没见有谁因货比货把自己的货扔掉的。在人与人的交往中，通过比较，更有利于自我完善和社会进步。

人与人不相比较是不可能的。但是比较也会产生许多不尽如人意的问题。人们离开自己的真实而趋于骄傲或自卑，往往就是在自己与他人的比较中发生的。有的人在高于自己的大人物或天才人物面前，立即在自己心中意识到自己与之相差悬殊的能力和才智，同时在比较的天平上降低了自己的身价,在他对他们表示尊敬的同时,内心里也一定程度地生出了自卑。如果他自我修养好,会在自卑中仍然保持对他们的敬重;如果他的修养较差,就会产生妒忌。这后一种情况就会使一个人的自卑转变为傲慢,过分的、盲目的自负,从而表现出恶劣的品性。

一个人在想象中形成一个比自己伟大、智慧的人物,并不会在虚构中自他比较而感到困窘。但是倘若实际地面对这样一个伟大而智慧的人,却会抑制不住由悬差而产生激动,由激动而模糊了自我评价。这就是产生傲慢和自卑的心理基础。傲慢就是在自他比较中失去真实的自我评价而产生的过分自负;自卑就是在自他比较中对自我评价的不及。过与不及,都是与人生的纯朴、真实相背离的,因而是对人生美的破坏。

一般来说,人的品性偏于骄傲、自负,甚至还有些自吹自擂的恶癖。这在日常生活交往中,也不伤大雅,特别是在较熟悉的人之间,有时也是人生快乐的调料。但是,由于这些品性适度的界限很难确定,"过"和"不及"就会经常存在,影响人生的自尊和人际关系的正常化。读书人愿与读书人接近,爱吃喝的人愿与爱吃喝的人交友,但傲慢的人永远不能与傲慢的人和谐一致。一个聪明贤达的人能够由自知而知人,但一个傲慢自负的人,却只能寻求一个自卑的人,才能自吹自擂。

(二)骄傲的价值

人要真实地评价自己,不浮夸,也不谦卑。这种适度的自我评价和自我表现当然很好,如亚里士多德所说,一个人有多大价值就认为有多大价值,当然值得称道。在亚里士多德看来,如果本来只有小的价值,但却自以为有大的价值,或者,本来是有大的价值但却自认为有小的价值,这两种情况都应当受谴责,因为超过了实际价值的评价是不好的,也是愚蠢的。只有把握中间状态才是好的。从理论上说,当然最好是这样。可是,实际上很难做到,只能相对地做到适度。

按照相对的标准,可以容忍人们在自我评价时有一定程度的"过"和"不及"。一般来说,当个人真正具有价值时,不仅应当重视自己,向别人适当地宣传自己,而且还容许有点适度的骄傲。适度的骄傲,要比自卑更有助于人生的进取。在这个意义上,我们不妨接受英国哲学家休谟的这样一种观点:"在生活行为中,最有用的却是莫过于一种适当程度的骄傲,因为骄傲使我们感到自己的价值,并且使我们对我们的一切计划和事业都有一种信心和信念。"[1]在休谟看来,在自我评价不能绝对符合、做到适度的情况下,"过高估计自己的价值,比把它估得低于它的正确水平,要更加有利一些"。因为幸运往往帮助勇敢和进取的人,最能鼓舞人进取的莫过于对自己的好评和信心。其实,在一定情境中自卑也不是绝对不好。人在求学慕贤的过程中,需要有虚怀若谷的态度。这种态度就是先否定自己,把自己的水平放到零点上,把自我看做"零",看做"虚",看做一个空虚的等待充实的自我。这就是曾子所说的:"君子之道,辟如行远,必自迩,辟如登高,必自卑。"《大戴礼记》讲"自卑而尊人",也都是这个意思。

但是,值得注意的是:骄傲和自卑都是伴随某种偏狭认识而产生的情绪,它们的共同对象都是自我。一个人或骄傲,或自卑,固然是在与他人的比较中引起的,但这种情绪一旦激起之后,立即就会把注意力转向自我,把自我看做最后的对象。而且只要不改变这种情绪,就永远囿于自我。这个自我越是感到优越,或感到不优

---

[1] [英]休谟:《人性论》,关文运译,商务印书馆1980年,第639页。

越，就越是加强骄傲或自卑的情绪，或洋洋自得，或抑郁沮丧。作为一种离开中庸的自我认识，骄傲与自卑的根源就在于自我，在于自我内部的脆弱，易于接受外部刺激和比较印象。所以，骄傲或自卑，都是外壳坚强，内心脆弱，往往表现为不能正确对待自己的自我主义或个人主义。一旦抛开自我，跳出自我的脆弱心灵，骄傲和自卑就失去了产生的内在原因。极而言之，如能达到道家所说的那种"无我"境界，也就无所谓骄傲与自卑的烦扰了。当然，道家并不是消极地讲"无我"，而是"无为"而"无不为"，"非以其私"而"能成其私"。这不是骄傲，也不是自卑，而是贤哲、圣人的谦退精神。

不过，这毕竟可以提醒我们：要克服骄傲和自满的偏颇情绪，端正自我形象，不仅要加强对事业的责任心，努力在劳动和工作中创造成绩，提高自己的价值，而且还要注意批评自己内心的自我主义、狭隘意识。在内心里不仅实行"内自省"，而且要"内自讼"，无情地在内心里自己审判自己。

如前所说，适度的骄傲，应当是在自我评价和事业进取中表现的自信、自强精神，而不应当是对自己的自满和对他人的妒忌。如果把后种态度和情绪用于人际关系，用于事业中的竞争和协作，那就必然使人际关系紧张，使竞争和协作发生有害的争斗。所以，自我批判、审判之后，还要培养大度、严谨的性格，对外界，不把评价的刺激视做过眼烟云，对自己，也不把自我的缺点和错误掩藏起来，使自我从自我主义的束缚中解放出来。这就是要提倡谦虚。

（三）虚心与进步

肯定一定程度的骄傲，又提倡谦虚，这不是自相矛盾吗？不是。我们指出现实的人性中有一种骄傲倾向，如果它不过分，往往会有利于人生的自强和进取，因此要给予肯定。但是，由于它的不定性和常常会过度而导致自负，影响人与人之间的和谐关系，所以又要提倡谦虚，以便使它时时有所约束，对自己的情绪有所调节和控制。前者说的是实存，后者说的是应该。从实存方面看，"过"和"不及"的界限是相对的，在特定的情境和心态中，或者有所过，或者有所不及，都属人生实存的常态；但从理想要求来说，"过"和"不及"都不应该存在，因此要使不完善的实存，向着理想状态不断改进。这个理想的要求就是谦虚。提倡一个谦虚，就是提出一个推动实存向着理想不断超越的动力和标准；提倡一个谦虚，同时也就意味着防止和清除阻碍进步的骄傲。有谦虚就不容骄傲，有骄傲就不能进步。这是人生实存和本质在美的追求中的矛盾的表现。"谦虚使人进步，骄傲使人落后。"毛泽东的这句名言是人生的真理。

中国传统道德历来是反对骄傲，提倡谦虚的，因此重视在养心上下功夫。古代思想家认为，无论是知识还是道德，都需要通过心而得知。心怎样得知？荀子在他的《解蔽篇》中提出：心要"虚一而静"。他认为："心未尝不藏也，然而有所谓虚。心未尝不满也，然而有所谓一。心未尝不动也，然而有所谓静。"得知之法在于"虚其心"，即"不以所已藏害所将受"；在于"一其心"，即可兼知而"不以夫一害此一"；在于"静其心"，即"不以梦剧乱知"。虚一而静，谓之"大清明"。

王阳明有一段话也说得很明白："今人病痛，大段只是傲。千罪百恶，皆从傲上来。傲则自高自是，不肯屈下人。故为子而傲，必不能孝；为弟而傲，必不能悌；为臣而傲，必不能忠。"然后讲到谦说，"谦字便是对症之药。非但是外貌卑逊，须是中心恭敬，撙节退让，常见自己不是，真能虚己受人。故为子而谦，斯能悌；

为弟而谦，斯能悌；为臣而谦，斯能忠。"①这种两极推论，是与推行封建礼教相联系的，但也道出了谦与傲的辩证关系及其对人生的意义。

为了控制过分的骄傲，不仅要提倡谦虚，还要制定礼仪，使人的情感表达和言行举止遵从一定的礼节。为了调节人们之间的利益对立，社会形成了伦理原则和道德规范；为了防止人们由于互不尊重而产生冷漠、厌恶，社会制定了礼仪，在不同的阶级、阶层和人群中形成一定的礼俗。个人要能够正常地生活和交往，不仅应当遵守伦理原则和道德规范，而且还要讲究待人接物的礼节，尊重各类人群的习俗，表现出自己的谦虚和对人的尊重。

讲礼貌，不是骄傲和虚荣的伪装，如休谟所说，"胸中藏着骄傲"，即要"装出谦和的外表"。礼貌放在虚伪的人身上是伪装，若礼貌出自正派人的举止，则是真诚的谦虚、热诚的表现。行礼仪应华实相副。"实无华则野，华无实则贾，华实副则礼。"②纯朴正直的人，最讨厌华实不副，厌恶交际场上的"虚情假意"。这里有个问题，就是如何看待讲规矩。做人要讲规矩，谦虚要讲规矩，无论古代或现代都是需要的。孟子说得对，"不以规矩不能成方圆"。但是，孟子又说，"梓匠轮舆，能与人规矩，不能使人巧"③。这就是说，规矩只能规范外在行为，不能管住内心，就像木匠只能给人怎样做车轮的规矩，而不能使他同时具有木匠所有的那种智巧一样，做人或使人谦虚也是这样，关键是人的内心、心术和思想境界。内心善、心术正、境界高，就能心纯行正，表里如一，不卑不亢，自尊而尊人。

---

① 《王阳明全集·文录五》，上海古籍出版社1992年。
② 《法言·修身》。
③ 《孟子·尽心下》。

四、心灵与外表

（一）内在心灵美

人生的纯朴美，应该是全面的。就个体的人生来说，主要表现在两方面，即内在方面和外在方面。纯朴美，就是内在美和外在美的统一。

内在美，就是人的心灵和人格的美。自然的美、物体的美，是呈现在外表的，是人欣赏外物而得的可感的形象美。人的美虽然也有外表的形象美，但人与物的不同在于有内在精神，有心灵和人格。人生的纯朴美主要在于人的内在精神，在于心灵和人格。

一般来说，精神、心智，不属于美的范畴。它们的特殊领域是真与善。精神和心智发达的人，其精神和心智不一定真，也不一定就善；相反，精神和心智美的人，其精神和心智也不一定很发达。但是，如果一个人的精神、心智既是真诚的，又是善良的，那么它同时也就是美好的。如果一个人精神、心智不但真诚、善良，而且非常丰富、智慧，那么它就会更加具有美的价值。

从心灵的美来说，应该包含两方面意义：一方面是心灵结构的完整，一方面是心术的善良。

一个完整的心灵，除了先天的生理素质外，主要应该体现为所经历的生活实践、所受的教育以及由此而形成的思想特征。心灵结构的完整，首先是随着经验和知识增长而应有的智力。经验丰富、知识广博，善于洞察事理，解决复杂问题，表现为高程度的智力；孤陋寡闻、知识贫乏，不能正确认识和处理事物，则表现为智力低下。智慧就是力量。古代中国哲学家把"智仁勇"称为"三达德",古代希腊哲学家把智慧也放在勇敢、节制和正义三德之前,正是强调智慧对塑造一个完人的重要意义。其次是思维能力的发展,要达到理论思维的高度,这是心智能力的主要表现。从直观的思维、发展到理论思维,再到高级的理论思维和形象思维,是一个人的智慧能力发展的不同程度。思维程度越高,人越聪明,思维方式简单的人,不会是聪明的人。智力虽然不属于美的范畴,但心灵结构的完整,即是心灵美的一个必要的构成部分。一个愚傻痴呆的心灵,不能说是美的心灵。

心灵美的根本意义,在于心术的善良,在于品格的纯正。中国古代讲"道心"。《尚书·大禹谟》有"人心惟危,道心惟微"之说。这"人心""道心",都是一个心。发于"形气"之自然叫人心;发于义理之人为就是"道心"。人心在还不知道义理之时,常有不正偏邪,而得道于心之后,就能辨微明理,守正谨度。"德者得也",德就是得道于心而成的。所以,心是道德的居住地;方寸之地,义理之大,正是内在的充实之美。西方伦理也重视心灵的道德意义。柏拉图说:"道德是心灵的秩序。"黑格尔说:"动机就是叫做道德的东西。"这些话,恰正说明了心灵美的意义就在于符合道德,在于体现着道德的善。

首先是心术活动,不是出于自私的、损人利己的动机,而应该是出于有益于他人和社会的动机;其次是心术活动要遵循正义的原则,坚持真理,而不应当是违背真理和正义,自行其非。心术纯正,是对人的心灵素质的根本要求,是人的社会正义的要求。没有这种素质的心灵,尽管有知识、有智慧,也不具有纯朴美;尽管有朴实的外表,也只能是徒有其表。一个人内心卑劣、丑恶,肉体再漂亮也算不得美;相反,一个人相貌虽丑但心地纯正、高尚,却会像宝石一样放射光辉，赢得美的赞赏。据说，中国古代有四大丑女，即上古的嫫母、战国的钟离春、东汉的孟光、东晋的阮德尉之女。这几位丑女虽然貌丑，但品行高洁。嫫母不但品德高尚，而且智慧出众，黄帝赏识，娶其为妻。钟离春志向远大，忧国忧民，大义凛然，齐宣王立她为后。其他两位也都因品德出众而为世人景仰。在我们的现实生活中，也有很多这样的典型。据报道，长春市的"袖珍女"于海波，26岁，身高只有86厘米，体重仅十多公斤。她的形体不能算美的，但是她刻苦自学成才，创立"心语热线"电话咨询，热心为他人、为社会服务，其精神令人钦佩，受到社会各界人士的尊重。从这个意义上说，美常常隐藏在丑的外表中，丑也可与善并存。

心灵结构的完整和心术善良，两个方面的统一，就是人的内在人格美。人格既是人之为人的社会规定性，又是人与人相区别的品格。是人还是禽兽？是高尚的人还是卑下的人？是全面发展的人还是片面、畸形发展的人？区别就在于人格。人格作为内在的稳定的精神特性，支配着人的行为取向和人生态度，因此人格美是人生纯朴美的集中体现。人格的丧失，就是美的丧失。从这个意义上说，美在于人格。

（二）形象外表美

人生的纯朴美主要在于内在的心灵和人格。但是，外表也不可忽视。外表美也是人生所应有的美的重要方面，它主要表现在面容、体态、服饰以及语言和外部行为等方面。这里有属于自然性的因素，也有属于社会性的因素。在一定历史时代，人们力图使自己具有某种外貌，社会风尚也普遍追求某种外貌，这种努力往往反映着这个时代的社会趋向和主流思潮。人的外表美，就是这种社会趋向和思潮的反映，也是自然、社会诸因素的美的综合表现。人对美的欣赏和享受，是通过人的外部表现感知得到的。纯朴美是通过外在的形象表现出来的。

首先说面貌美和形体美。

面貌和形体主要是自然性的、天赋的。常态是健康、发育正常、五官端正、体形匀称、肤色适度。这样的常态就体现出人体的自然美，失去这些条件就失去了常态的自然美。这种美就是人们通常所说的"长相美"。人的长相从小到老会有不少变化，但由基因所决定的基本相貌是不变的。人在这方面是无能为力的，只能接受这个人生的事实，顺其自然。

但是，人的长相也并非纯属自然，还有相当程度的社会影响的变相。人的形体、肤色以至面容，都是与人的社会生活实践相联系的。同一种族的常态肤色，由于生活环境不同，保养条件不同，会有很大差异，有人肤白细嫩，有人皮黑粗老。同样的自然体形，由于劳动方式不同或由于劳动与不劳动的差别，也会有不同的体形，有人匀称适度，有人畸形变态。人的面容也是这样。

据雕刻艺术家们研究，人的面部有两个显示美的中心：一个是额与鼻之间的线条所形成的关系；这个中心显示出人与动物面容的区别；二是额头、眼睛及眼睛的周围。这个中心明显地体现着人的社会生活的差异。人的额头流露出精神活动的特征，或深思，或动情，或无忧无虑，或无情无欲。眼睛更是表现人的内心生活的集中点，它深深体现着人生的思考、体验和情绪，成为心灵的窗口。"愁上眉头，喜在眼梢"，眉头和眼梢，都表现着人的内在精神和情绪，刻下人生的烙印。神态伴随内心活动，经常重复就会成为固定的面容。这就是相面术的根据。

人都有爱美之心，且犹爱面容之美。在有条件的时候，人们往往想法子美化自己的面容，或自己修饰打扮，或找美容师做美容。好的美容师有好的美容术，再加上高质量的美容护肤品，确能改善人的妆容，提高人们的个性品位和生活质量。这也使美容院如雨后春笋般兴盛起来。当然，也有的美容技术低劣，美容护肤品质量不过关，所做美容没有保障，甚至还有因美容而破相的事例。

据心理学研究，接受过美容术或整容的人，往往容易患上人格分裂症和抑郁症。因为美容或整容使人自以为是地造成了自我矛盾，造成了人为与自然的矛盾，失去了自然本我，因而产生了不可克服的心理压力。这个方面也是要提醒美容者注意的。所以，爱美之心要有，妆容之美要做，但是，一不要攀比，不必强求，应多保重自然之美；二要慎择美容师和美容护肤品，与其做低水平美容还不如不做；三要学会自己做美容。自己美化自己是自我创造和自我实现，是自己把自己内心的美外化出来，因而它不但可以美化妆容，而且能提高审美能力，增强自信心和自尊心。

人的外表美的一个重要方面是姿态。姿态是指人体活动变化的样态，它从动态的方面表现出人体的美。人体的各个部分如果各自处于孤立的状态，或者组合起来但处于静止的状态，都只能体现静态美，而不能充分体现人的精神和动态美。只有在活动、运动中的姿态，才能体现人体的动态美。如果姿态是由内在精神出发并且由它所决定，那么身体各部分的配合就会表现出一定的姿势。姿势在动和静的统一中达到和谐和自由，从而显示出理想的姿态美。这种美虽然往往是一瞬间的表现，但在它之中却包含着令人回味不舍的永恒的魅力。每个美的姿态，都是一尊雕像。

外表美应该是静态美与动态美的统一。某人只有一张漂亮的面容，而姿态很丑，举止行动的姿态令人厌恶，他（她）的整体的美就会受到损害。如果既有美的面容，又有美的姿态，就会使外表美更加完善，以至达到优美的至极。相对地说，容貌的美优于肤色的美，而姿态的美又优于容貌的美。人的长相是相对稳定的，而行动的姿态则是随时随地变化的。一个人如果长相是美的，但走、坐、站的姿态都是丑的，那么她/他给人的印象就不可能是美的，正是这种丑掩盖、损伤了长相美。有道是：从站姿看得出贵贱，从弯直看得出肥瘦，从赤足看得出炎凉，从行踪看得出命运。可以说，姿态美是人体美的精华和魅力所在，也是在公共场所影响文明的重要因素。

其次说服饰美。

不能忽视服装和服饰的美。中国古代有所谓服饰之礼仪和制度，包罗广大。古人解释说："有礼仪其大，故称夏，有服章之美，谓之华。"原来，"华夏"之称由此而来，它包含着悠久的文化内涵。古代的待人接物之礼，强调"见人要有饰，不饰无貌，无貌不敬，不敬无礼，无礼不立"。这里把服饰看做关系到是否敬人守礼、立身做人的问题，足见其重要。

裸体美当然有它的纯真自然的优点，但那应当是艺术欣赏的对象。理想的人体美，是把作为动物性的细节特征抛开，而只把人体的生动轮廓所包含的至美的因素突出表现出来。这正是服饰所要起的作用。关于这一点，黑格尔曾有一段妙论："赤裸可以说是人的很朴素而基本的特性。他认为裸体羞耻包含着他的自然存在和感性存在的分离。禽兽并没有进展到有这种分离，因此也就不知羞耻。所以在人的羞耻的情绪里又可以找到穿衣服的精神的和道德的起源，而衣服适应单纯物质上的需要，倒反而只居于次要地位。"[①]应当说，服饰既与人的羞耻感相关，又与人的求美心相连。中国古代

[①] [德]黑格尔：《小逻辑》，贺麟译，商务印书馆1980年，第90页。

的服装文化观有所不同。"圣人所以制衣服何？以为蔽形，表德劝善，别尊卑也。"①或精，或粗，不管粗细衣服皆有遮蔽裸体的作用，还有表现精神品德的作用。这两点略同。"别尊卑"则是封建主义的尊卑贵贱观念了。

服饰并不是掩盖裸体美的可厌物，而是掩盖纯性感而又突出表现其精神风貌和姿态美的饰物。一身款式、颜色合体的服装，会使人体的美增色，甚至会改变自然体貌的缺陷，使丑变美。穿着简朴、大方、优雅，不仅会表现人的仪表美，而且更体现出人的内在纯朴心态的美。俗话说"人靠衣服马靠鞍"，服饰对人体的外表美起着重要作用。从这个意义上说，时髦样式的追求，也有它的理由和权利，那就是如黑格尔所说的"把它不断地革旧翻新"。一件按照现成样子剪裁的衣服，很快就变成不时兴的衣服，要令人喜欢就得改装，赶上时兴的样式。衣服一旦过时，人们穿着它就会不习惯，甚至感到滑稽可笑。服饰应有时代的特色，但又不能变换太快，应当有一种比较稳定的典型。对于社会的大多数人来说，服装美的追求，应当是既能体现时代风尚又有稳定性，既能表现人的自尊、自信，又能体现民族特点的样式，而不应是盲目地"赶时髦"。"赶时髦"历来是有钱人的心理和行为方式。所谓"服饰是金钱文化的表现"，主要也就表现在这里。

服装美，不在于奇异，而在于适合于自己职业劳动的需要和生活交往的环境。个人选择什么样的服饰，固然要依个人的个性、爱好，但也要考虑经济条件和个人的外表特征，甚至还要参照、照顾亲人、朋友的衣着，做出适当的打扮。服饰应讲究实用、简朴、大方。当然，富丽堂皇、雍容华贵的服饰，在特定的环境中也会给人以热烈、愉快的美感；但不着奇装异服，不浓妆艳抹，朴实无华、

---

① 《白虎通·衣裳》。

整洁大方，同样也是美，而且是比前者更能显示出令人敬重的纯朴、端庄的美。衣着打扮上的猎奇，就像举止上的扭捏作态一样，其结果往往适得其反。

服饰亦同礼法，是应时而变的。从古至今，人类的服饰变化无数，如庄子所说："观古今之异，犹猿狙之异乎周公也。"庄子还讲了一个寓言故事，说西施心里忧愁，皱着眉头走在村里，邻居的丑女看到西施的那种样子很美，自己也学着病恹恹地皱着眉头，村里的人看见了都闭门不见她，或者远远地躲开她。庄子评论这个丑女说："彼知颦美，而不知颦之所以美。"[1]这就是那个"东施效颦"的典故。

再次说语言美和行为美。

严格地说，语言也是行为的构成因素，是行为的外部表现。把语言同行为分开，目的在于强调语言的特殊重要性。俗话说："良言一句三冬暖，恶语伤人六月寒。"可见语言美对调剂人心和人际关系，是非常重要的。人们在交往中，常用一些表示客气的用语，如久仰、指教、包涵、劳驾、多谢、恭喜、失敬、雅正、早安、晚安、再会等等；在表示对人的谦敬时常用一些敬词，如请问、赐教、光顾、斧正、指正、奉告、奉陪、拜访、拜托、恭候、光临等等。使用这些用语用词，不仅能够和谐人际关系，增进人与人之间的友好感情，而且更体现出一个人的教养，体现出人的心灵美。相反，语言低下，出口就是秽语、脏话，不仅会伤害人际关系，而且更暴露出一个人缺乏教养、心灵低贱。亚里士多德说过，人说脏话就离做恶事不远了。这也是现实中一些人的堕落过程。费尔巴哈说得很重，他说言语使人自由，不会表达自己的人是奴隶，"言语是

---

[1] 《庄子·天运》。

生命的福音"。①

　　善于表达自己也是对别人的尊重。我们对别人说话时，态度要诚恳、言之有物，要注意表达方式、用语措词、条理声调。还要注意说话的场合和氛围，所谓"时然后言，人不厌其言"。就是说，说话要看对象，分场合，看时机。如对朋友、熟人可以说笑话，但对陌生人则有失礼之嫌。在别人处于哀伤的场合，说话要注意内容和态度，不可造次。在正常情况下说话要尊敬人，不随便打断别人的话，更不能恶语伤人。待人之礼有很多，一言以蔽之，就是一个"敬"字。语言表达是体现敬意的最常用、最便捷的手段。

　　语言美的根本要求是说真话。说真话是人品纯正的表现。真话并非都是真理，错话照实说出也是说真话。说出真理并不容易，句句是真理更办不到。但是说出真话并不是做不到的，只要环境容许，只要愿意说就能做得到。说真话，即使说错了也显出人格的纯朴美；说假话，即使很像真话，也会露出虚假，败坏人格。当然，实际生活中往往是这样：说真话常常摔跟头，吃苦头，而说假话倒能站得稳，得便宜。这是由于社会环境不适宜而存在的现象。所以，人能不能说真话、敢不敢说真话的情况，反映着一个社会环境民主、自由的程度。当人用自己的心说话时，人才是人；当人能够用自己的心说话时，人才有做人的权利。尽管如此，做人就要敢于说真话。

（三）劳动创造美

　　人生的纯朴美，不仅要表现于语言，也要表现于行为。人们总是在自己的行为中勾画出自己的形象。人的行为和事迹，是人的心灵美、人格美得以表现的实际存在。同心灵美在于心术纯正一样，

---

① 《费尔巴哈哲学著作选集》下卷，商务印书馆1984年，第244页。

行为美的实质在于正当和高尚的创造性劳动,在于建功立业。

行为美的源泉和集中表现是创造性的劳动。人的劳动创造了美,同时人也按照美的要求进行劳动创造。人生的纯朴美,不会在游手好闲的无聊生活中产生,更不会在投机钻营的罪恶生涯中成长。人生的纯朴美,只能在正当的、有益的劳动中产生和发展。有益的劳动,不仅在于它有创造物质财富的功用,而且还在于它能够创造精神价值,锻造人心纯正和行为正义。劳动是人生的根基,是纯朴美的源泉。在诚实的职业劳动中,人们能够树立正当、高尚的人生目的,养成顽强、刻苦的性格,培养自立、自强、积极进取的精神。正是在劳动中,塑造了人的纯正、朴实、健康、富有朝气的美。这种美不仅体现在人的外表,也渗透在人的内在气质中,它在艰苦的劳动中更是光彩照人。当然,并非任何劳动都是美的。异化的劳动、苦难的劳动,不会使人感到美。但当人们摆脱了压迫、剥削和奴役,以主人翁的权利和义务进行劳动时,这种劳动就体现着人生的活力和创造的美。

中华民族是以勤劳、纯朴著称于世的。中国的劳动者为了生活,总是把创造物质财富的辛勤劳动,看做自己的本分和做人的天职。这是中国人的传统性格的基础。现代中国人,不仅感到自己的人生需要劳动,而且看到实现中华民族伟大复兴的历史使命,要求自己以更高的技能和速度去进行创造性劳动,不能以无能、低能和"躺平"打发时光。这种人生的追求,需要实在的美,而不是追求"沉醉的裸舞"或"酒神的疯狂",不是脱离劳动宣扬轻佻奢华、纵情宣淫的"迷狂美"。北宋哲人张子厚说:"可欲之谓善,志仁则无恶也。诚善于心之谓信,充内形外之谓美。"[1]他把"欲"与"仁"联系起来讲善恶,是非常深刻而实际的。善的东西必须是可欲的,

---

[1] 《张载集》,中华书局1978年,第27页。

然而什么是可欲的呢？如果不讲他人、集体、国家、民族，不讲道德和礼法，一切吃喝玩乐都是可欲的。但这样的"可欲"必定是善吗？必定能够益身利国吗？事实并非如此。要使可欲不至于变为恶，必须以"志仁"做指导，作为行为规范。否则难免导致个人的败德、国家的腐化、民族的衰弱。所以，对于个人来说，必须使内心真诚、纯正，言行如一，以纯正的心灵表现于行为，才能真正实现美的人生。这是普通人的人生，也是美的人生。

严格说来，人的行为不仅是指外部表现、外部活动，还包括内部的动机、目的、情感、意志等因素。内在因素是行为发生的原因和行为进行的动力，而表现于外的语言、举止、姿态、事迹，则是精神的外化和结果。人的行为美，应该是内在与外在的统一，不仅意味着外表行为美，而且意味着行为的内容必须正当和高尚。一个美的行为首先应该是心术正当、行为高尚。唯其正当和高尚，才能产生外部行为的美。中国古代哲人把人的"仪形"美分为"持养"者的美和"修饰"者的美，而强调君子之美在于"持养"之美，即与道德修养相一致的内在美。如荀子在《非相篇》中所说："形不胜心，心不胜术，术振奋而心顺之，择形相虽恶而心术善，无害为君子也。形相虽善而心术恶，无害为小人也。"正是在这个意义上，中国古代哲人把善与美看做同一的，善就是美，美就是善。

从人生的纯朴来说，纯朴美并不是单纯的自然、实存，而是自然、实存在应然中的样态，是升华了的自然和实存。人生的纯朴，就是在内在美与外在美统一中的实存，是美化了的人生实存。正如老子所说："是以大丈夫处其厚，不居其薄；处其实，不居其华。故去彼取此。"①大丈夫立身敦厚、纯正，不居于浅薄；存其内心笃实，而不追求虚华。所以舍弃虚华，而取向于厚实。在这个意

---

① 《老子》第三十八章。

上，可以说"返璞归真"并不是人生倒退到原始人、野蛮人或小孩子的状态，而是经过劳动、工作、教化，达到脱离自然束缚和自私狭隘性的境界，向着人的本质提升和纯化，即从自然、实存向人为和应然转化。因此，返璞才能归真，不返璞就不能归真。美就是经过返璞的真。

第八章 人生的崇高

居天下之广居，立天下之正位，行天下之大道。得志与民由之，不得志，独行其道。富贵不能淫，贫贱不能移，威武不能屈。此之谓大丈夫。

——孟子

崇高作为人生美的最高境界，意味着人生在德行和人格上的非凡和伟大，体现着主体巨大的创造力量。如果说人生的纯朴所体现的是真实的优美，那么崇高所体现的就是至善的壮美。崇高是美与真、善的统一所能达到的极致。人在自然状态中只能承受自然的力量，在理性状态中则能摆脱自然的力量，而在道德状态中则能支配这一切力量，表现出无私无畏的浩然之气。崇高，一方面在主体的行为和人格中体现着庄严、强大的威力；另一方面又在人们心目中唤起巨大的喜悦和敬仰，它使人从丑恶、卑贱的痛苦和压抑中挣脱出来，在自身中产生厚德载物、自强不息的人格力量。人们在肯定平凡时，不应否定崇高。

一、德操和人格

（一）人的功能与德行

人生的崇高美，是通过人的道德行为和人格创造的，也是在人的德行和人格中体现出来的。一个人若能把自己的一生献给一种壮丽、伟大的事业，使自己的人格体现高尚道德的要求，那么在他身上就体现了人生的崇高和壮美。有一位青年说："人们通常在伟大了之后才明白，这种伟大只有老天爷才知道，在别人眼里你不过是傻子。"这真是印证黑格尔那句话："佣仆的心理，对他们说来，根本没有英雄，其实不是真的没有英雄，而是因为他们只是一些佣仆人罢了。"[1]

人生能不能达到伟大、崇高的境界呢？人的德行和人格中能否具有伟大性和崇高性呢？为了不至于被傻瓜的判断所影响，我们还是首先来分析人的行为和德行，以及高尚品质的形成，为人生的崇高性找到真实而非虚妄的落脚地。

人的行为活动是有意识、有目的地进行的，是自觉的、能动的活动。这种在自身中有意识、有目的的能动活动，使人成为主体。而一切在与人相互作用中的被动方面、对象，就成为客体。在这种主客体关系中，人作为主体就是具有自觉意识和自主活动能力的物质承担者，是精神与肉体结合的活生生的实践者。

在社会道德生活中，个人不仅是接受社会道德作用的客体，而

---

[1] ［德］黑格尔：《法哲学原理》，范扬、张企泰译，商务印书馆1961年，第127—128页。

且更是进行道德行为活动和创造社会道德生活的主体。人作为行为活动的主体，具有三种基本的功能，即自然生理活动功能、意识活动功能和社会活动功能。人的自然生理活动功能，是人在社会条件下的自然生物性、物理性功能；意识活动功能，是人作为主体的自觉、自主活动的内在机制；社会活动功能，则是人作为道德行为主体的本质属性，它体现着人之为人的本质特征。正是这些基本功能，使人具有其他一切物质体和生物体所不具有的自觉性、自主性、主动性和创造性，即所谓主体性。基于一定自觉目的的创造性，是人作为主体的主体性的基本特征。人生活动的过程，人作为主体对客体的作用，本质上是一种创造性的实践过程。从这个意义上说，主体性就是主体在改造客体的实践过程中的创造性。

主体与客体是相对而言的，没有主体就无所谓客体，没有客体也无所谓主体。主体与客体之间虽然不是如物质与意识一样是决定与被决定的关系，但一般说来，主体总是两者相互作用的主导方面。主体之所以是主导方面，就因为主体是自己运动的。在主体之中渗透着目的性。这种目的性，是人自身的一种内在否定性，它像一面反光镜，时刻反观、批判、督导自身。人作为主体不同于一般生物主体，就在于他是能意识到自己的这种主体性和内在否定性的主体。在主客体关系中，主体虽然不等于意识，但包含着目的性和否定性的意识却是主体的一个基本的能动因素，是主体的内在规定和动因。行为就是主体的这个内在方面借助于身体的活动而表现于外，并在社会实践中形成个人的行为、品性和人格。正是由于这个内在规定性，人才能成为"万物之灵"，才能具有一切物体和生物所不可能具有的道德生活，以及体现道德生活的崇高性。

一般来说，人是道德行为的主体。但是，就人的行为本身来说，构成行为的一切因素、功能、机制，是否都同等地起主导作用呢？显然不是。人作为个体的存在，是精神与肉体的统一、内在方面与外在方面的统一。肉体的活动和外部行为，是受内在意识支配的。人的意识活动虽然要依赖于大脑的生理、物理、化学运动的制约，受到社会存在的物质生活条件的制约，但是这些方面并不排除意识活动的相对独立性和先在性。生理学和心理学的研究证明，意识是大脑机能的突现活动。它一经产生就形成目的，对大脑活动起着主动的、超越的、整合的作用，具有自身的主观特性和活动功能，从而对人的行为活动起着主导作用。

这就是说，在意识与行为、内在与外在的关系上，内在的意识在先，行为活动是由意识主导和支配的。意识制约行为，意识的状况对行为的状况和价值，有着直接的决定性的影响。正因为如此，所以人尽管是被年龄、身体所规定，受社会环境、条件所制约的，但人仍然能够摆脱有限性、狭隘性，走出低微的躯壳，追求无限性、高尚性，具有伟大的精神和人格。黑格尔说得好："人的高贵处就在于能保持这种矛盾，而这种矛盾是任何自然东西在自身中所没有的，也不是它所能忍受的。"[1]否定人能够具有高尚性，做出伟大的行动，实质上是没有能够深刻理解人性的这种高贵，不懂得高贵和低微、绝对和相对的辩证法。

至于潜意识在人的行为活动中的作用，已有科学的证明。潜意识对人的行为活动有着一定的影响，在特殊情况下，它甚至能对局部行为起到支配作用。但是，从行为总体和主导方面来看，潜意识的作用是有限的，其作用最终要受到主体主导意识活动的制约和调解。尤其在道德行为活动中，潜意识往往不能构成道德行为的因素。

---

[1] ［德］黑格尔：《法哲学原理》，范扬、张企泰译，商务印书馆1961年，第175页。

那么，什么是道德行为？道德行为是怎样形成的？高尚的道德行为具有什么特征呢？要理解人生的崇高，就不能像那位不知"伟大"为何物的青年那样天真和无知。

道德行为是一种高于自然行为的社会行为。一般地说，凡是由人做出的自觉、自主的意志行为，并关系到他人和社会的行为都是道德行为。道德行为有三个基本特征：

首先，道德行为是基于自觉意识而做出的行为。所谓自觉意识，既是指行为本身的自觉意识，又是指对行为的意义、价值的自知意识。就是说，要具有自觉的动机、目的，是发自内心的自知的行为。

其次，道德行为是自愿、自择的行为，也是主体的意志自决的行为。这种行为一方面要依据一定的社会利益和伦理关系的要求，另一方面又要有道德主体的自觉、自愿和自主。道德行为必须是自主、自愿、自择的行为，同时又必须是体现着一定的道德要求的行为。

第三，道德行为不是孤立的个人意志的表现，而是与他人意志有着一定联系的行为，也就是与他人和社会的利益相联系的行为，是具有社会意义的行为。人的行为是在一定的社会关系中发生的，而社会关系本质上是利益关系。因此，人的意志关系不可能脱离利益关系而抽象地表现自己，构成毫无社会意义的行为。道德行为必然是有利或有害于他人和社会的行为。从这个意义上说，道德本质上是社会的，而不是个人的。个人的道德意识、行为、品质和人格，不过是社会道德的具体反映和个性化表现。

需要注意的是，道德行为作为一种社会行为，总是与其他社会行为相伴发生、相互结合的，包含着社会的、政治的、心理的、道德的因素，同时还包含一些非道德因素。任何一个道德行为，都是历史的、社会的、具体情境中的行为；任何一个人物，包括伟大人物，都是丰富的、多方面的、矛盾的统一体。人的行为表现于外时，必然投入与他人和社会的利益关系，形成一定的意志对待关系，并且必然随着历史的变迁而带上时代的和个人特殊经历的印记，在具体情境中表现出它的特殊性和个性。正因为如此，在具体的道德行为中，就体现着一个人的本质人格和现象外观，成为人生崇高或卑贱的评价根据。人性中的道德性，无论是善性还是恶性，都不是先天具有的，而是在社会实践中熏染、模塑而成的，是个人在具体的社会实践中逐渐积累的结果。

道德行为是一种意向行为。作为意向行为，它既受现实意识支配，又受理想意识支配；既受利益意识支配，又受人格意识支配。一个人要完成自己的事业或做成某件事情，必然同时受这两类意识支配，所不同的只是对待私利和公利的观点、态度和方式。一个自觉的行为者，必须把两类意识的两个方面很好地结合起来，既要有清醒的现实意识，又要有切实的理想意识；既要恰当地估量公私利益关系，又要保持自主人格意识，并且能够采取正当的手段和适当的方式。在意向行为中，满足现状、不求进取、胸无大志、无所成就的意识，不能创造积极的道德价值；而在利益意识刺激下，自私自利、丧失自主人格的意识，也会失去行动业绩的高尚性。

（二）高尚与卑下

普通的善行和高尚的善行，区别在于价值量的大小或高低。善行的量的差别，一般可分为小善、中善和大善，也可以用正当、良好、高尚来表示。这是善行的三个量的界限。就三者之间的关系来说，虽然同为善行的善性，但三者之间也有部分质的区别。如果把一个正当的行为——不论是合法的正当行为或是合乎道德的正当行为——过高地评价为高尚的行为，就不仅有量的分析不当之误，也有在善行范围内定性不准的错误。因此，准确地进行定量分析，也是判断高尚行为之高尚性所不可缺少的智慧和精明。傻瓜是做不好这种评价的，在傻瓜头脑里，正当与邪恶、高尚与平庸，这些词都是一个意思。

高尚与不高尚的区分是"傻瓜的眼光"吗？不是。这种区别是由社会行为本身的规定性决定的。任何一类行为，任何一个善行或恶行，都不仅有质的规定性，而且有量的规定性。在对道德行为做定性分析的基础上，进一步做出定量分析，对正确认识道德行为的高尚性和审美情趣，是非常重要的。道德行为的价值量，产生于行为内外的各个环节和各个阶段，特别是体现在动机和效果、目的和手段、行为和业绩之中。其表现形式是多样的，如数量的多少、比例的大小、程度的高低、境界的宽窄、影响的强弱、作用的久暂、范围的广狭等等。对于这些复杂的表现，要进行具体分析，才能做出恰当的价值判断。

当然，这种分析是比较困难的，因为它不仅涉及对行为主体和环境的正确认识，而且还涉及行为主体的自我价值与社会价值、内在价值与外在价值、现有价值与应有价值、相对价值与绝对价值的全面分析。特别是还要慎重辨别真实价值与虚假价值。不过无论怎样复杂，应当承认道德行为的价值量的差别还是存在的，做出恰当的分析和评估，不仅是可能的而且是必要的。智者和傻瓜的区别正在于是否承认并能辨明这种差别，并善于做出高尚与卑下的评价，使自己在事业和人格上有正当、高尚的追求。

任何道德行为，只要是高尚的行为，都必然是高度理智的行为，是以对事物、对象、关系和要求的正确认识为前提的。行为要不成为盲目的、低下的行为，就必须是理智的、清醒的。对于道德行为的高尚性来说，意志与理智并不是分离的。在道德行为过程中，理智就是意识活动的功能，它的活动结果就是认知。理智与行为的关系，实际上就是认知与行为的关系，即知与行的关系。

这里的"知"包含两种意义：一种是指关于对象、事物、关系的知识。这种知识包括关于自然、社会和人自身的知识，对人的道德行为是必不可少的。因为道德行为不是孤立的，它首先是社会的行为，是有一定社会生活内容的行为。没有一定的生活知识，就不能产生具有一定生活内容的行为，当然也不可能产生道德行为。不能设想一个孑然一身、没有社会生活实践的野人会产生道德行为。野人之所以野，就在于没有文化和道德。学文化或不学文化，讲道德或不讲道德，是人的分野。学文化、讲道德则文，不学文化、不讲道德则野。这就是所谓质与文的关系。孔夫子说"质胜文则野，文胜质则史，文质彬彬，然后君子"，[1]就包含这个意思。

还有另一种"知"，就是作为道德行为的知。这种知是道德行为的认知，主要是指道德价值的认知，即关于行为应当如何的知识。前一种知称为实然的知识，这后一种知就是应然的知识。道德行为就是出于"应然"的行为；高尚的人生，就是本着应然的目的和理想而实现的人生。在辩证逻辑中，这种应然的知识属于概念判断。要做出"雪是白色的""煤是黑色的"这种判断，不需要多么大的判断能力，但要做出"朋友关系应当是什么样的""我应不应当去炒股"这样的判断，就不那么简单、直观，而是要根据事物的本质关系，以理性的原则去对待事物、对象，也就是把某种特殊事物、对象作宾词放到一般原则的普遍概念中去，构成一个概念判断，也就是应然判断。只有在这样的判断里，才能得到善恶、美丑、好坏等价值知识。一般地说，"应当"就是一般原则与特殊行

---

[1]《论语·雍也》。

为的关系。对于个人行为来说，就是按照普遍性的原则、规范，指导和约束自己的特殊行为，把普遍性要求和个人的特殊行为统一起来，使特殊性上升为普遍性，同时也使普遍性特殊化，使行为具有社会道德价值。

人的现实行为是一种有限的活动。有限就是行为的现实规定和限制。但行为要能够成为道德行为，就要向着善的目标前进，使自己符合普遍性道德要求。这种普遍性要求对现实行为来说，是一种理想的标准的前进方向。这就是行为所要追求的"应当"的境界。正是在"应当"中，行为开始超出有限的规定。因此，做出一种道德行为，就是按照应当如何的觉悟和设计，使现有行为向应有境界转化，使现实人生向理想人生转化，不断地把自己塑造成理想的人。这种"应当"中所包含的理想规定就具有崇高的价值，在平凡中就包含着伟大。

从思想的认知到实际的行为，是一个由内到外、由知到行、由想到做的转化过程。实现这个转化的中介和动力，就是行为者的自觉性、积极性和自主的努力行动。自知还必须自愿、自决，才能转化为道德行为。只有自知而没有自愿、自决，"应当"就只能停留在脑子里、挂在嘴边上，而不能变为意志抉择，变为实际行动。知行关系，在这里就是志与行的关系。人生于世，应当立大志，人无大志就不会成大事。但是只立大志而不行动也无济于事。立大志、想大事，还必须行大志，成大事，否则再好的大志也都是空想。

《易经·传》中有一段对爻辞的解释说："君子黄中通里，正位居体，美在其中，而畅于四支，发于事业，美之至也。"这是说，君子像庄严、华贵的黄色，位居中正，精通义理，诚善于心，并发于行动，成就事业，是美的极致。中国古代有天玄地黄之说，黄是地之色、金之色，所以既庄严，又华贵。把君子之德比做"地黄"，不仅意味着华美，而且意味着大地之实，意味着美好理想和坚实行动的统一。

古人的这种认识是很深刻的。道德之所以注重自觉、认知，仅仅是因为它能指导行动。如果有了正确的道德认知，只在内心自尝或用于嘴头说教，而不身体力行，那么这种认知再正确、再高尚，也没有实际意义。中国传统道德修养方法的一个突出特点，就是强调道德践履。孟子说："不闻不若闻之，闻之不若见之，见之不若知之，知之不若行之。"①人的善良的道德品性，是通过个人的行为活动形成和体现的，按照孟子的说法叫做"扩而充之"，即从事道德践履的过程。人正是在自己的实际行动中勾画出自己的人格和形象。道德行为中的知与行，是在社会实践基础上统一的。在这里，真理的认知，作为善目的的根基，决定着行为和人生的成败，而真理与善德的统一，不仅使人纯正，而且使人伟大、崇高。

（三）由善良到崇高

人生的崇高，不仅体现在高尚的行为中，而且集中体现在由行为而铸成的道德品质中。在道德生活中，道德行为总是由已经形成的品质决定的，在其价值取向中体现着道德品质的高卑；而每一道德行为又为道德品质增加着价值量，强化着道德品质的本性和倾向。黑格尔有两句名言："人就是由他的一串行为所构成的。""主体就等于他的一连串的行为。"②这两句话包含着关于道德行为和道德品质的关系的深刻思想，它表明道德品质不仅是人的内部意志和外部行为的统一，而且也是个别行为和整体行为的统一。

---

① 《孟子·尽心下》。
② ［德］黑格尔：《法哲学原理》，范扬、张企泰译，商务印书馆1961年，第126页。

一般说来，道德行为与道德品质是一致的。善良、高尚的品质会做出善良、高尚的行为，相反的品质也会表现出相反的行为。但是在实际生活中，两者也往往有矛盾。这主要表现为道德品质的稳定性与道德行为的不稳定性的矛盾，特别是在具体行为环境、条件特殊异常的情况下，道德品质的稳定性常常会出现暂时的不稳定、偏离甚至违背道德品质的一贯倾向。结果可能与意图相符，也可能相背；或者造成双重效果，善恶兼有。在这种情况下，可能出现一贯品质好，偶然一次行为不好；或者品质好而行为结果不好；或者相反，一贯品质不好，偶然表现出好的行为。虽然这些偶然的善行或恶行的产生，都不是没有内在原因的，但一时的、个别的行为表现，并不能代替道德行为的整体，不能掩盖整个道德品质的价值。明确这种矛盾性，对于评价道德品质的高尚或卑下非常重要。

道德品质有着复杂的结构，可以概括为四因素，即道德认识、道德情感、道德意志、道德行为。这些因素的整合和升华，就体现着一个人的道德品质高卑的整体价值。

道德认识是社会道德要求转化为个人内在品质的首要环节，是整个道德品质形成的基础。在道德领域，从感性认识到理性认识，再到睿智神性，是道德认识的深化过程。这是一种外在的社会道德要求内化为个体德性的过程，其结晶就是在个体的内在意识中形成善恶、是非、好坏、荣辱、正邪等价值观念和标准，并集中地形成道德良心。在这个过程中，道德情感起着积极的作用，它与道德认识相结合，从一般的心理体验形成高层次的道德情感，从而构成良性的情感内容，加强着良心对主体行为的助动和约束力量。道德品质的形成既然是一个过程，那么实现过程的持续力、选择力、控制力，就取决于意志的作用。它使道德行为坚持不懈并养成稳定的习惯，在遇到困难和歧路时，做出符合道德要求的抉择，并能够控制行为取向，使行为整体专注于价值目标的实现。因此，道德意志在人的道德品质中集中体现着人格的价值和崇高美。道德行为作为道德品质的外部状态，表现为语言和行为活动。

道德认识、情感、意志、信念是属于精神性的因素，还没有客观化、物质化，因而还不能完全构成主体的道德品质。品质不仅是一个主观意识范畴，而且也是一个实践范畴，是内与外、知与行的统一。脱离外部行为实践，道德品质的形成就失去了客观力量和现实意义。一个人要经过自己的社会实践，接受教育，形成自己的道德意识，然后再运用到社会实践中去，变为实际的道德实践，并坚持下去。个人在道德品质形成过程中的能动性，不但表现为从道德生活的体验到形成道德意识的飞跃，更重要的还表现为从道德意识到道德实践的飞跃。

按照中国传统道德的理解，个体品德的结构也可以概括为这样三个环节：德心、德行、德操。这三个环节是相互关联、互相递进的。首先，是德心。一个具有善良品德的人，首先必须心正。心正的常态是慎独，即在私居独处之时和心曲隐微之地，能真实无妄，择善而固执。其改变精神就是一个"诚"，或者说是对善的忠诚。其次，是德行。德行是德心的活动及其外部表现，它是在善心支配下的行为。人的心正才能行正，心不正其行必邪；行正不仅是心正的表现，而且是心正的证明。行正，就是择善而从，心善行善，内外统一，合于中道，即所谓"中行"。按照中国的传统伦理，内得于己的德，并不只是对道的反映，或对道德规范的认识，还包括身体力行其道，是行道得于己才成其为德。再次，是德操。德操是保持德行一贯并养成习惯而铸成的稳定的品质。个人之德始于正心，中为中行，终在立身。立身的根本在于德操。何谓"德操"？荀子在《劝学》篇里做了回答："生乎由是，死乎由是，夫是之谓德操。"又说,"德操,然后能定。能定,然后能应。能定,能应,夫是之谓成人。"①德操体现着人格,也贯彻于人的践行。一个人有良好的德操,才能通达应变,言行正义,立身成人。这样的品德要求当然是很高的,但是古人也很讲实际,在应用时常把品德要求划为高低不同的层次,以适应不同素质的人的践行,并能逐步使之提高。

道德的崇高与人品的优秀同样都是人之精华,人之至贵。一个人具备一样已属可贵,已不容易,而同时具备二者实属罕见。康德曾不无感慨地说过,能令我喜爱和惊羡者已经很少,而这些人几乎不可能同时又是道德高尚者。反过来说,稍许有道德品格者,往往又是普通平民,在其他方面平平淡淡,可敬而不崇高。许多人感到现代社会似乎不太关心人的品德优秀,而更关心人的能力和带来的效益、利润,以效用定人的价值。这里有认识水平问题,也有观察生活的局限。

崇高是与伟大相通的,崇高就是比其他一切都高的伟大。显然,崇高不存在于自然界里,而存在于人的心目中;崇高也不是感性的对象,而是在理性中产生的对对象的无比崇敬。在实际生活中,不崇高并不会受到批评,但崇高更会受到敬仰。人们对伟大人物的敬仰,已清楚地表明这种生活的真实。有些人感到崇高的人格虽然可敬,但又觉得离自己的现实人生太远,高不可攀,因而倾向于凡俗、媚俗,甚至追求低俗,这是可以理解的。从价值的评价、认知过程上说,崇高的审美方式是感性的,但感性的是具体的、有局限性的,当它去体验那崇高伟大的理想人格时,就会感到自身有高不可攀的局限。其局限性正在于缺乏理解崇高的理性和想象力。克服这种局限性的方法,只有求助于理智和善德的实践,克服感性

---

① 《荀子·劝学篇》。

的尺度和自身的狭隘性。

判断崇高的事物需要有理性的尺度和崇高的灵魂，否则就会把自己的凡俗当做事物的价值。对于要判断的对象，重要的不在于自己感到如何，而在于客观对象的价值如何，在于对客观价值的正确把握，按照康德的说法，就是要通过"暗换"，把主体观念中的崇敬赋予客体。因而，要理解崇高，不仅主体起码应有善行的体验，而且只有在理智的指导下，通过"暗换"正确地赋予客体，才能真正理解并趋向于伟大的理想人格和高尚行为。所以，按照康德的思辨演绎下去，"暗换"的实质就在于：对崇高对象的感悟就是对于自己本身的道德使命的崇敬。这个演绎正意味着现实的道德应不断发展和提高，否则高尚者所追求的崇高就会成为凡俗者惧怕的对象。

这里有必要区分"正当"和"高尚"的含义。正当一般是指行为的合法性，在道德上是指介于不道德和高尚之间的行为价值性。这种行为也是道德的行为，不是不道德的行为，也不是不能做道德评价的中性行为，但又不是达到高尚价值的高尚行为。唐代大文学家韩愈曾为一位不要家室的泥瓦匠王承福写过《圬者王承福传》。他在评论这位只顾自利的泥瓦匠时说："夫人以有家为劳心，不肯一动其心以畜妻子，其肯劳其心以为人乎哉？虽然，其贤于世之患不得之而患失之者，其亦远矣！"意思是说，这个泥瓦匠认为有家室是劳心的事情，不肯劳心动力养妻育子又怎样能够去为别人操劳呢？可是，他认为即使是这样，这位泥瓦匠比起世上那些患得患失、只为自己而不讲道义、为非作歹的人，还是贤明得多了。

韩愈是讲究儒家道统、崇尚高尚道德的，但他并没有从道德上否定这位泥瓦匠的品德，而是把他归于"独善其身一类的人"，应当说是实事求是的评价。在我们的现实生活中，这种事情和评价，是经常碰到的。例如，一个小商贩，为了自己的需要，辛辛苦苦把蔬菜拉到市场上出卖，尽管他的动机是为自己，想赚钱，但只要是正当的，他的行为就不但是合法的，而且是合乎道德的。当然，他的行为评价只是正当，还不是高尚。如果他能像李素丽那样，热心服务他人、贡献社会，以至达到为人民服务的精神境界，他的行为和品格就是高尚的了。从一般人来说，其多数行为可能是正当的，有时也能做几件好事，表现出色，具有高尚性；有时还可能做几件不地道的事，表现出卑下，从正当转向不正当。德行和人格塑造的意义就在于杜绝卑下，保持正当和善良，力求从善良走向高尚。

（四）人不是商品

近三四十年来，随着市场经济的发展和"新"价值观的传播，在我们的生活中，有种否定高尚、崇高的思想倾向在蔓延。这种思想倾向是有其基础的。

首先，社会主义市场经济作为市场经济，同资本主义市场经济有共同的东西，就是货币交换。货币不仅是一般等价物，而且是一般购买力的体现。在没有限制的自由市场交换中，任何商品都可以购买，同样，任何商品也都可以转化为货币。因此，对于个人来说，任何商品都是无关紧要的，都是身外之物，因而都是可以让渡的；所谓不可让渡的、永恒的财产以及与之相适应的不动的、固定的财产关系，都要在货币面前瓦解。社会主义市场经济不是没有限制的自由市场交换，但毕竟也是有相当大自由的市场交换。从计划经济和极"左"政治时代转过来的人们，处在这种现实关系中，必然在观念上发生相应的转变。在这种转变中，最明显、最突出的就是货币、金钱观念。于是在一部分人当中，就产生了对金钱的崇拜，在他们的观念中，"拜金"压倒了一切。在这些人看来，英雄过不了金钱关,不拜倒在金钱下的人是没有的。

其次,在市场经济条件下,货币本身只存在于流通中,并同那些属于个人享乐的种种价值相交换,所以任何东西只有在为个人而存在的情况下才有价值,才能实行交换。用经济学的语言来表达就是:物的价值只存在于物的为他的存在中,只存在于该物的相对性和可交换性之中。除此之外,物的独立价值,任何物和关系的绝对价值都被消灭了。这就是说,一切都为利己主义的享乐而牺牲。与此相联系,既然一切都可以用货币取得,而货币又是存在于个人之外的东西,因此,对于那些不讲道德的人来说,就可以用诈骗和暴力等手段去夺取。这样,个人本身就被确定为一切的主宰。这就是拜金主义、享乐主义和利己主义产生和相互关联的经济基础,也是新的犯罪行为不断产生的条件。当拜金主义、享乐主义和利己主义成为普遍的社会风气时,高尚和崇高就在这些人的观念中黯然失色。

再次,既然因为对货币来说没有任何绝对价值,任何价值本身都是相对的;既然没有任何东西是不可让渡的,一切东西都可以为货币而让渡,一切东西都可以用货币来占有,那么,在这些人眼里,也就没有任何东西是高尚的、神圣的。正如在上帝面前人人平等一样,在货币、金钱面前也不存在不能被一般估价、谁也不能占有的高尚性和崇高性。其实,不是世界上没有高尚和崇高,而是一些人把一切都看成了商品,把金钱看做衡量一切的尺度,当然也就再也看不到高尚和崇高。在这里可以再重复黑格尔的那句话:对于佣仆的心理说来,不是真的没有英雄,而是因为他只是佣仆罢了。痴呆者是在一切价值中最不能和崇高相容的,为什么?因为他是既无法感受也无法理解崇高的。

二、选择与责任

(一)选择的自主

一个人的人格是高尚,还是卑微,不只是表现在他说得怎样,想得怎样,主要还是表现在他做得怎样,具体表现在他处事的价值取向和对事的责任精神。人生价值的高卑,关键在于对人生的价值目标和各项生活目标、行为目标做出正确的选择。这种选择不是以正当的、高尚的理想、目标做指导,就是以平庸的乃至邪恶的思想和目标做指导;不是自觉地按照正确的原则做人、做事,就是盲目地被狭隘的感觉牵着走,或被社会上的一些错误舆论所左右。没有正当、高尚的理想和目标指导的人生,是庸碌的,甚至是错误的、罪恶的人生。因此,正确地做出人生选择,不仅是人生成败的生命线,而且也是人格的高卑体现。

强调对理想和价值目标的选择,强调"应当如何",并不意味着否定个人的自由;恰恰相反,离开社会理想和价值目标、不知人生应该如何的人,才是不自由的。一个人凭自己的主观愿望,想干什么就干什么,想怎样干就怎样干,是缺乏正确的选择能力和高尚抱负的表现,它所具有的自由只是在极其有限范围内的自由,是在较狭隘层次上的自由。真正的自由并不在于在幻想中摆脱客观规律和社会约束而独立,而是在于认识客观规律、正视社会的合理要求和必要的约束,从而按照客观规律、社会要求和具体条件安排自己的生活道路,也就是站在高处有远见地把握人生。俗话说,站得高,看得远。按照中国古人的说法,就是要把握事物的"道",遵道而行，方可成事、成人，乃至成大事、成大人。北宋大儒张载说："以有限之心，止可求有限之事；欲以致博大之事，则当以博大求之，知周乎万物而道济天下也。"①这话说得深刻，不以博大之心把握事物的"道"，是不可能站到高处成就大事博济天下的。

要做出正确的行动决定，从大的方面说，要有对自然、社会和人生的正确认识，通达事理人情。这是对于重大的人生决定、关系终生的决定而言的。就普通的、平常的人生选择来说，当然不需要也不可能要求有对自然、社会和人生的深刻认识才做选择，一般有素朴的、现实的对待人生世事的态度和认识，就可以做出正常生活的选择。从小的方面说，要有对小环境条件和自我条件的认识，知彼知己。这里要特别强调"知己"，因为一般人的通病是不知己，往往满足于自己的某一优点，而不能全面看待自己的能力，蔽于一曲而暗于大理。这对人生选择是很不利的。

人生选择要有自知之明，而且只有自知，才能自明。老子说，"知人者智，自知者明"，这里的"知人"也可以包括知事；自知、知人、知事，是做出正确选择的必要条件。人生选择必须要有正确的认识。有了正确的认识，然后才能做出人生"应当如何"的正确决定。但不论人生决定的大小、重轻，都应有通达事理并做出行为决定的能力。这种能力所达到的境界高度，是建立在对外部必然性和可能性认识的基础上的。先哲"论治道"，强调会做事的人，必然首先审度事势，得到必做和应做之理，方才去做。这是很有道理的。

人的行为选择取向是否正当、高尚，关键是人生价值目标的选择。在价值目标确定的条件下，进一步的问题就是阶段目标、事业目标和各种行为目标的选择。在选取价值目标的过程中，强调人生

---

① 《张载集》，中华书局1978年，第272页。

根本方向的重要性,并不是轻视阶段目标和具体目标,而是为了更好地实现阶段目标和具体目标应有的价值。同样,在设计阶段目标和具体目标时,要首先注意确定根本价值目标,使阶段目标与具体目标不违背根本价值目标的正当性和高尚性。如果某个阶段目标和具体目标在局部和一时看来是可取的,而在全局和长远看来是不可取的,那就应当以局部和一时目标服从于全局和长远目标。一般说来,如果阶段目标、具体目标与根本目标发生冲突,就应当调整阶段目标和具体目标,否则就会损害根本目标,以致发生方向错误,损害人格价值,贻误终生。

价值取向是否正当和高尚,在实际的人生道路上,取决于如何处理个人利益与他人利益、社会利益的关系。如何对待利益关系,是人生道路上经常碰到的十字路口。在这里,正确的态度和选择,应该把个人利益与他人利益、个人利益与社会利益自觉地统一起来,把个人原则与社会原则结合起来,讲道德、讲原则、讲人格。最优价值选择,就是按照社会价值目标,正确处理个人与社会和与他人的关系。

马克思在中学毕业所做的论文中,明确地提出要以"为人类工作"为共同目标进行人生选择。他认为,对于这个共同目标来说,任何职业都不过是达到目标的一种手段。如何选择,体现着人的尊严,而这种尊严会使人更加高尚。历史把那些为共同目标工作因而变得高尚的人称为最伟大的人物;经验赞美那些为大多数人带来幸福的人是最幸福的人。的确,正像马克思所说,有谁敢否定这类教诲呢?

在我们的现实社会里,最基本的利益关系就是个人与他人、个人与集体、个人与社会、个人与国家的关系。正确对待和处理这些关系,是个人做出人生正当选择的现实要求,是人格是否高尚、平庸或卑鄙的基本标尺。一个人要做出正确、高尚的人生选择，取决于很多主客观条件和因素，但个人对待社会、国家、集体和他人关系的眼光和觉悟，则是最重要的条件。人生能否成功地实现理想，就取决于个人的这种眼光和觉悟。

社会的需要是多方面的，各个方面的人才都不可少。个人无论从事什么工作，只要是对社会有益，自己也是能够承担的，就是可以选择、应当选择的。不过，有些工作选择需要有兴趣，如从事自然科学研究，没有浓厚的兴趣是搞不出成就的。著名物理学家丁肇中教授曾经说，成为一个杰出的科学家，最重要的是对科学有兴趣，因为从事科学是你一辈子的唯一乐趣。他还说，"假如科学研究不是你唯一的乐趣就别干"。当然，这是从科学研究的特点方面说的，没有浓厚的兴趣，是很难自主地从事严格、枯燥的科研工作的。不过，这也要做具体分析。

这里，应当把职业和事业作适当的区分。职业和事业是有联系也有区别的。一般来说，职业是为谋生和养家而选择的，事业则是实现社会的价值目标所做的选择，因为两者实际上往往是重合的，所以有时很难把二者分开。在一般情况下，事业是通过具体的职业体现的，职业中体现着事业的社会意义。但在特殊情况下，具体的职业往往不能体现个人所理想的事业，甚至与自己理想的事业相悖，这就需要个人在两者之间做出选择。这种选择或者可能放弃自己喜欢的职业，服从社会的事业；或者可能放弃社会的事业，服从自己所喜欢的职业，两者都会显示出一个人的眼光和境界。当年，马克思为了人类解放的事业，放弃在大学谋职和报社的工作，一生没有选择一种具体职业。恩格斯同马克思一起走上革命道路，但是他不得不多年从事自己不愿干的商业。他们都是处在事业和职业不一致的情况下做出人生选择的。他们的选择不但是正当的、明智的，而且是超凡的、伟大的。当然，如果事业和职业是完全一致的，选择及其价值体现也会是一致的。在合理的社会制度下，这样的选择属正常情况。

其实，在普通人的生活中，这种在矛盾中的选择也是常有的。譬如，在我们目前的经济条件下，是一般家庭维持生活的主要任务，那么对待职业选择也还不能只凭兴趣，或者把兴趣看做最高的理由，因为还有对家庭生活的责任，还要把满足家庭经济收入作为第一考虑，在这个前提下努力去培养自己的兴趣，以适应自己本无兴趣的职业。不过，在社会特殊需要的情况下，有些职业即使对个人而言没有多大兴趣，但有的人出于事业的责任心，也能做出自愿的选择，在工作中逐渐培养兴趣，把个人需要和社会需要统一起来。

从这种意义上说，有些特殊工作，在社会、国家、集体需要的情况下，如果是个人又能胜任的，那就不必过分迁就个人兴趣。这对于事业心强的人来说，并不难做出自觉自愿的选择。强调个人兴趣在个人自身利益方面可能有正当理由，对工作也是必要的有利条件，但并不是唯一条件，对某些工作来说也不一定是最好条件。

再说，兴趣、爱好并不是天生的，而是经过学习、培养和生活实践得到的，因此也都是可以改变的。事实上，一个人在一生中总要依据环境条件的变化而改变几次兴趣。任何人都会有改变兴趣的时候，终生不改变自己兴趣的人是很少的。认真说来，固执于自己的兴趣而不能随机应变，常常会失去发展的良机，封闭提高境界的门路。当你按照原有的兴趣做下去，已不能取得成就，甚至举步艰难时，就应该跳出困扰，置身其外，利用有利的条件，培养和发展新的兴趣，这样就可以"山重水复疑无路，柳暗花明又一村"。很多先进人物的事例说明，兴趣、家庭、职业选择，都可以服从事业的需要，并能在事业中把职业与事业统一起来，做出优异成绩和杰出贡献。

强调按照社会要求做出人生选择，这是就一般要求而言。因为人生选择不能脱离时代和社会条件。但是，具体的人生选择则是千变万化、极其灵活的，绝不是一个"应当"所能指明的。就个人兴趣来说，兴趣往往体现着一个人的巨大的潜在能力。这种能力显然也是选择时"应该如何"的依据。如果不依据个人的潜在能力而只凭社会一般要求，不但不利于个人发展，而且也不利于社会的发展。一个人如果选择的道路是自己不愿走的，也无能力取得成就的，就不会做出很好的成绩。如果他对此没有自我意识，也不知道主动地改变现状，畏惧做出新的人生选择，那就会造成自己和家庭生活的不幸。当生活和事业遇到困境时，当面对一种更有发展前途也更有利于社会的选择时，个人应当有弃旧图新的勇气和毅力，做出新的人生选择。要能抓住机遇，就要明察情况，有超前意识，勇往直前，不要畏缩不前，也不要抱有"无所谓"的态度。

人生选择是出于兴趣还是出于责任？正确地对待这个问题，应该是把二者结合起来。这两者是有矛盾的，而且在实际选择中经常会有冲突。例如，对责任性强的工作常常没兴趣，而对自己感兴趣的工作又觉得社会价值太低。要处理好二者的关系，首先要提高自己的社会责任心，包括对社会、对国家、对家庭、对个人的责任，使个人兴趣力求适应自己的社会责任。如有矛盾和冲突，以自己应负的社会责任为准，调节个人兴趣。这就是说，要按照"应当如何"的要求，而不仅仅是出于"我意愿"，做出个人的人生选择。这里的关键是要有责任心。责任心是人的精神、人格之骨，是一个人发挥高尚德行的动力。人的德行只有通过践行职责、竭尽义务，才能真正体现出来。所谓"天下兴亡，匹夫有责"，不能只理解为在民族危亡时人人有责，即使在国泰民安时也应人人有责，人人尽责。

价值取向的"应当"，对社会来说，就是社会发展提出的要求，人群利益关系提出的要求；对个人来说，就是自觉实现这种要求的责任意识和职业良心。在这里，"应当"就体现着道德的义务、良心和责任。正是这种"应当"，引发出先进者的高尚动机，激发着无私奉献的行为。在我们的生活中，个人有选择人生目标和道路的自由，同时也要对自己的选择承担责任。也就是说，人对自己的人生选择，应当考虑社会的责任和应尽的义务，不能只强调个人选择的权利。具体说来，就是要对社会负责、对集体负责、对家庭负责，也对自己负责。在这里，权利和义务、自由选择与履行责任是一致的。不尽义务不是好公民；无责任能力是庸人的表现。

一个人在人生选择上能够怎样，除了客观条件之外，是因各个人的具体情况而不同的。"应当"的价值目标是社会的普遍要求，它必须与个人的特殊情况相结合，才能在个人实践中，通过具体的职业和事业活动得到实现。在这里，个人要有自知之明，要根据自己的特点、专长，扬长避短，走自己的路。从这个意义上说，在正确价值目标指导下，在尊重客观条件的基础上，自我设计不但是可以的，而且是应该的。否则自我实现就是一句空话。当然，离开正确的价值目标和客观条件，主观的、自以为是的自我设计，往往会被个人主义、利己主义所左右，以致滑向极端个人主义和利己主义，不仅不能实现人生理想，甚至会给社会和自己造成危害。

（二）服从与自治

这里有必要谈谈服从问题。从一定意义上肯定自我设计、走自己的路，那么还要不要讲服从？服从的行为是否就失去了高尚的价值？有的人把"服从"看做"旧观念""保守意识",主张只讲个人自主、自由,不讲服从。这种看法是没有正确理解服从与自主、纪律与自由的关系。

对服从要做具体分析。有奴隶式的服从,也有明智者的服从;有被动、盲目的服从,也有主动、自觉的服从。科学意义上的服从,是服从真理和正义,是服从生活本身的秩序,也是认识到社会生活秩序的人的自觉要求。

从人类历史上说,服从最初并不是产生于人性的智愚,而是产生于社会生产和交换的一般条件。在人类社会发展的早期,社会生活产生了一种客观需要,就是要把经常重复着的关系以及生产、分配和交换的行为,用一种共同的规则概括起来,使个人服从这种共同规则,也就是服从生活、分配和交换的基本生活秩序。随着私有制和阶级分化的出现以及法律和维护法律的政治权力的出现,服从更带上了强制的特征。事实上,人类自有历史以来,既在创造着自己的生活秩序,同时又在服从着自己创造的一定的经济、政治、法律和道德生活秩序。这已经是马克思主义的常识了,无须过多地说明。

那么,能否创造一种没有服从的生活秩序呢？在哲学上,康德曾设想出一种理想的"目的国"。在这种"目的国"里,人人都是理性的存在者,其行为都是遵照道德命令出于责任和义务的自律行为。也就是说,在这个"目的国"里,每个人都是自由的,同时又是高尚的,而这个"目的国"也以它的公正、合理的制度保证个人的自由和社会的秩序。这样的"目的国"当然很理想,但是它同柏拉图的"理想国"一样是乌托邦。

19世纪,欧洲有种思潮,曾提出过所谓"自治论"的设想,在行动上反对任何体现服从的权威原则。对此,恩格斯写了著名的

《论权威》，批评这种倾向，深刻地论述了权威与服从对现代社会生活的重要意义。恩格斯认为，在现代社会中，无论工业、农业和交通运输都趋向于联合活动。联合活动就是组织起来的活动，这样的组织活动没有权威和服从是不可能的。无数人的合作必须有一个起支配作用的统一意志，特别是在危险关头，更要绝对服从一个指挥者的意志。因此，一方面是一定的权威，另一方面是一定的服从，不管社会组织怎样，都是必需的。同样，权威与自治也是相对的，它们的应用范围是随着社会发展阶段的不同而变化的。"自治论"者是闭着眼睛不看生活事实，只是主观地设想没有任何服从的社会乌托邦。

在我们的现实生活中，如何对待服从呢？这首先也是个如何正视生活事实的问题。人们不仅在生产、交换和分配中要遵循一定的规律，服从一定的秩序，就是在政治生活以及社会生活的各个领域，也都要服从一定的规则和秩序。市场经济使个人的活动具有很大的独立性、自主性，但是无论什么样的市场经济，在人与人的交换和交往关系中，都必须遵守市场的管理规定和国家政策，必须遵守法律和道德，不论自觉或不自觉，这里都必须有服从。这种服从并不是降低人的价值，恰恰相反，服从合理的制度和社会规范，正是人之为人的价值所在，更是自觉服从者的人格高贵的价值所在。

服从是社会生活的要求，也是个人自由的必要条件。个人对法律、道德规范的服从，对个人的意志来说是社会的他律，认识到这种社会规范的必然性和必要性，自觉地遵循社会规范的要求去行动，就是对服从的尊重，是意志的自律。自律要以他律为基础，他律要转化为自律。无论自律或他律，作为"律"，对个人都是"应当如何"的规范，都意味着服从。由于服从是生活的常规，天天如此，以至于成为人们的行为习惯，习惯成自然，服从也就成为人们自然而然的事情了。否认"应当如何"的服从，不尊重"应当如何"的服从，是天真幼稚的想法，是不成熟。

有人认为，强调服从就是"以权威压人""压制个人自由""扼杀个性"，这显然是对正当服从的误解，也是对社会生活缺乏真正理解而陷入抽象自由幻想的表现。用权威压人、压制个人自由，是非正义的、错误的，对这样的"服从"，当然应当不服从。但是，体现着社会必然性和必要性要求的服从，体现着社会组织的正当性的服从，则是应当服从，而且是必须服从的。试想，如果从我们的社会生活中取消服从的机制，我们的生活秩序会是怎样的呢？那就会无法组织和进行生产，无法管理和经营企业，无法进行市场交易活动，无法进行正常的工作，甚至无法度过一天、一小时的安定有序的生活。一个人如果从自己的生活中取消了必要的服从，亦即不限制自己，放纵任性，看似自由，实则正是失去了自由。他不仅行止茫然，而且时时会侵犯或妨碍他人的自由，因而最终也会丧失自己自由生存的权利，降低自己的人格。所以，一定的、合理的、正当的服从，不仅是社会生活的要求，而且也是处世正当和形成高尚人格的必要条件。

（三）他律与自律

这里有一个自律与他律的关系问题。这个问题实际上是个道德价值的根据问题。道德价值的根据在人之外还是在人自身？基督教教义把道德价值的根据归于上帝，认为人是无价值的，只有与上帝联系起来，为了上帝、皈依上帝，人才有价值。经过文艺复兴，上帝的绝对权威被否定，人的地位得到提升。康德把道德价值的根据移到人自身，认为人就是目的，其他一切都是手段，只有与人联系起来，为了人，才有价值；道德是人类精神的自律，宗教就是上帝律法的他律。黑格尔批评了康德的片面性，强调道德本质上是在理念基础上的他律。

马克思恩格斯否定了宗教的他律论，也批判了唯心主义的自律、他律论，在唯物主义基础上肯定了自律与他律相统一的观点，认为道德和其他意识形态一样，植根于社会的经济基础和人们的现实生活中。道德价值的根据不是在人们的头脑里，而是在人们的生活实践中，体现为人的活动的一定的社会存在方式。道德规范是他律的，但这种他律必须转化为个体的自律才能成为实存的道德。中国传统道德强调对道的"自守"、"自化"，就是这个道理。至于道德的个体表现形式，有它相对的独立性和复杂的个性形态，但是个人借以律己的道德原则和规范仍然是社会的，是带有普遍性的客观要求。如果一个行为是被法规、仪式所规定，而行为主体的意志并不倾注其中，那么这种行为就是片面的他律。如果行为内化了外在的社会要求又是发自内心的、自主的，那么它就是自律与他律相统一的。

所谓自律，就是道德主体自觉地认同社会道德规范并结合个人的条件，形成自己自觉遵守的准则，从而把被动的服从变为自主的意志自律。从这个意义上说，法律变为个人自觉遵守的行为规范时也是需要自律的。道德和法律两者都有他律和自律的统一问题，只是法律表现为强制的外在约束，道德表现为非强制的内在约束。两种约束都需要自觉、自律。个人如能达到对两种"应当"的自觉把握，就能如孔子所说"从心所欲而不逾矩"。

这个道理并不难理解。当一个人自觉履行约束他的公正的法律和道德规范时，他的行为便是自律的；当一个人按照合理的"应该如何"的社会要求去行动时，他不但是在自律，而且是把自律与他律统一起来，达到了自觉、自主的自由。荀子说得好："人无法，则怅怅然；有法而无志其义，则渠渠然；依乎法而又深其类，然后，温温然。"[1]这里所说的法包括法律之法和道德之法。道德和法律作为法，都体现着"应当"所包含的必然性、必要性的要求。只要依乎法而又深解其意义，举一而反三，就能自主自律、泰然自若。

顺便说，有一种观点认为儿童时期是他律的，儿童以后的时期才是自律的。这种观点值得商榷。儿童时期不成熟，或者说还比较幼稚，因此需要从外部多加关照、培养，很多时候需要有规范性的约束甚至严厉的管教，注意到这个方面是对的。但是，由此认为这就是他律，认为儿童时期就是他律而不能自律，这就失之于片面了。

首先，儿童时期的不成熟是相对于大人而言的，但他们仍然有他们那个时期的认知能力和智力特点。对于来自外部的关照、约束和管教，他们有自己的判断、感受和独立的接受程度，因而也是一个内化过程，经过一定程度的内化，形成自己行为所应遵守的观念。所谓内化，在这里就是外在的东西和内在的东西统一的过程，也就是他律和自律统一的过程。如小孩子接受并记住了大人或老师的一句叮嘱的话，并照着去做，也就是把那句话当做了自己行为的准则，这就是自律和他律的统一。其实，没有把外在要求变为自律的过程，没有自觉和主动的配合，小孩子就不可能有自己的行动，因为小孩子并不是没有自我意识的木头、石头。小孩子在有了自我意识后，听了大人的话有时接受、照着做，有时不接受、不照着做，以至于做出出乎大人意料的完全属于他自己的行动。这也证明小孩子并不是没有自律能力的。简单地说，儿童的他律有其内在的自律根据，成人的自律也自有其外在的他律根据，两者认识的深度

---

[1]《荀子·修身》。

和统一的方式有所不同，但无论成人还是儿童都不会是只有一方面而没有另一方面，成为孤立的、片面的人。

其次，儿童自律与他律的统一与成人自律与他律的统一，不是有或无的差别，而是发展的不同阶段和成熟程度的差别。对儿童而言，对自律与他律的统一只是认识得比较幼稚，把握的程度不成熟，因而往往不够稳定；同样一句话，或一条道德规范，在成人的意识和儿童的意识中理解的深度是不同的，但不能说儿童就没有能力理解，不能说儿童就只有外在的他律而没有内在的自律。当然，儿童也不是一样的，他们有的呆板，有的活泼；有的外向，有的内向；有的比较听话，有的不太听话，等等。

呆板者显得自律性弱，活泼者显得自律性强。性格内向者行为显得呆滞，但内心的自律能力并不弱。不听话的孩子有他自己的主意，其主意正是他借以自律的准则。他的准则可能是不恰当的或错误的，但他是在不断认识和纠正错误的过程中逐渐成长的。例如，一个小孩子在刚刷好的白墙上画了一幅他很得意的风景画，这是他的创造意识的表现，但不符合"不要在墙上写画"的规范，经过大人的引导，他认识到在纸上画更能自由地发挥他的创意，于是他以后就在纸上作画，而且培养起绘画的兴趣。这就是儿童的他律和自律的统一。

三、明哲与英雄

（一）明哲之明

有人说古代人的理想是贤者，中世人的理想是圣人，现代人的理想是开拓者。这话不无一点道理,但也并非是历史真实的概括。如果大体说来这三种理想能体现仁、智、勇的话,那么他们综合所体现的仁、智、勇境界,倒是人生追求的理想,而且东西方文化都有这种特征。

人类开发自然,是要得到关于自然的恩惠;人类开发智力,是要得到人生的知识。人之为人,不只是满足于衣食住行,在满足这些需要的同时还要满足精神需要,要有智慧地生活。人生道路的通达、价值的提高和理想的实现,都取决于人的精神状态,取决于智慧和知识。所以,在智、仁、勇三者之中,智应当是最重要的。没有智慧和知识的人生,真如盲人骑瞎马,夜半临深池。

中国儒家思想的代表孔子虽然提出了智、仁、勇三达德,但他的思想以及后来儒家的思想,却都以仁为核心。仁的基本精神强调力行,以实行为善德、为美德。这种精神包含一种巨大的鼓舞人的力量。"居天下之广居,立天下之正位,行天下之大道。得志与民由之,不得志,独行其道。富贵不能淫;贫贱不能移;威武不能屈;此之谓大丈夫。"①孟子这句话可谓豪言壮语,振奋人心。它不是重在对人说理,而是重在给人以理想力量,它使一种民族精神直透每个人的心腑。这种精神小则可用于修身,大则可用以治国,使政治修明,天下大治。

与中国相比,古希腊重视智德成为传统。他们不仅从苏格拉底、柏拉图开始把智慧立为四德之首,而且后来的文化流变,也始终以真求善、以真求美,在城邦中使政治权力和智慧相结合。他们强调要哲学家做国王,而且认为哲学家就是眼睛盯着真理的人。智慧是使哲学成为神的学问,使哲学家变得崇高。就个人品德来说,智慧之德是统帅,情感、欲望都是遵循智慧而得以活动的,离开智

---

① 《孟子·滕文公下》。

慧的指导，就会发生内部的不协调。所以，在古希腊人看来，智慧使人完善，使人具有灵魂的美。智慧的功能在于支配人的情欲和行为，使人明智地选择人生道路，获得个人和城邦的幸福。

如同德行达到一般水平不能成为美德一样，理智达到一般水平，也不能成为明哲。人生的崇高美，要求理智的发展达到智慧和明哲。按照康德的说法，崇高一词，本义不包含感性形式，而只涉及理性的智慧，而且是智慧的极致。这当然是理性主义哲学的观点，强调理性，贬低情感的作用。但是也可以说，崇高首先是一种高度智慧的精神境界。人达到这种境界，其精神就超过经验，亦超越自我，或者说已不知自我为自我；虽然仍是自己但已超越了自己；虽然不离经验，但已超越了普通的经验；虽然有情感、意志，但那毕竟是高度理智的情感和意志。其常在境界，则只能在伟大的哲人中存在。这大致可以说就是"集义所生"的浩然之气。

强调哲人的智慧是崇高的境界，并不是说只有伟大哲学家的智慧才具有崇高性，凡人之智就不具有崇高性。就智慧具有崇高性而言，凡人之智，只要是智慧也都体现着智慧的崇高性。但是这种崇高性不是全境界的和常在的形态，而是局部的、偶然的，有时常常表现为个别思想火花，个别问题上的机智思考等。所以从总体和发展水平上，还不能说凡人之智也是崇高的。

智慧的崇高性，主要应体现为人的高贵品性。这种品性最突出的特点是创造性思维能力达到超过一般人的程度。创造性思维具有敏捷性、灵活性、独创性、专一性、超然性等特征；具有综观全局、洞察底里、概括复杂问题的能力；还表现为思维严谨、联想流畅、视野深邃等特征。这种创造能力是明哲思维的特征，是哲学智慧的本性。其他一切知识都可以借助外部和内部的经验得到，只有哲学的智慧，是在总结各种经验、概括各门科学的基础上，依靠概念的思维通过反思的深虑和永不停息的追求才能得到的。它之所以独特，不在于它给予人多少知识，而在于它为人求得真善美开辟道路；它不仅是掘土机，而且是指南针。

一些调查研究表明，伟大人物在童年和青年时代，往往比一般人具有较高的智商。这种较高的智商正是与它的特殊作用相联系的。明哲之明就在于：他们不是将已成的观念当做教条而屈从于它们，而是把已成的观念，当做行动的向导和向高峰攀登的阶梯，成为再探索、追求的工具；自己做知识的主人，而不是知识的奴隶。明哲就是处在成熟期的完善状态的人。

《庄子》"天道篇"中有一个故事，可以说明这个道理。说齐桓公有一次读书，他的门徒扁正在前堂做车轮。扁问桓公读的是什么书，桓公告诉他读的是圣人的经典。扁问那位圣人是否还在，桓公说圣人早就去世了。扁不客气地说："圣人之书不过是糟粕。"桓公听了很生气，说："寡人读书，轮人安得议乎！有说则可，无说则死。"意思是说，圣人的书普通人不能随便议论，如果批评的有理由还可以，说不出理由是要处死的。于是扁申诉了自己的理由：砍车轮时下刀快省力气，但是车轮砍得不圆；下刀慢费力气，但是砍得圆。最好的技术是不快也不慢，但这种不快不慢技术的奥妙说不出来，不能传授给子孙，谁要想掌握这种不快不慢的技术，只能自己亲自去做，在做中琢磨奥妙，掌握技巧，以至达到得心应手的熟练程度。这样说来，光读圣人之书不是等于接受一些无用的东西吗？齐桓公默然不语。

在这个故事里，说批评圣书就要杀头，当然是古代的文化专制，其谬不必多说。扁的话混淆了两类不同性质的事情，一是做工的技能，一是圣书的思想和知识，两者是不同的。圣书不是讲怎样砍车轮的，当然不能靠读圣书就会砍车轮。不能说圣书不讲怎样砍车轮就没有用，只能说不亲自去实践砍车轮，光读圣书是没有用的。扁的理由显然难以说服桓公，桓公默然不语并非表示认同，可能是难以收场吧。不过，扁的话也可给人以启发：读书应重在言外之意，重在启发行动的智慧上；智慧不只是来自书本，还要来自躬行实践的亲知；读圣贤之书要会用，要从中学得智慧和境界。

（二）两类英雄

什么是英雄？英雄的崇高性在哪里？

美国社会学家悉尼·胡克把英雄分为两类：一类是作为事迹性人物的英雄，一类是作为事变创造性人物的英雄。所谓事迹性英雄，就是指某个人的行动影响了后来历史事变的进程，如果没有他的这一行动，事迹的进程就会不同。所谓事变创造性英雄，就是指一个人的行动乃是他的智慧、意志的卓越能力所创造的结果，而不是偶然的机遇和地位促成的事变。

胡克认为，历史上的英雄和伟人应当是后一种人物。如果前一种人物也算做英雄和伟人，那么一个小孩子由于一个偶然的机遇，用一个手指堵住了河堤的小洞，保住了河堤和全城人的生命和财产，他就成为伟人和英雄了。拿第二次世界大战来说，如果在珍珠港事件前有一个小孩报警，避免了战争的惨状，那么这个小孩也可算做伟人和英雄了。显然这是不能令人信服的。由此可见，伟大必须包含着某种非凡的善德、洞察力和才能，而不是适逢机遇和幸运的结果。胡克举例说，就思想的深广和影响来说，亚里士多德伟大；就其影响历史进程的作用来说，马其顿王亚历山大是英雄。在他们的伟大和英雄业绩中，都不只是机遇和命运，决定性的还是一定的历史条件所提供的环境，以及他们的思想、德性、意志和行动。当然，胡克的观点是西方有代表性的观点，并非科学的评论。

从学者、哲人的成就来看，亚里士多德可谓伟大，但就马其顿统治者亚历山大来说，只能说对于他所代表的那个阶级和他所在的那个国家的人们看来是英雄。

事迹性人物和事变创造性人物，往往都出现在历史的交叉点上，先前的历史发展已经给他们的活动准备了可能发挥作用的条件。他们之间的区别在于：事迹性人物产生的条件是达到了很高、很齐备的程度，要做出具有决定意义的选择，往往只需一个或一些比较简单的行动就可促成。但他们并不能预见历史事变的进程，不能明察事变的性质和后果。这样的行动选择和成功，即使换另外一个人也能获得成功，即使他成功了也不能证明他就是一个有智慧、有能力的天才。这可以说是平凡的能力在特殊条件下发生的非凡的影响。我们对照一下俄国民粹派人物米哈伊洛夫斯基的观点，就可以看到胡克这一思想的正确性了。米哈伊洛夫斯基认为，"英雄就是带领群众去干最崇高或最卑鄙的事业的人"，英雄本身可以是疯子、坏蛋、蠢才、微不足道的人。显然，他说的英雄实际上就是事迹性英雄。而作为疯子、坏蛋、蠢才，他们也根本不是英雄。

与事迹性英雄相反，事变创造性英雄，虽然也是处在历史的交叉点上，但他不是接受了现成的、齐备的条件，而是通过自己的智慧、意志和艰苦的行动，在一定条件下，创造了这个交叉点。他不仅具有特异的智慧、才能和力量，而且在历史的过程中实施了他的才能和力量，从而创造和增加了成功的条件和机会。他们是按照他们的伟大理想和洞见去做出历史选择的。他们不但了解事变的性质，而且能预见事变的结果，自觉地为达到理想的结果而奋斗。可以说，英雄就是被伟大事业的理想和抱负所激励的人。

三国时代大儒刘劭说过，"聪明秀出谓之英，胆力过人谓之雄"，英雄就是具有大智大勇的人。人类历史上有不少这样的人物。

他们敏锐地看到社会发展的问题和要求，了解人民群众的利益和期望，以其大智大勇，力排千难万险，献身于人民解放的事业。他们为了人民的解放和人类的解放，前仆后继、英勇牺牲；正是他们把伟大的精神鲜明地打印在历史上，留在人们的心目中，一直到他们去世以后，他们的影响还依然可见。伟大人物之所以伟大，不只是他们的非凡品质、精神，根本还在于他们给社会进步、给人民群众带来了利益，推动了历史的进步。他们的伟大，正是真、善、美的统一和升华。

这里应当强调，伟人和英雄，有一种超越普通人的创造力。一般说来，创造力不是靠遗传得到的，而是通过后天学习、锻炼发展起来的功能。普通人的创造力，在改造旧事物时表现为一种特殊方式、方法。这种创造力是普遍存在的，它能使人有一种满足感、自信心，消除无能感和自卑感，但不具有崇高感。当然，即使这种一般创造力，也不是人人都能有的。不少人由于弱智低能，没有能力进行自我发展和超越，终生不能进入创造领域。

（三）创造力的伟大

对于崇高所应有的创造力来说，是不能与普通的创造力相提并论的。与普通的创造力相比，崇高的创造力，是一种巨大的、伟大的创造力。如果说普通创造力能使人提高德行、业绩，那么伟大的创造力，就是造成伟大人物和巨大的社会历史变革的力量。伟大的思想家、革命家、科学家和发明家的创造力，都具有这种深远的社会历史意义。

近些年来，有一种抽象人性论倾向，以比较隐晦的方式宣传人类天性决定历史，宣传人性是高于一切的主体，其他一切都是被人支配的客体。这种思想并不是什么新东西，而是历史上早已有过的陈旧思想。例如，在西方思想史上的18世纪法国哲学和19世纪的新历史学派，都认为人类天性是最高主体，这个主体就是历史事件发生、演变的原因，历史要服从这个主体。他们甚至从人的情欲中寻求法国大革命原因的解释，就像中国古代有些学者把王朝灭亡的原因归于褒姒、西施的美色一样。可是，这样的想法所得出的荒谬结论，更使历史学家迷茫。既然一种情欲可以支配历史，那么为什么不是另一种情欲而是这种情欲支配历史呢？如此说来，英雄行为无非都是一些由某种情欲而产生的激情行动，造成历史事变的只是偶然性因素，并没有什么伟大之处，常常还被归结为或是淫荡，或是残暴，或是奸诈之徒。这无疑是说，人类历史都是由人的天性决定的。这样的思考方式持续了几百年之后，于19世纪中叶，被马克思和恩格斯创立的唯物史观所改变。

马克思和恩格斯从相反的方面接近问题：人类天性是变化的还是永恒不变的？如果是不变的，那就不能用它来解释不断变化的历史进程；如果说它是变化的，那么它变化的原因是什么呢？科学的历史观应当到历史的深处，找到决定人性变化的原因。马克思、恩格斯指出，决定历史的终极的一般原因是社会生产力的发展和生产力与生产关系的矛盾。除了这种一般原因之外，还有一些各民族、国家、地区的特殊原因，此外还有影响历史发展的个别原因。这就是社会英雄人物的特点和其他个人的作用，由于这种个别作用使历史事件带上了个别性外貌。虽然个别原因不能根本改变一般原因和特殊原因制约的历史发展方向和范围，但如果影响了历史的个人原因被另一个人原因所代替，那么这个历史进程就会呈现出另一种面貌。由此，我们可以比较客观地理解英雄和伟人的作用。关于这一点，《论个人在历史上的作用问题》的作者普列汉诺夫曾做过精辟的论述："一个伟大人物之所以伟大，并不是因为他的个人特点使各个伟大的历史事变具有其个别的外貌,而是因为他自己所具备的特点使他自己最能致力于当时在一般和特殊原因影响下所发生的伟大社会需要。"他说伟大人物是"发起人",他的见识要比别人远些,他的愿望要比别人强烈些。"他把先前的社会理性发展进程所提出的紧急科学任务拿来加以解决;他把先前的社会关系发展过程所引起的新的社会需要指明出来;他担负起满足这种需要的发起责任。他是个英雄。其之所以是个英雄,并不是说他能阻止或改变客观自然事变进程,而是说他的活动是这个必然和不自觉进程的自觉、自由的表现。他的作用全在于此,他的力量全在于此。"①社会历史的创造从来都不是自行发生的,而是始终需要由人们来参与的,因此人们担负有推动社会历史前进的任务。所谓伟大人物,也就是最能帮助解决这种任务的人物。"伟大"这个概念,具有相对的意义。从道义方面说,每一个愿意"舍己为人"的行为和献身伟大事业的人,都具有高尚的价值;从社会历史发展方面来说,每一个对人类历史发展起过重大推进作用、对人类有重大贡献的人,都是具有历史意义的伟大人物。

四、天才与圣人

(一)天才的产生

"天才"一词,照迷信的或唯心的说法,就是天生之才。如果这"才"指的是人的某些方面的特殊能力,如特殊的噪音、特殊的

---

① 《普列汉诺夫哲学著作选集》第 2 卷,生活·读书·新知三联书店 1984 年,第 373 页。

身材等，那是可以的。但如果把整体的特殊人才看做天生的、娘胎里就做好了的，那就是荒诞的了。辩证唯物主义、历史唯物主义哲学不承认有这种天才。"天才"这个词，在西方始用于16世纪中期，最初只是意味着"不可思议的奇才"。对这种奇才，在宗教信仰的影响下，也有唯心主义的理解。后来，这个词的意义有所改变，一般是指具有优异的、非凡能力的人，是为社会、为人类做出巨大创造性贡献的人。因此可以把天才规定为：对文化价值发展具有独创性的典范人物。这个规定是有积极意义的。

在一般情况下，天才人物是很少的，而且天才的出现也难以预料。但是在特定的历史条件下，天才也可能成群地出现。如中国春秋战国的百家争鸣时期，古代希腊群雄突起的雅典文明时期，欧洲文艺复兴产生巨人的时期，都是如此。这种现象表明，天才的出现并非由于生物学的原因，主要还在于历史条件、社会环境因素和个人勤奋，使一些人、一代人的创造力和智慧得到了特殊的发展和表现。这就是说，天才并不是天生的，而是在社会实践中、在人民大众中生长出来的。鲁迅先生说得好："天才并不是自生自长在森林荒野里的怪物，是由可以使天才生长的民众产生，长育出来的，所以没有这种民众，就没有天才。"[1]天才在历史上是可以成群出现的，但又不是连续不断地出现的。

为什么会出现这种情况呢？古罗马史学家瓦里尤斯·彼得库勒斯曾提出过一种假设，认为这是由于互相竞争的激励和鼓舞而造成的。人们想超过出现在他们之中的优秀者和能人，超过首先出现的一位天才人物，羡慕他、敬佩他、学习他，以至促成一些人对他的思想的继承、创造的模仿、风格的追随。按照一般规律，在积极的模仿之后，就是勤奋的创造，独立思考和开拓新领域。当某种创造

---

[1]《鲁迅全集》上，广西民族出版社1996年，第82页。

类型、体系臻于完善时，就不能再提高，于是其他人就去探索另外的创造途径，进行新的突破。这就有可能产生出天才人物。

康德认为天才是一种艺术才能，而不是对于科学的。这种说法有它的特殊意义，虽然概念规定偏窄，但是他特别强调天才的独创性和典范性，这是很重要的。康德认为天才的作品，是后继者的范例，而不是模仿的对象。因此，出现一个天才就等于出现了一个普遍的法则。这就是说，要成为一个高尚、完美的人，要表现出天才，就不能靠模仿，把个性特点磨掉，而要依靠社会提供的环境和他人权利许可的范围，自由自在地成长。所谓有天才的人，从这个意义上说就是因其特殊创造能力而比一般人有独特的个性。唯其如此，天才也就往往比任何人都不能适应社会强求一律而准备的机械模式。从这个意义上可以说，天才就是智慧的自由活动和创造力的自主发挥，以至于被康德看做"自然的宠儿"，其超常离俗的举动甚至会被人视为疯癫。

当然，天才的成长离不开人群和社会，他需要有适宜的经济、政治和文化条件，需要有宽松、理解、友谊的环境，还需要有与他人交流的氛围。在经济困乏、政治压抑、社会动荡、秩序混乱的条件下，决不会出现成群的天才，甚至已涌现出的天才也会因各种打击而泯灭、夭折。天才不是从天上掉下来的，而是从地上生长出来的。地上的环境顺利可以出天才，人间的逆境也会出天才，但是必须保护天才。创造英雄、伟人、天才的环境，也是创造群众的人生的环境，只不过是在英雄、伟人和天才身上，集中体现了分散在群众中的智慧、经验和力量。

时势造就英雄，天才的产生也是有历史条件的。普列汉诺夫在论到人类智慧发展的规律时说，社会智慧的发展不会因为某个有智慧的大人物的去世而中断，因为，他没有解决的任务会有其他的人来继续解决。但若使一个拥有某种才能的人能够运用他的才能来对历史发生重大影响，需要有两个条件：第一，他所具备的才能应比别人所具备的才能更适合于当时社会的需要：如果拿破仑所具备的不是他那种军事才能而是贝多芬那种音乐才能，那他就不会成为皇帝。第二，当时的社会制度不应阻碍具备有恰合当时所需的特性的那个人物施展其能力。[①]普列汉诺夫举例说，如果法国旧制度再延续75年，那么拿破仑终身也不过是个不大出名的波拿巴将军或上校。反之，如果拿破仑只是个平庸之辈，或者只是个音乐家，那么即使一切社会条件都具备，他也不会成为皇帝或将军。他认为，在一般情况下，凡是有便于杰出人物发挥其才能的社会条件的时候和地方，就会有杰出人物出现的。这就是说，每一个真正显出了本领的杰出人物，即每一个成了社会力量的人物，都是社会关系的产物。由此可以看出，杰出人物只能改变当时事变的个别外貌，却不能改变当时事变的一般进程，他们自己是完全顺应这个社会进程的发展趋势的；没有这种趋势，他们永远也跨不过由可能进到现实的门槛。

由此可以得到一个启发：要成为天才，就必须把群众的智慧、经验和力量集于一身，顺应社会进步和历史发展的潮流，努力从现实中向应有的理想目标奋斗。天才最初并不是天才，而是平凡的普通人。孔子在小时候并没被人称为天才或圣人，而是被戏称为"东家丘"。毛泽东童年时虽然很聪明，但也只是常被严父呵斥的"石三伢子"。人们往往看到天才成为天才后的殊异才能和创造，而不注意天才之所以成为天才的奋斗过程。这就是《阴符经》所谓"人知其神之神，不知不神之所以神也"。伊尹酒保、太公屠牛、管仲

[①]《普列汉诺夫哲学著作选集》第2卷，生活·读书·新知三联书店1984年，第371页。

做革、百里奚卖粥，当衰乱之时，人都不认为他们有什么了不起，到了后来道济生灵、功格绩高，人们才逐渐认识到他们的天才过人。孔夫子一生的行为并不惊人，但在《论语》中留下的至言启发和惠及后世，于是被奉为"先师""圣人"。还有许多思想家、科学家、发明家、艺术家，也都是世人敬仰的天才。我们不承认天生之天才，但承认并强调勤奋出天才，群众出天才。

（二）天才的特征

天才人物的基本特征，不仅在于独创性和典范性，还在于他们的无私性。天才不为自己打算，而是放眼世界，追求真理和正义。普通俗人的智力往往用于追求个人私利，满足于个人的生活享受，而天才的智慧则用于探索真理，为人类服务。可谓天才以行道为务，凡人以禄食为先。

关于这一点，历史上有不少精彩、感人的事迹。这里不妨抄引《庄子》书中一段故事："梓庆削木为鐻，鐻成，见者惊有鬼神。鲁侯见而问焉，曰：'子何术以为焉？'对曰：'臣，工人，何术之有？虽然，有一焉。臣将为鐻，未尝敢以耗气也，必斋以静心。斋三日，而不敢怀庆赏爵禄。斋五日，不敢怀非誉巧拙。斋七日，辄然忘吾有四肢形体也。当是时也，无公朝。其巧专而外骨消。然后入山林，观天性。形躯至矣，然后成。"《庄子·达生》这段故事原出自于《周礼·冬官·考工记》。梓人就是雕刻师。鐻即钟磬的架子，上面雕刻着飞禽走兽。这位梓人被视为神人，可谓超凡的天才。他之所以成为天才的秘密，就在于"不敢怀庆赏爵禄，不敢怀非誉巧拙"，以至于"忘吾四肢形体"。这就是置功名利禄于不顾，以忘我、无私的精神和勤奋的创作，终成伟大和超凡。

人类历史上的和现实中的伟人、天才，大多如此。天才之成为天才，正在于无私、无畏，为真理和正义而奋斗。一般伟大人物和天才所注目的，不论是实际事物或是纯理论，当他们活动之际，他们并不是求一己之私，而是追究客观的社会目的。他们的目的也许会被误解，也许会被反动势力视为一种犯罪，但他们依然不失其伟大。任何情况下，"不为自身打算"的精神，都是伟大的；处处为自己打算的人，则是渺小卑微的。伟人和天才是从全体之中来认识自己的，是在广大人民中生存的。正因为如此，"全体人民"对他们才是最重要的。因为他们知道个人与全体人民的关系，个人是属于人民的，是融于人民之中的，所以他们才是伟大的。所以"崇高"的意义，就是意味着他们个人违反自己的天性，不追求自身的享受，不为自己筹谋，而为社会和人民生活，用歌德的话说，正是在这里他们才有"自身最美的生存"。

从这种意义上说，"天才就是勤奋"这种说法，似乎还没有充分说到天才的伟大和崇高之处。应该说，天才不仅在于勤奋，而且还在于无私。智、仁、勇三者，智虽在先，但应以仁为本。"修身以道，修道以仁"，智、仁、勇三者，作为"天下之达德"，根本的还在于行仁。正因为这样，天才人物一般不善于谋求自身幸福，只埋头于创造和发明，因而在逆境中常常穷困潦倒。他们有一种执著精神，坚强的性格，宁肯牺牲自己的幸福，也要成就事业。这种悲剧性的人生，正是天才人格品性的崇高和壮美。

当然，一个人在某个领域显示出天才，做出了不凡的成就，并不等于他在一切方面都十全十美。例如，数学上有不少这样的天才，他们不仅超越普通人的智慧，而且在生活上常常偏离常人能够理解的轨道，甚至是自私狭隘、粗暴无礼、对别的事情不负责任的人。如英国数学家约翰·纳什，按照评论家的说法，是一个精神病人、一个德行有缺陷的人，却取得了人类理性的重大成就。

（三）为学与为圣

由此联系到圣人。冯友兰先生说："才人之入圣域凭其才，圣人之入圣域凭其学。才非人人可有，而学则人人可学。所以不能人人是人才，而可人人是圣人。"[①]这话听起来似怪论，但仔细想来，颇有道理。"才非人人可有"中的"才"，可以理解为天才，一般的才不说人人都有，可以说绝大多数人都有。只是天才不能人人都有，只能少数人才有。可是为什么可以人人为圣人呢？

说人人都能成圣，从现实性上说似乎是对历来奉为"神明"的圣人的嘲弄，事实上也不可能。冯先生说的"学"，按中国传统哲学的解说，不仅包括学知识、技术，更主要的是学礼法、学做人的道理和能力。比如，解哥德巴赫猜想之谜，不是人人可能的，甚至也没有几个人做得成，中国到现在在此领域有成就的不就是一个陈景润吗？但是努力学习，践行道德礼法，争取做一个德才兼备的优秀人才，做一个对国家、社会有较大贡献的好公民，总是可以办得到的。宋代大儒朱熹提出过"做第一等人"的主张。"第一等人"不是指骑在人民头上压迫人民的"人上人"，也不是指做大官、居高位，他也没有那个"反骨"让人人都去争当皇帝。他的意思是说要人人都争做道德上最好的人。抛开当时的道德是体现封建社会要求的礼法的内容不说，就做人要做好人，要往高处走这个做人之常理来说，当然应当争做最好的人，犹如参加体育竞赛要争冠军，学业技术考试要考第一，做事要做得最好等等，这都是应该的，人人都要如此的。只有这样要求，人才能不断提高，不断上进。这好比射箭，总要立下射靶心、打十环的目标。即使如此，由于各种因素的作用，也许只射到八环、六环，甚至更低；如果定下的目标就是

[①]冯友兰：《三松堂全集》第四册，河南人民出版社1986年，第201页。

二环、三环，那就可能一环不中。做人的道理不也是这样吗？从这个道理来看，成圣的道理在于"学"，在于努力争做"第一等人"。即使得不到"圣"的完成，也是心向往之的成圣过程。

说到圣人，人们总是想到全知、全善、全能。论智慧，一定是无所不通；论能力，一定是无所不能；论德性，一定是尽善尽美。其实，圣人并非全知、全善、全能，而是超出凡人的人，是不平凡的人。

孔子时代已经流行着"圣"的观念了。据《论语·雍也》记载，学生子贡问博施于民而能济众是否可谓之仁时，孔子回答说："何事于仁，必也圣乎。"意思是，何止是仁，那必是圣人之功，做到是很难的。孔子教他为仁之方应就近做起，"己欲立而立人，己欲达而达人"。

《孟子》书中说："圣人，人伦之至也。"又说，"学不厌，智也；教不倦，仁也。仁且智，夫子既圣矣。"荀子也说："仁知（智）之极也，夫是之谓圣人。"照扬雄的说法，"善至多而恶至少则为圣人"。司马光说："德才兼备者，圣人也。"如此等等。古人说圣的文章、著作多得很，但有一个共同点，就是肯定圣人且仁且智，德才兼备。

抛开被神化的层面，审视历代学者对"圣人"的解释，我们可以看到，"圣人"并不是抽象的理想人格，而是现实中的最优秀的人，是现实生活中人伦之典范。圣人之崇高同伟人、英雄一样，都是现实的人的智慧和德行的高度发扬，是超越狭隘自我所达到的大智大德的境界，即所谓"圣人无常心，以百姓心为心"。正是在这种意义上，"人皆可为尧舜""途之人皆可为禹"等这些话才是可以理解的。这些说法虽然带有抽象人性论特征，但从人性所能达到的境界限度来说，并不为过。就个人所处的具体环境条件来说，力争做最优秀的人，也是其中包含的实际意义。在我们的现实生活中，这也就是全心全意为人民服务的意思。

其实，圣人也不是一下子就做成轰动天下的大事，而是"终不为大，故能成其大"，"图难于其易，为大于其细"，从小事、易事做起，向着一个远大的、高尚的目标，勤奋努力，终生不懈。鲁迅之所以成为伟大的思想家、文学家、革命家，被毛泽东称为"圣人"，就在于他在文化战线上，代表了中华民族的精神和人格，正确地、坚决地、热诚地奋斗终身，用他的日积月累的创作，为中国革命和中华民族的先进文化做出了伟大的贡献。同样，凡是"以百姓心为心"的人，终生追求伟大的社会理想、全心全意为人民谋利益的人，皆可谓"人伦之至"的圣人。世人绝不可因短见而否定这种高尚的精神境界，不应忘记这些伟大人物的历史功绩。

具有伟大精神和追求的人，在其个性中总是具有一种自强不息，欲达真、善、美的精神特征。他们有一种永不疲倦、永不退缩的毅力，有一种勇往直前、百折不回的激情和坚定信念。好像他们生来就不知道人生有懈怠和退缩，实在是他们"勤者成志"，已铸成那样的个性。凡人往往经历一次艰险就却步了，而伟大人物总是一再投入险境，不达目的誓不罢休；凡人在经历动荡之后，就图享人生的安宁，而伟大人物总是继续追求，为实现理想目标而牺牲安乐；凡人的追求、拼搏，往往只存在一个短时期和有限的次数，而伟大人物则使自己的追求和拼搏终其一生，以至在生命结束之后，还要用自己的功德和言论影响后世，参与历史的创造。伟大人物总是志其所行，亦行其所志。用一个"圣"字予以肯定评价，并不过分。

当然，不应把"圣人"神化。孟子说："可欲之谓善，有诸己之谓信，充实之谓美。充实而有光辉之谓大，大而化之之谓圣，圣而不可知之之谓神。"①这里说的善、信、美、大、圣,就是伟大人物的人生境界提高、升华的过程。值得追求、应该追求的就是善;有之于己亦使人有之,诚善于心,就是信;内心里充实善信而不虚,就是美;将美德发扬光大,在人生实践中表现出来,就是伟大;再能大行其道,使天下大化,博济于民,就是圣人。从这个过程来看,"圣"是最高的境界,但并不神秘,它不过是独善其身,又兼善天下的美德。这里所说的"神",可谓极妙之语。可以说,它只是人们对圣人之"圣"的崇高难以理解和想象、不知其神之所以神的结果。用荀子的话说就是:"不见其事而见其功谓之神。"说到底,神的观念是人类理性的迷雾。

我们还可以从《大戴礼记》中所记孔子对庸人、士、君子、贤人、圣人的解释,来看儒家所说人生所能达到的境界。

按照孔子对鲁哀公所问的回答,什么是"庸人"?所谓"庸人",就是"口不能道善言,而志不邑邑";邑与悒通,指气逆结不下,俗话说短气、小气的意思。还有"动行不知所务,止立不知所定;日选于物,不知所贵;从物而流,不知所归"。

什么是"士"?所谓"士",就是"虽不能尽道术,必由所由焉;虽不能尽善尽美,必有所处焉。是故知不务多,而务审其所知;行不务多,而务审其所由;言不务多,而务审其所谓。知既知之,行既由之,言既顺之,若夫性命肌肤之不可易也。富贵不足以益,贫贱不足以损"。

什么是"君子"?所谓"君子",就是"躬行忠信,其心不买;仁义在己,而不害不志;闻志广博而色不伐,思虑明达而辞不争。君子犹然如将可及也,而不可及也"。

什么是"贤人"?所谓"贤人",就是"好恶与民同情,取舍与

---

① 《孟子·尽心下》。

民同统，行中矩绳而不伤于本，言足法于天下而不害于其身，躬为匹夫而愿富，贵为诸侯而无财"。

什么是"圣人"？所谓"圣人"就是"知通乎大道，应变而不穷，能测万物之情性者也"。"故其事大，配乎天地，参乎日月，杂于云，总要万物，穆穆纯纯，其莫之能循，若天之司，莫之能职，百姓淡然不知其善。"①用荀子的话说，就是"修百王之法"，"应当时之变"，"平正和民之善"，可谓圣人。

以上五种典型，有一个质的界限即庸人与善人的界限。人可能为庸人，也可能为善人。这是原本无善恶的人性的一种可塑性。再一个界限是善人之中的高低层次，从士到圣人，境界递增，逐步升华，直至达到"若天之司"。这五种人的规定，含有封建社会的思想和价值观，应予辨析。但人有善恶、高低之别，且应向善、向高，则是有益于人类进步的人生哲学。

大凡明哲、天才、圣人、伟人，他们之所以不同于流俗者，就在于他们以天下兴亡为己任。他们无私无畏，澄清玉宇，济世利民；他们唯道是从，杀身成仁，舍生取义，"先天下之忧而忧，后天下之乐而乐"。古往今来，无数有理想、有抱负的志士仁人、英雄豪杰，都把为国为民视为人生的最高追求和使命，在平凡中磨琢着伟大，在有限中实现着不朽。这并不是说他们是超凡脱俗的完人，而是说，他们作为现实的人在平凡的生活中有着不平凡的理想，在平凡的事情中完成着不平凡的事业。当然，不是每个人都能这样做人的。

"凡俗论"者看到凡俗中的常人和常人的凡俗，是捕捉到了现实生活的事实，但是由此而否认有伟大、圣人、崇高，否认凡人有向真善美的追求，就缺乏对事实有区分地深入思考了。应当承认，

---

① （清）王聘珍撰：《大戴礼记解诂》，中华书局1983年，第911页。

伟大、圣人、崇高总归是存在的。这不仅在理论上为古今智者所肯定，而且在现实生活中已为世人所公认。自古以来，有多少优秀的仁人志士追求这种人生境界，并且在客观上实现了这种崇高的人生。他们一生奋斗，屈伸有度、气势浩然、彪炳千古、顶天立地，为万世景仰。此亦证明，人的行为可成其伟大，人的人格可达到崇高。应当说，圣人仍然是善人，而不是神；伟大就在平凡之中，而不是离开了平凡。圣人是善人中之最善者，是集众善于一身者，是平凡中之出类拔萃者。

从宣传教育的角度说，人分上中下，按照孔子的说法，"中人以上可以语上，中人以下不可语上"①，因为对中人讲高尚，他很难理解，也不会接受。这也许是凡俗论挥之不去的一个原因。当然，也不能因肯定崇高、圣人而导致偶像崇拜。历史证明，对作为权力化身人物的偶像崇拜往往使个人、群体甚至整个民族误入歧途。

如果我们不是因人讳言，这里有一段清仁宗在《庭训格言》中讲"至诚"的话，值得玩味。他说："人之为圣贤者，非生而然也。盖有积累之功焉。由有恒而至于善人，由善人而至于君子，由君子而至于圣人。阶次之分，视乎学力之深浅。孟子曰：'夫仁亦在乎熟之而已矣。'积德累功者亦当求其熟也。是故，有志为善者，始则充长之，继则保全之，终身不敢退后。然后有日增月益之效。故，至诚无息，不息则久，久则微，微则悠远，悠远则薄厚，薄厚则高明。其功用岂可量哉。"这段话说得很深刻。

"至诚"这种道德境界，如果从认识论的绝对性、相对性上去讨论，那是一个无限接近的过程，其结论往往是以"不能达到"回答了之。可是若从道德实践上解释，就另有一番意义。按照《庭训

---

① 《论语·雍也》。

格言》的解释，至少有这样几点值得注意：

第一，"人之为圣贤者，非生而然也"。这句话否认了圣贤天生论，是一个正确的论点。随后强调"积累之功"，这就是道德修养的问题了。认识论中讲的无限过程，在道德修养论中就是道德实践的"积累之功"。这积累之功是积小善而成大善的长期实践的过程，首要在于一个"恒"字。由于有恒而成为善人，而成为君子，进而成为贤人、圣人。就是说，它是一个持之以恒的进步过程，不是生来就有的，也不是一两次善行就能成就的境界。

第二，善人、君子、贤人、圣人的阶次之分，在于学力之深浅。这里的"学力"，不是现今所谓学校的学历，而是指道德的践行经历，是有道德价值的实践经历。阶次之分就在于这种践行的积德累功之久暂和深浅。而践行久暂和深浅之关键又在于一个"熟"字。积德累功的久暂和深浅在于"熟"，即孟子所说的"仁亦在乎熟之"。这"熟"就是养成了行为习惯，习惯成自然，做善事并不会感到为难。人的习惯行为熟之，则习以为常；做不德之事习以为常就成小人，做有德之事习以为常就成大人，这也是做人和成人的法则。

第三，由此得出为善成圣之道在于"充长"和"保全"。"充长""保全"是成圣的两个阶段。前段在于"充长"，就是坚持为善，做善事，不停止，不后退。后段重在"保全"，力求保持成善之身名，保持晚节，不失节操。经过充长、保全，这样才有日增月益、终生持节的功效。这就叫做"至诚无息，不息则久，久则微，微则悠远，悠远则薄厚，薄厚则高明"。"至高明"，就是达到了最高的限度。什么叫"至高明而道精微"？"精"即深，"微"即远。"至精微"，就是至深远。至高明当然能深远，能至深远还不是高明吗？这就是达于至诚之道，就是为善成圣之道。

第九章 人生的不朽

知人者智,自知者明。胜人者有力,自胜者强。知足者富,强行者有志。不失其所者久,死而不亡者寿。

——老子

人生就是矛盾,有生亦有死。死是生的反面,生里面包含着死。一个人选择了如何生,也就选择了如何死;同样,选择了如何死,也就选择了如何生。"生死夹角"的限度及其意义,就是人生,同时也体现着人生的不朽。不朽不仅在于死,而更在于生。生得伟大,死得光荣;生得渺小,死亦卑微。人生能够成为什么?人生是有限还是无限?是必然还是自由?是有死还是不死?这一切决定于人生是什么,也决定于人生应当如何地把握,决定于人生所能创立的思想、品德和功业。不朽与伟大的精神和事业同在。生活的意义就在于追求真、善、美,而真善美就是人生不朽的源泉和本质所在。人生有限,事业无限,把有限的生命投入到无限的正义事业中去,就能实现人生的不朽。

一、生死的夹角

(一) 生死之谜

人生哲学毫无疑问要研究人生，指导人生；但同样毫无疑问的是：人生哲学也要研究人死，告诉人们应当怎样对待死。人们有一种惯常的心理，喜欢听说哲学研究人生，不喜欢听说哲学研究人死。有的人一听到这样说，就对那种哲学和说那种话、写那种书的人抱有反感。这是可以理解的，但却是不应该的。人们都喜生厌死、贪生怕死，哲学应鼓舞人们求生善生、自强不息，而不应伤害同胞的健康情感和求生愿望。不过，在哲学思考的领域，人们也不应忌讳生与死的互换，不要忘记：生与死不过是同一个人生夹角。

按照世俗的看法，生与死意味着特定的状态，生就是胎儿到期，脱离母体，出生于世，就是还在世上生活着。死就是生命的结束，人不在世了。古人常在这种意义上说生死，如说："生，人之始也；死，人之终也。"在这种见解上，生死就意味着生命的开始与结束，人的存在和不存在。生与死是根本不同的状态，如果把人生过程比做一个展开的扇子面，把生和死分别比做两个扇子骨，两个骨以一轴为中心展开就成一夹角，生和死就是夹角的两个边。

可是，在哲学的理解中，生与死并不是绝对对立的两极或两种状态，而是相互对立又相互统一的生命运动过程。正如上坡路与下坡路是同一条路一样，生与死也是同一个生命的运动过程。如果把生与死分别看做生命夹角的两边，那么从生命的展开和过程来看，生与死不过是同一条直线立于一个不动点上的运动轨迹，就像展开的扇面一样。在这个扇面式的夹角内，生就是死，死就是生；生的过程就是向着死的运动，死也就在生的过程中，可谓"上帝"与你同在。

恩格斯说："今天不把死亡看做生命的重要因素、不了解生命的否定实质上包含在生命之中的生理学，已经不被认为是科学的了，因此，生命总是和它的必然结果，即始终作为种子存在于生命中的死亡联系起来考虑的。""在这里只要借助于辩证法简单地说明生和死的性质，就足以破除自古以来的迷信。生就意味着死。"[①]生与死既然同是一个夹角，那么，一个人选择了如何生，也就选择了如何死；选择了如何死，也就同时选择了如何生。构成人的生命的脱氧核糖核酸与蛋白质是同一物质转换，同样，生与死也是为了同一人生理想目的的互换。一个理论工作者，他选择了理论研究的方式生活着，他在写作，在"爬格子"敲键盘。这是他愿意如此的生活方式，也是他的甘苦所在。可是他在这样工作、生活着的同时，也就在以这种方式消耗着自己的生命，缩短着有限的生命时间，他在这样去赴死。他选择了怎样生，也就选择了怎样死。一个自觉的战士，为了保卫祖国而参战，他准备献身于这一光荣的事业，并且在战场上，在冲锋陷阵的生死关头，他为取得战斗的胜利和保卫祖国而牺牲。他这样选择了死，也就这样选择了生。他生得光荣，死得伟大。光荣和伟大都在同一个原点上，是由同一目的而支配的行动，构成了他的生死壮美画卷。

（二）儒释道论生死

儒家看待生死的态度，最初是由孔夫子说出的。季路问事鬼神。子曰："未能事人，焉能事鬼？"曰："敢问死。"曰："未知生，

[①]《马克思恩格斯全集》第20卷，人民出版社1971年，第639页。

焉知死？"①孔夫子那样回答季路，并不是因为他不知道什么是死，也不意味着他不重视死的问题，或者不能回答什么是鬼神。他所以这样回答的用意，主要在于引导和激励学生去认真思考现实的人生，走好人生的路，这样也就懂得什么是死和怎样对待死了。知道怎样对待生死，也就知道怎样对待鬼神了。"未知生，焉知死"，这句话本身就包含着这样的意义：死是生的反面，知道生才能知道死，知道怎样生也就知道应该怎样死了。六字真经，言简意赅，不愧圣人之言。

从人生经验来说，没有人经历过自己的死亡，所以死不应算做人生的事，人对于死的事只能保持沉默。但是，深入地思考会想到，作为"不存在"的死亡，是人生不可经验的。正因为这样，死亡这种没有二次可能的可能性，是已经确定了的必然性。这就是现代存在主义者为什么强调死是人生最具有个人性的、最庄重的事件的原因。

其实，中国儒家的传统精神，一贯是重视生死的。问题在于如何对待生死不仅是个哲学理论问题，更是人人必须面对的实际的人生根本问题，儒家是比较重实际的。

就生来说，儒家的精神就是"生不可不惜，不可苟惜"。因为人是要死的，所以生特别可贵，应当特别珍惜生命，讲究饮食有方、衣着有度、行动避险，力求存养体气，延长寿命，把健康的生存作为学习、修身、建业的前提。为了生存，要力避涉险畏之途，干祸难之事，不能贪欲以伤生，逸慝而致死。在这方面，不可不珍惜自己的生命。但是，并非在任何情况下都要保命避险。当着社会、国家需要个人献出生命以济国利民时，当着亲人处险需要以自身保全其生命时，当需要坚持正义抗拒权奸邪恶时，就不能苟且偷

---

① 《论语·先进》。

生。惜与不惜，就在于怎样的生。"处险而安"者是鄙夫，"处险而险"者是君子。鄙夫和君子的区别，就在于在死面前如何对待险，也就是如何对待生。孟子说："养生者不足以当大事，惟送死，可以当大事。"这话的道理也相通。

就死来说，儒家的精神就是"立身于必不死，设心于必死"。[①] 人生就是要立身不死，不仅要保持身体健康长寿，而且要在权奸为祸、朋党相仇、兴废用舍、死而无益于天下时，力争不死。但是，为了事业，在心中应有当死则死的大志。为国家存亡捐躯沙场，为民族振兴奉献青春，为救人之危生死不顾，为养老育幼操劳伤身，这就是"设心于必死"。立身于必不死，以利于事业和家业；设心于必死，以坚定理想和大志。君子不避义死，宁以义死，不苟幸生。朱熹说："义无可舍之理。当死而死，义在于死；不当死而死，义在于不死；无往而非义也。"[②] 这就是对待生与死的"出死无私，致忠而公"的大丈夫精神。儒家言生死，必与治世相联，必及于天地山河、万物百姓，不空论，不唯私。

相比之下，道家倒是对生死不以为然，采取一种顺其自然的态度。道家把人的生死看做是自然的变化，由无到生，由生到死，都是自然变化的迹象。既然是自然之变，不由人为，所以就不必悦生而恶死，一任其自然好了。庄子所谓"死生命也，夜旦之常天也"，就是把人的生死看做昼夜变化一样，属于天命。因此，在庄子那里，死不过是生的一段，是烦劳一生而后的休息。所谓"劳我以生，佚我以老，息我以死。故善吾生者，乃所以善吾死也"。善生善死者，都在于自然，任其自然不仅可以安生，而且也可乐死。所以，他的老婆死了，他鼓盆而歌。为什么呢？在庄子看来，"生也

[①]（清）唐甄：《潜书》，中华书局1955年，第191页。
[②]《朱自语类》卷五十九。

死之徒，死也生之始，孰知其纪！人之生，气之聚也；聚则为生，散则为死。若死生为徒，吾又何患！"①就是说，人的死生都是气的变化。气变而有形，形变而有生，生又变为死，死再化为生，如此循环以至无穷。万物不过是一气，其所美者为神奇，其所恶者为臭腐；臭腐复化为神奇，神奇复化为臭腐。如此"通天下一气耳"，那又何必悲伤哭泣呢！

按照庄子的人生哲学，"天地与我并生，万物与我为一"，人来自于自然，生存于自然，并且服从于自然的变化，由无到有，由生到老，并以死亡的形式得到休息。所以人生必须顺应自然，才能生死如一，不喜不惧。但是，在这种人生哲学里，还包含一种试图超出有限生命的沉思。人生既属自然，顺应自然，因此就不必以他人的标准看自己，不要划定自己的过去、现在和将来，也不要从死亡划出生存。这样，人就能把有限的生命放到无限的自然中去，从"无生命的秩序"追求"有生命的无秩序"，超越有限的束缚而获得自由。有人说，庄子哲学是自由的哲学也不失为一种卓见。不过，这种自由应赋予它某种特殊意义，即带有自然主义特征而尚未达到科学的境地。

同这种生死观相比，儒家注重的是社会人生，强调从有限的社会人生中，创造生死的意义。而道家则是注重自然人生，力图摆脱社会生活的纷扰和限制，从归属于自然的无限中超越生死的夹角。就这一方面来说，前者是积极的、入世的、有为的，后者带有一定的消极性，讲出世、无为，但对人生在某种特殊情况下的选择也不无益处；人生总有些时候需要超脱些，总会有所为而又有所不为，因此道家的人生论在一定意义上可以作为儒家人生论的补充。佛家也试图超越生死的夹角。不过，它既不在社会中超越，也不在自然

---

① 《庄子·知北游》。

中超越,而是在自我之中超越。佛家把自我分成色身和觉性,即小我和大我。色身就是人的肉体即小我,它由地、水、火、风、空、根、识七大假合而成。如果把七大分散开,色身就不存在了。所以这个肉体的色身(小我)只是暂时的、易幻灭的。在佛家看来,这个肉体的色身,并不是自我的真体,而只是我所使用的一个物,只能说是"我的",而不能说它就是"我"。人们说"这是我的身体",这句话就表示了色身的我和我的关系。色身只能属于真我的物,作为物它只能被使役,而不能自主。支配这个色身的真我就是觉性或佛性,即"大我"。觉性、佛性或大我,是永生不灭的,它能尽虚空、遍法界、无处不在、无时不在。可是俗人由于贪图肉体生活,只顾肉体生命,而使觉性、佛性掩盖着,所以愚痴、俗气。在佛家眼里就是"荡尽从前垃圾堆,依然满地是尘埃"。学佛、念佛,就是在自我内里清净色身欲念,恢复和增强大我觉性,弘扬佛性,一直达到涅槃境界,现出永生不灭的"真如实相"。这就是生命死亡,慧命(佛性)永生,也就是所谓"出死人生"。佛法最重要的目的,就在于"了生死"。

佛家在社会生活中只强调苦,在自然肉体上只看到脏,这当然是片面的。这是导致他们努力摆脱社会生活和自然之体回到自我意识世界的认识根源。不过,他们在自我意识中所追求的那种超凡境界,那种忘我的牺牲精神,就其抵制世俗生活的拜金狂、享乐狂、色情狂的腐败来说,就是使人脱俗尚道,拒狂向善。他们那种青灯寮房、为道献身、视死如归的精神,是令人敬佩的。从科学上看,他们所说的自我意识活动也确有一种悟性的觉验证明,现代行为心理学称之为"意志自我觉悟"。

按照行为心理学的解释,人的自我意志支配着人脑中的一切意识活动,但它自身却处在超意识地位,意识不到自身;就像眼睛看不见自己一样，自我意志本身并不反映于意识之中。虽然如此，这个自我意志却可以觉悟自身。因为意识活动发生于各级皮层区，而意志活动则发生于额叶。当大脑进行意识活动时，意志活动便处于被遮蔽状态。因此，当大脑停止一切意识活动，包括理性的、非理性的或情欲的意识活动时，人脑就能出现一种一念不生的清净状态，而达到意志觉悟的境界。这种人脑中的纯粹意志活动，就证明纯粹自我真性的存在和达到这种境界的可能性。这种自我意志觉悟，就是佛家所说的禅定功夫。自我觉悟，就是禅悟。通过坐禅，悟到纯粹自我真性，并证得自我真性，就是入佛的境界，所谓"自性迷，佛即众生；自性悟，众生即是佛"。

这种自我觉悟或禅定的意义，在于排除情欲物累，放弃一切世俗杂念，只剩下纯粹的自我意识。普通人由于执着于世俗生活，难以放弃一切杂念，所以达不到这种境界，但有时在繁重的劳动之后静心养神时，也会出现所有大脑的意识皮层的神经活动都同步化的情况。这时的神经活动都互相控制，任何一个神经元的冲动都不能进入意识活动。这就是类似禅定的境界。

照此说来，要达到这种自我觉悟，必须有清静的外部条件和内部状态。如若身外肉香诱人，体内饥肠辘辘，恐怕难以做到一个神经元也不冲动。真若花费几十年甚至终生做到这一步，岂不太残酷了吗？这种觉悟或禅定功夫，固然摆脱了人神关系的束缚，但也脱离了人生的自然，脱离了人生的社会。因此实际上也脱离了真正的人生。本来是想摆脱生死夹角的有限性，但向内追求的结果却完全否定了有限，于是所找到的无限就成为没有立足之地的虚空。所以，清人唐甄批评佛家"治其心者尽矣，而不入于世"。"不入于世"就是佛家不朽观的根本弱点。不过，佛家强调觉悟佛性，也并不是要脱离宇宙本体，而是以成佛的方式把人的本性和宇宙本体统一起来，把宗教修养实践与体认宇宙本体结合起来。这也是深受中国固有的儒、道两家人生理想论影响的产物。

从儒、道、佛三家对于生死的态度来看，都要接受一个生死的限度，并力求在有限的生死夹角中寻求生的无限性，这是共同的。所不同的是，各家所采取的实现永生的途径和方式不同。按照唐甄的概括："老养生，释明死，儒治世。"[1]说到了各家的要害。究其所为，老（道）出天地之外以求永生，释出人类之外以求永生，儒归于治世以求永生，各行其道。不过，现实生活中的老百姓，不能出天地之外，也不能出人类之外，所以儒家得众，即所成性；离开百姓事业，无以尽性，谈何无限和不朽？

（三）悲情的排遣

死之悲痛与生之喜悦，是人对死生的感情表达；生之烦扰与死之解脱是人对生死的另一种感情表达。哲学的、政治的、世俗的、宗教的，种种方式都可以表达人对生死的情感。不过一般说来，极而言之，无非是两种：悲死乐生与欲死厌生。两者虽说感情的性质不同，但都在生死夹角中展示了感情的极致。人的感情有时难以抑制，比如，丧失子女亲人、至爱友朋，悲痛的感情难以承受。这种悲痛情感往往无法排遣，甚至在情感和情绪中保留终生。

但是，这毕竟是儿女私情，亲朋伤痛。对于那些具有远见卓识、坚强意志的伟大人物来说，是可以排遣的。这种排遣并不是冷酷无情，而是能用理智、意志控制自然感情。如欧阳修诗所言："人生自是有情痴，此恨不关风与月。"这也不是说他们看破红尘，万念俱灭；恰恰相反，乃是扬弃凡见俗情、个人得失，升华出一种人世的超脱感情。明于死生之道，通乎悲壮之情，是人生很难有的

---

[1]（清）唐甄：《潜书》，中华书局1955年，第22页。

一种觉悟，是很高的精神境界。如毛泽东在 1923 年与杨开慧分别时填词所诉："凭割断愁丝恨缕。要似昆仑崩绝壁，又恰像台风扫环宇。""割断愁丝恨缕"，正是力排儿女情长，为革命事业献出青春的豪情壮志。说"割断"，并不是佛家所说的那种"断灭情缘"，而是感情的更高升华。1957 年 5 月再作《蝶恋花·答李淑一》词："我失骄杨君失柳，杨柳轻扬直上重霄九。问讯吴刚何所有，吴刚捧出桂花酒。寂寞嫦娥舒广袖，万里长空且为忠魂舞。忽报人间曾伏虎，泪飞顿作倾盆雨。"词中把个人埋在心底的情感与事业的理想和激情融为一体，更是悲壮而豪放，意深亦情长。这就是伟大人物的物我两忘的浩然之气，是人性所能达到的纯真、崇高的真善美的精神境界。

二、必然与自由

（一）自由与规律

必然与自由的关系，是贯穿人生过程的一根中轴线，也是理解人生真善美最高境界的关键。人类认识世界和改造世界的一切活动，归根到底都是在处理必然和自由的关系，都是为了从必然性的束缚下解放出来，获得人生的自由。个人也是这样，没有一个人不愿意得到自由的人生，也没有一个人愿意无缘无故地放弃人生的自由。但问题是如何理解人生的必然和自由以及如何实现自由。

前面说过，恩格斯曾经对必然与自由的关系做过精辟的论述，这里要结合人生自由问题再做进一步的分析。恩格斯说："自由不在于幻想中摆脱自然规律而独立，而在于认识这些规律，从而能够有计划地使自然规律为一定的目的服务。"①这里所说的自然规律，就是自然的必然性。自由就是根据于对这种必然性的认识来支配自己和外部世界。意志自由就是借助于对于事物的认识做出决定的能力。恩格斯这段有名的话是人们都熟悉的，但是对这段话的理解却并不是一致的。

恩格斯在这里指出了两类规律：一类是外部世界的规律；一类是支配人本身的肉体和精神存在的规律。这两类规律在人生实践活动中是相互区别又密切联系的，对于人生的自由来说都具有重要的意义。在分析人的自由时，人们往往只注意说明对前一种规律的关系，而不注意对后一种规律的关系做出说明，因而在指导个体的人生行为时就会遇到困难。

恩格斯所说的"自然规律"，包括自然界和社会的规律。我们首先来说明与外部自然界的规律相联系的必然和自由。在这里，外部自然界的规律就是自然界发展的必然性趋势。它是不以人的意志为转移的，确定不移的；不管人是否认识它，它总要客观地在按照它自身固有的规律发生作用。当人们还没有认识它时，行动就处于盲目的状态，要受它支配，就没有自由；一旦认识了它的规律，就能利用它来达到自己的目的。这时原来的盲目性就变为自觉性，被支配的地位就会变为主动地位，从而就使必然性转化为自由。这种自由就是对必然性的认识，就是在认识自然必然性的基础上，使自然规律为人的一定的目的服务。

这就是说，人要获得对自然界的必然性的自由，首先就要认识外部世界的必然性规律，没有这种认识就不可能有自由。但是，只对必然性规律的认识，还仅仅是思想认识中的自由，还不等于人就有了现实生活的自由。因此，要得到这种现实生活的实际的自由，

---

① 《马克思恩格斯全集》第 20 卷，人民出版社 1971 年，第 125 页。

就要在认识自然必然性规律的基础上，进一步做出意志抉择，即按照外部规律性确定行为所要达到的目的，制订出达到目的的实行计划，找到实施计划的手段。这就是借助于对事物规律性的认识做出决定的能力。再进一步，就是按照预定的计划，通过实践活动实现预定的目的。自由要以对必然性的认识为前提，但更重要的还是要体现在改造外部世界的实践活动中，把认识的自由、意志抉择的自由，变为实际行动的自由。

但是，单有对自然界规律性的认识和抉择，就能有行动的自由吗？显然还不行。因为人们是通过一定的社会关系去改造自然界的。在改造自然界，使其为自己的目的服务的过程中，人们不仅要认识自然的规律性，而且还要认识社会关系变化和发展的规律性，认识社会历史发展规律和现实生活各个领域生活的条件。当然，与人类生存的"应然"相对而言的"自然"，也包括了人类社会历史的规律。

然而，人在社会生活中的自由，同样也不能只限于对社会规律的认识。因为认识了社会发展规律和社会生活各个领域的条件，还远远不等于有了行动的自由。人在社会生活中的自由决定于人对社会生活规律的认识，决定于人对应当遵循的社会规范的认同和遵守，同时也决定于社会制度和条件能够给予个人多少自由和多大范围的自由。如在奴隶制社会，奴隶就没有社会自由和政治自由。在一切私有制社会条件下，个人的社会自由和政治自由是受其经济地位、政治地位决定的，也是受个人生活环境条件决定的。在那种条件下，剥削者有进行剥削的自由，被剥削者就没有不受剥削的自由；统治阶级有进行统治的政治自由，被统治阶级就没有不受统治的自由。在这方面，人们的自由程度，是随着社会变革和进步而增加的。

所以，自由必定是历史发展的产物。社会的每一个进步，文化的每一个进步，可以说都是迈向自由的一步。而真正实现人的社会自由，只有随着生产力的高度发展，消灭阶级差别，通过社会主义社会，实现共产主义社会。只有在不再有任何阶级差别，也不再有个人生活资料的困乏和精神奴役的制度下，才能谈得上"真正的人的自由"。这就是从必然王国向自由王国的飞跃。显然，我们已经走过了具有决定意义的历史路程。但自由是跟着必然走的，历史的路程还遥远，人类争取自由的斗争还任重道远。

由此应该明白，在社会从必然王国向自由王国前进的过程中，由于人们利益的冲突、社会秩序的需要，不仅要有合理的社会制度、施政方针和政策，而且还要有正义的法律和道德规范。个人在社会生活中，还要遵守法律、道德的要求，服从一定的制度安排和政策规定，否则也不会得到社会生活中的自由。

（二）做自己的主人

以上所说，是关于人与外部必然性的关系中的自由。现在再来说明对支配人本身的规律的自由。

人的存在是肉体与精神统一的存在。人要在与外部世界的关系中取得自由，必须有能够认识和驾驭外部规律的内在能力。换句话说，人生要能够得到外部行动的自由，必须能够充分发挥人的功能，使精神和肉体有能力取得自由。这就是要协调构成人这个主体的内部各要素之间的关系，充分发挥各要素的作用和能力。古希腊哲学强调用理智支配情感和欲望，"认识你自己""做自己的主人"，其基本精神就是教人认识自身的规律性，得到支配自己的自由。

一般来说，人认识自身的规律，并找到支配自身的原则以获得自由，主要是道德学的问题。这是对主体自身的欲望、动机、情感、意志、信念、理想等因素的作用的自我调节。在这里，各个因素对人自身的自由都有影响，因此，必须科学地认识，正确地对待。

欲望与主体的需要相联系，是激发人的意识活动的基本动力。人的需要转化为主体意识的第一种形式就是欲望。饮食男女，人之大欲，是生命的客观见证，也是人生的起点与终点。一般说来，欲望总是发自个别性冲动，通过个别性冲动对外部世界的个别对象发生关系，因此具有自发性、即时性、多向性。这里没有什么崇高。如果单纯从欲望出发支配行为，就其实质来说，就是与动物行为没有什么本质区别的本能行为。本能行为是动物性行为，是一种无条件反射的行为。这种反射过程源自先天的遗传和生理本能，不来自后天的教习，也不受自我意识支配，更没有理想意识。它实际上是一种能量转化过程，即感受器官接受外界刺激，传到中枢感觉皮层，产生感觉意识，再转换为运动神经元的神经冲动，然后再传递到外周效应器，产生运动效应。从能量转换过程来说，人的行为与动物行为都遵循同样的规律。但人不同于动物在于有第二信号系统，能够通过自觉意识和理想目标来控制行为过程。因此，人的欲望行为与动物的行为有本质的区别。这就是人的饮食男女与动物的饮食和性行为不同的道理。

欲望在意识活动中的进一步发展，就成为动机。动机表达着一定的愿望目标，作为一种目的意识，已具备了人的行为的特征。欲望与动机比较，只是自觉的价值意识的起点，还不能作为社会存在的人的价值意识特征，否则就会把本能欲望、潜意识等看做人的行为动因，从而完全曲解人的行为，特别是曲解人的道德行为。

动机对人的道德行为的作用很大。就个别人来说，行动的一切动力都必定要通过他的头脑，一定要先有某种动机和愿望，才能使他行动起来。这就是说，人的自觉行为是从具有一定社会意义的动机开始的，动机就体现着行为所追求的东西和动因。在这个意义上，行动的动机就体现着行为的道德性，如本书第六章所说，体现着行为的"内在价值"。

但是，欲望和动机，作为从需要到行为过程的最初环节，还仅仅是主观性的东西，还带有随意性或任性的弱点，在向行为实践的转化过程中，可能要受到主体已有主观因素的影响。正如恩格斯所说，"愿望是由激情和思虑来决定的。而直接决定激情或思虑的杠杆是各式各样的。有的可能是外界的事物，有的可能是精神方面的动机，如功名心、'对真理和正义的热忱'、个人的憎恶，或者甚至是各种纯粹个人的怪癖"。[1]因此，从需要转化为欲望、愿望和动机时起，原来的需要就有可能被主体的任性予以变形、分割或颠倒。这就需要进一步使动机稳定、专一和明确化，其结果就形成比较发展了的行为的目的。

目的使各种动机所希求的特殊方面与客观性、普遍性的要求相结合，提出"应当如何"的价值取向和行为命令，构成规定着行为的主导内容。目的意味着人的自行选择的能力，是自由的体现。这也就是脱离了动物界的人的文化的基本标志。行为的目的一旦形成，它就成为整个行为的主宰和灵魂，给行为以主观的价值规定，并贯穿行为的全过程。与目的相比，行为的其他环节都是实现目的的手段。在这个意义上，目的和行为的关系，就是目的与手段的关系。目的选择手段，规定手段的价值；手段为目的服务，体现目的的价值。但是这种目的本身也是有限的，相对于人生的总目的来说，它只是某一具体行为的目的。因此对于整个行为系统来说，它就转化为更高目的的手段，而同时具有相对的手段价值。就其内容

---

[1]《马克思恩格斯全集》第21卷，人民出版社1995年，第342页。

来说，它就是满足主体特殊需要的幸福。在这里，目的就体现着主体与客体、特殊性与普遍性的统一，体现着道德行为的双重意义。

在自觉的社会行为机制中，还有一个重要的价值意识因素，就是情感。情感是情欲净化而成的，是人对周围现实和对自己的态度体验。它以激情的方式反映主客体之间的关系，表达着主体的价值态度，成为人生的重要推动力。当它与理性的要求相结合时，就成为符合社会要求的、具有客观价值的道德感。道德感是比一般心理情感更高层次的情感，其特点是与主体的一定道德要求相结合，与客观的普遍的社会要求相联系。这种要求的自觉形式，程度不同地包含着对主体与客体相互关系的认识，表现为明确的、强烈的是非感、正义感、责任感、义务感、使命感、荣辱感、尊严感等，因而成为人们追求真理和正义、积极进取和创造的光热点。在这个意义上，情感也是人的行为的主动能力，没有情感也就没有主动的行为，没有激情就不能成就任何伟大的事业。道德情感是道德行为价值意识的最活跃的因素之一。

不过，这样的道德情感是与一定的道德信念和理想相联系的。信念在于使人稳定地把握一定的价值目标和行为原则，即价值定向。这种价值定向所指向的最高境界，就是道德理想。它以清醒的现实意识和坚定的理想意识相结合，构成人的价值意识的最高层次。它使人的价值意识从一般心理水平达到道德意识的升华，形成高尚的道德意识，从而成为道德行为自由的动力源泉。

意志是人的价值意识向行为转化的决定性机制。它在需要、欲望、动机、情感、信念和理想的基础上，把它们的内容和要求综合为一个目的，一种精神力量，使之定向地转化为实际行动，并控制和调节着全部行为活动过程。意志能够通过发动或抑制某些欲望、动机、情感，调动信念和理想的力量，为实现确定的目的做出积极的努力，从而实现行为的道德价值和社会价值。用费尔巴哈的话说，"意志力量是品性的能量"。意志的特征就在于体现着自觉的目的，并坚持为实现目的而努力，因而它就是合乎道德标准的善行，是融情于理的行为，是一个人品行的表现。当然，单纯怀着善良目的的意志，还不等于实际的力量。真正的道德行为，必须体现在它的社会实践活动中，并体现为对社会、对他人的有益的成就。行为的自主和自由就包含在这种行为之中。

要理解人自身的自由，还必须了解人的行为过程。人的行为是一个复杂的过程，它是主体与客体、主观与客观、内在与外在的统一。在这个统一过程中，包含着一系列相互联系的环节。其中最基本的环节就是动机与效果、目的与手段、理智与情感、选择与责任、自由与必然。人的行为就是这些环节的运动、整合的过程。通过这种整合，人的行为才能得到行动的自由。

人的行为是自觉选择的行为。行为选择不但要受到行为主体的主观方面的限制，而且要受到来自客体的限制。人的行为选择不能离开一定的主观条件，同时也摆脱不了必然发生的矛盾和冲突。所谓正确选择，就是正确地认识行为环节的关系，使行为过程和目的符合社会进步的要求，符合协调人际关系的法律、道德准则。人的行为在于取舍，在于自觉的选择；行为价值的高卑，就存在于取舍、选择之中。从这个意义上说，存在主义者强调行为价值在于选择，也是抓住了行为价值的重要特征。

人有选择自己行为的相对自由，同时也要对自己的行为选择承担责任。不仅要对自己内心的希求负责，而且要对外部行为的结果负责。对行为过程中的责任的自觉意识，是人的自觉行为的本质特征。责任意识的形成，是成人行为成熟的标志，也是人格成熟的标志。要做出正确的、恰当的行为选择，不仅要按照正确的选择标准，采取对行为负责的严肃态度，而且要正确地处理选择过程中的各种关系，即正确处理动机与效果、目的与手段、理智与情感、选择与责任、自由与必然的关系。所谓成人的行为能力，主要就是行为选择能力。价值的认知能力和评价能力固然重要，但不善于运用这种能力做出正确的行为选择，仍然得不到行为的自由。

动机与效果的关系，是一种基本的选择关系。选择行为，首先就是选择动机。行为的动机往往有几个同时产生，或在过程中同时出现。究竟哪一个动机能够作为行为的动机，这是正确、成功的选择应该明确的。在这一初步的抉择中，如果选择主体被自私、邪恶、偏狭的动机所左右，那就会使行为过程及其结果具有偏向恶的价值；相反，如果选择正确的、高尚的动机，就会导致正当的、高尚的行为，得到具有善价值以至崇高价值的效果。

同样的道理，目的与手段也集中体现着行为的价值。只有正确地选定目的，选择相应的手段，并且正确地处理二者的关系，才能实现行为的善价值。在这里，具有决定意义的是目的的确定。行为选择的价值，首先就体现在目的的善恶高卑之中。利己主义的目的，必然支配着利己主义的行为，体现出利己主义的价值；利人的目的，必然支配着利人的行为，同时也体现着利人的价值。手段是为实现目的服务的，没有手段，目的就只能停留在意识中，而不能变为行为和结果，实现其内在价值。正确的行为选择，不但应严肃地对待目的，而且也要严肃地选择手段、使用手段，绝不能为达到目的而不择手段。

理智和情感的关系，是自觉的行为过程中始终存在的环节，也是正确选择行为、完成行为过程的关键环节。如前所说，人的行为过程是自觉选择的过程。自觉的选择必须是在理智指导下的选择，这就需要必要的知识、经验和智慧，能够判断是非、善恶，洞察事物的底里和未来发展的前景，从而做出有价值的、可行的行为选择。一个无知愚昧的人，必然表现出愚蠢的无理性行为，但理智不能单独活动。人在运用理智的同时必然带有感情，只是有的感情成分较少，有的感情成分较多；有的感情较平静，有的感情较强烈。因而自觉的行为选择也是情感的选择。情感是否与理智相适应，对行为过程有着极大的影响。在情感胜过理智的情况下，就会使行为过程偏离原定目的或预想结果。人们在生活中常常会看到失去理智、单纯被盲目、暴躁的情感支配的行为，给人们造成许多伤害，甚至发生意想不到的灾难。相反，两者结合得好，也可以增强行为的力量，达到具有文明、高尚价值的结果。在强烈情感、利益情感压倒理性原则和道德正义感时，人就会成为情欲的奴隶；相反，只要恢复了理性和道义原则的权威，情感也会慢慢平静下来，乖乖地听从理性和道义原则的指挥。

行为的外部表现是一种复杂的综合。做出一种自觉行为，就是进入一种客观存在的社会关系，行为即表现于外。追求实现价值意识中的目的，就必然要受外部力量的制约。由于各种外在条件的作用，行为的结果常常与预想的目的相殊异。这就是说，行为的结果虽然构成行为的外在价值，但由于后果中包含着复杂的外部条件的作用，常常出现许多意外或偶然情况，因而也使内在价值向外在价值的转化发生困难。所以做出一个行为，就等于委身于一种复杂的、变动不定的关系之中。个中的关系有必然的，也有偶然的；有预料之中的，也有意料之外的；有本然的，也有机遇和运气。自由就是在这些关系中实现的，所以，没有纯粹的、绝对的自由。自由总是在具体环境中的自由，在具体活动中的自由。因此自由总是伴随着不自由，不是外部行为的不自由，就是内部状态、心理的不自由。个性自由就在于通晓自然和历史规律，并善于最有效地配合、利用它们，所以，要得到人生的自由，就必须从外部到内部，都达到一种高度的自觉、自律的境界。

说到这里，有必要说说人们常说的命运。一个人对于他的一切遭遇，如果能宽宏地对待，把命运看做自己行为的结果，就会本着"自作自受"的认识去承当命运。与此相反的态度，就是把一切遭遇推给客观，抱怨别人，诅咒环境，推卸自己的责任，因而使自己心气不平，行止难定，这也就得不到人生的自由。反之，如能承认自己行为造成的遭遇，承担自己应承担的责任，心地宽宏，泰然处之，就能挺身做一个自由的人。黑格尔说："只要一个人能意识到他的自由性，则他所遭遇的不幸将不会扰乱他的灵魂的和谐与心情的平安。所以必然性的观点就是决定人的满足和不满足，亦即决定人的命运的观点。"[①]黑格尔的这段话，虽然是从分析古代人和宗教信奉者的命运观而引申出来的，但他从人生自由与必然的关系中，看到必然性在人生行为中的作用，也不失为对人生如何处世立身的一种有益启示。尼采在《致歌德》中有这样的诗句值得玩味：

世界之轮常转，
目标与时推移？
怨夫称之为必然，
小丑称之为游戏……

现代存在主义人生哲学把自由看做人的本质、人的命脉。他们同十八九世纪的西方哲学一脉相承地重视自由，所不同的是，他们往往割裂个人与社会的关系，把个人看做孤立的个体，投入到人群中，只凭自己的意志和愿望做出自由的选择，创造着自身的自由，

---

① ［德］黑格尔：《小逻辑》，贺麟译，商务印书馆1980年，第310页。

使自我成为想成为的样子。在他们看来，人就是进行着选择的存在，因此任何方式的自由又都是自身的约束，是无可奈何地作茧自缚。他们把这种约束看做必然性，认为人在这种必然性面前所做的每一选择，都是最终的命运。德国哲学家雅斯贝尔斯有句话说："通过至今我的所作所为而曾被安置到我的正在进行着的行动中的那种必然性，实际上是由我来规定我自己的必然性。"[1]这就是说，自由的约束作为必然性仅仅是自我的愿望，自由就是主观的任意的选择。透过无数烦琐的论证，存在主义的人生基本命题，无非就是：人的存在先于人的本质，人的本质就是自由，自由就是主观的选择，主观的选择就是价值。这样的人生哲学并没有解决自由和必然的关系，当然也不能指导人们正确地认识个人与社会的关系。

（三）节制之道

在个人的实际生活中要实现自由与必然的统一，一个重要的品性要求就是善于节制。中国传统道德特别重视节制之德，是很有道理的。

什么叫节制？一般地说，就是人们自觉地对自己的情欲和行为加以必要的限制。但不是随便、任意的限制，而是按照生活规律和一定的道德要求进行限制。节制作为道德规范，主要是用于个人道德修养和立身做人，它要求个人自觉地对不符合道德要求的情欲和行为加以必要的限制和控制。这是人自己限制自己，所以也称做"自节"。在这个意义上，节制同自制、自律、克己是同义的。

在中国古代的文化典籍中，关于节制的思想有着丰富的记载。《尚书·大禹谟》中，载有舜帝与大臣讨论政务的记录，有位叫做

---

[1] 转引自徐崇温主编：《存在主义哲学》，中国社会科学出版社1986年，第289页。

益的大臣说："戒哉！罔失法度。罔游于逸，罔淫于乐。"意思是说，要警惕，不要失守法度，不要游逸淫乐。《尚书·旅獒》中还有这样的话："不役耳目，百度惟真。"意思是不要被感官欲望所役使，做事要正当、节制。

这些记载说明，早在三代之时已有节制的道德思想和行为要求。不过，真正把节制提升为人生原则和行为规范的，还是《周易》。《周易》把"节"作为一卦名，称为节卦，第一句经文就说："节，亨。"节是节制，亨是顺通。这节卦的精神就是告诫人们，生活、行为要注意节制，节制就能顺通，顺通就能吉利。孔子在解释这一卦的经文时说："节，君子以制数度，议德行。""数度"，是指多少、长短。"制数度"，就是规定衣食住行的等级差别，并定为制度，即礼制。孔子说，君子应当制定礼规制度，以节制人们的欲望，评议人们的行为，使其不越出礼仪规范。此后，儒、墨、道、法各家，都从不同的侧面，阐发和提倡节制之道。

大体上说，道家强调顺其自然，注重个人自身遵从自然之道的节制，提倡"知止""自胜"。"知止"，就是知道使自己的欲求适可而止；"自胜"就是自己自觉地克制、战胜自己不合理的欲求。墨家强调节用有度，注重用费之理，倡导"不费""从义"。"不费"，就是对财物取之有度，用之有节；"从义"就是行为取用要遵从道德义理。法家强调依法治世，注重纲纪礼法，推行"啬术""权取"。"啬术"是讲究节用；"权取"是按照标准权衡取舍，意思也是教人克制浮华奢侈，避免祸患。儒家注重经世致用，自孔子提倡"节用而爱人"的美德之后，历代儒者都主张"节性制欲""节用裕民"，提倡个人自节、自立、自强，同时倡导齐家、治国也要"节用有度"。

宋明时代，理学家曾有"存天理，灭人欲"的极端主张，道学家也有"清心寡欲"的说教，但是总的说来，中国传统道德还是力求其中庸、中和，力戒过与不及或走极端，主张以节制之道，调节公私、义利、理欲关系。这其中，虽然渗透着封建主义糟粕，掩盖着对广大劳动者正当欲求的压抑，应当加以批判，但是作为有积极意义的节制美德，也应当加以继承。

从个人立身来说，节制是个人取得人生自由、立身成人的必备之德。人生在世，有情有欲，这是生活的事实。但是，并不是人的一切情欲追求都是合理的、正当的。不合理、不正当的欲求，对自己、对家庭无益，对社会、对国家也会有不利影响，甚至有直接的危害。对这样的欲求就必须加以节制。有些情欲即使是合理的、正当的，但在不同的相对关系和环境中，也会失去它的合理性和正当性。人的情感、欲望、行为是需要加以节制的，也就是做人和生活要有规矩。人不以道德礼法约束自己，加强自身修养，而是放纵自己的私欲，任性妄为，就会成为情欲的奴隶，以致"玩人丧德""玩物丧志"，甚至把自己降低为丧失人性的禽兽；只有自觉地节制自己，不断克制自己不合理、不正当的情欲，才能自立、自强，成为德才兼备的人。有不为而后才能有所为，只有节制自身才能完善自身。这可以说是做人的公理。

要节制，这就是在自由与必然的交汇点上提出的"应当"。个人应当怎样履行节制之道呢？

其一是先立乎其大。"先立乎其大"是孟子的话。前面说过，孟子强调一个道理，就是先在心中立下仁义道德的原则，立下大志，自觉地节制感官私欲，就不会被渺小的私欲所引诱，以致堕入声色犬马之地，这样就能成为"大人"。这里的关键是心。心正才能行正，行正才能身正。在现实生活中，那些腐化堕落、贪赃枉法之徒无不是先从思想上变坏的，心术不正，行身必邪。市场经济、现代生活，虽然灯红酒绿、花花世界，时时诱惑人的情欲，但只要在思想上树立正确的人生观和道德信念，自觉地节制自己，就不会被狭隘的私欲夺去，就不会被"糖衣炮弹"打倒。"先立乎其大"，在普遍的社会生活中，就是在对待利益关系上，以义制利，大义为先；在公私关系上，先公后私，大公无私；在理欲关系上，以理导欲，欲从于理。

其二是善于权衡取舍。人的欲求性质和多寡各有不同，不能强求一致；个人的欲求也有各种复杂情况和条件，不能尽求。应当加以区别，加以分析和选择。而区别、分析和选择，都必须依据正确的原则和标准，善于并正确地权衡取舍。所谓节制之道，在生活实践中也就是要以正确的标准，做出妥善的选择。"自节"意味着自我限制，同时也意味着做出选择。有关节制的道理、规范只是一般指导，解决理性的认识问题，但在实践中如何节制，还必须依据具体情况做出明智的选择。在选择中，如荀子所说，"计者从所多，谋者从所可"。就是说，不知节制的人只知贪求多得而不顾义理、道德；而懂得节制的人则考虑到可以不可以、应该不应该得，遵从义理道德做出选择。

其三是强制逆性矫枉。人性虽然有其自然基础，表现为自然或天然的本性，如食色之性。但是，人是社会的存在，人来自自然的本性在长期的社会生活中，已经是社会化了的人性，是有一定社会内容，被一定社会关系所规定了的人性。生活中有些欲求是要顺其自然，如饿了要吃饭，渴了要喝水等等，这叫做"顺性"，顺其自然。但顺性、顺其自然，也意味着顺从规律，既服从自然规律，也服从社会规律，服从社会的道德礼法。从这方面要求来说，在许多情况下就往往是"逆其性"，"反其性"。累了就休息，这是顺其性，但是好吃懒做者也顺其性就会坏其品性，懒惰贪吃成性，这就不合乎做人之道了。有时在需要完成某项艰苦事业之时，或者在需要为了他人、为了事业而做出忍让、牺牲时，也要逆性而为，甘愿吃苦，克己让人，忍辱负重。当然，能如此者其品性已是"习惯成自然"，铸成"第二天性"，它就是他的本性。对于那些不健康的娱乐，有害于他人和社会的行为习惯和作风，就要反其性而加以克服。对于那种沉迷酒宴、色情的声色犬马之徒，不仅要求他自己强制逆性矫枉，而且社会也要予以强制逆性矫枉。这里也包含着"矫枉过正，不过正不能矫枉"的道理。

三、有限与无限

（一）不死之死

本书开始时曾说过，人作为类是普遍的、无限的，作为个体是个别的、有限的，即有生有死的。经过对人生过程的研究之后，我们看到，对这种对立不能做简单的、浅表的理解。不能认为个人有死，类没有死，个人就是有限而没有无限，个人就是个性而没有共性。应当看到类与个体是相互联系的统一体。类是由个体的集合构成的，没有个体就没有类；而个体也体现着类，是类的个体；没有类，个体也不成其为类的个体。一切事物都有产生、发展和灭亡，人类也一样，有生有灭。因为它包含有矛盾：它自己既是类，是普遍的存在，而又只能作为个体而直接存在着；它通过个体而直接存在，也通过个体的死亡而实现着自己的发展史。个体的死亡，意味着类的传递和发展，意味着人类能够永葆青春。不过正如黑格尔所说，在死亡中类总是"踞于直接个别之上的力量"。类之所以是踞于直接个别之上的力量，就在于它的发展是通过个体的死亡实现的，而不是相反。这就是所谓"不死的死夺去了有死的生"。这种人类史，对个人来说是个不幸，但就人类来说，却是保持活力和永生的大幸。假设人类个体都永远不死，那不仅地球将不能承受，而且人类将老朽不堪，毫无新陈代谢的生气和活力。

这就是说，个体的死与类的死，具有不同的形式，前者是直接的，后者是间接的。类的无限性不是没有死，而是相对于个体的有限性而言的，是同类的新个体代替旧个体的悠久持续的序列。类与其个体是互补而存在的。人类相对于永恒的宇宙而言，也是有限的存在，是无限物质世界发展的一个环节。从这个意义上说，人类的有限性中也包含着永恒宇宙的无限性。

这个有限与无限的相对关系，正是思想家们思考生死和不朽的根据。以前面所说的儒、道、佛三家的生死观为例，大体说来，儒家注重个体的有限性，佛家注重类的普遍性，道家注重宇宙自然的无限性。儒家注重个体的有限性，所以注重现世的人生，强调在有限的人生中创造不朽的功绩，体现出个体人生的意义。佛家注重类的普遍性，所以注重在理想的众生佛性的发扬中，实现人的永生，摆脱个体的死的有限性。道家注重宇宙自然的无限性，所以主张回归自然，使人与自然形体合一。对于回归自然来说，个体和类的互补都是无所谓的。这就是道家所谓不要从过去和未来中划出现在，不要从无限中划出有限的奥妙所在。就像前面唐甄所说的，"老养生，释明死，儒治世"，正是说儒佛道三者是从不同的方面去寻找人生不朽之道。

儒、佛、道三种生死观，各有各的道理和可取之处，但从根本上说来，比较而言，儒家的思考更富有现实性和实践价值。不能离开个体追求类的普遍性和无限性。真正的而不是幻想的无限性，就存在于每一有限的个体之中，是具有有限性的存在。而每一个有限的个体，也都体现着类的普遍性和无限性。按照现代科学的理解，无限概念意味着无限大的东西在其定域因素中、在无限小的甚至在无广延的点中的存在。个体就是类的普遍性和无限性的定域因素。这种互补关系不仅体现着个体对类的依赖性，而且也体现着类对个体的依赖性、无限对有限的依赖性。

黑格尔曾把有限与无限的辩证思考，运用于人的生死和不朽问题中。他认为，同类的全新个体代替死去的个体所呈现的类的不朽，是简单的、无终结的序列，是"恶的无限"。它之所以是"恶"，就在于它是简单的循环，就像动物的生命，其类的过程就是它的生命力的顶点，而个体则不能达到自觉自主的存在，只是屈服于族类。类虽然有个体相继的序列，但仍然没有超出个体生命的直接性的、感性的存在。所以，在黑格尔看来，这不是"不朽的生"，而是"不死之死"。人类如果不能超出于盲目服从必然性的阶段，也只能是处于这种"恶的无限"，或者只是处于超越"恶的无限"的过程中。因此，要促进这个超越"恶的无限"的过程，就必须逐步使直接的个体胜过类，提高个体的"生的无限性"，提高个体的主动性和创造性。这个过程不是一朝一夕的事情，它是在认识和驾驭自然、社会和人生的规律的基础上，在人类历史的长河中，从必然王国向自由王国飞跃的过程。

（二）生的无限性

这里需要进一步讨论个体的"生的无限性"。个体所体现的无限性，不只是通过时间、空间形式体现的实体性。这种实体性还不等于个体的无限性。从时间上说，如果个体是没有主动精神的、无所作为的个人，即使他在时间上延续百年，再通过新的个体继续延续下去，也还不等于人生的无限性，因为各个个体是被动地生存，是没有联系起来的力量。从空间上说，个体的空间存在只是外在形式，无数个体的空间组合，并不等于生的无限序列。有限与有限相加还等于有限。如果个体是没有整体性和普遍性的个人，那么个体的组合就永远不能形成超过个体有限性的力量。

在这个问题上，费尔巴哈有些很好的思想。他在《基督教的本质》一书的第17章里，在分析基督教与异教的区别时，批评基督教使个人脱离世界的整体，把个人当做一个自足的整体，当做绝对的、超出于世界的存在者，即把个体和类直接同一，因此他们无论在理论上还是在实践上，都是极端专横的，甚至以除掉自然为代价来换取个体生命的永恒。他赞成异教徒不仅将个人跟宇宙联系起来，而且将个人与他人、团体联系起来看人，看个人，使个体的存在与整体既相区别又相联系，并使个体从属于整体。他认为，基督教"完全没有意识到只有许多人合在一起才构成了'人'，只有许多人合在一起才成了人所应当是的和能够是的，才像人所应当是的和能够是的那样"。正因为这样，他认为人的本质才是无限的；人的实际存在才是互相补足的多样性，是本质中的统一性和实存中的多样性。基督教由于过分的主观性而不懂得类，也不懂得个体的真正本质，因此把实存的人虚化为上帝。

但是，另一方面，个体只有作为独立的主体，超越有限的外部条件的束缚，充分发挥精神的创造力，发挥意志的创造力，才能真正体现个体的丰富性和无限性。德国哲学家常说，人在自然中是有限的，在道德中是无限的；在感性中是有限的，在精神中是无限的。这个思想是深刻的。从这个意义上说，人的个体的无限性，是通过理想目的及其实现体现出来的。这就是个性中的共性，有限中的无限，暂时中的永恒。只有当一个人沉浸于对真理的思考，热心于对德行的践履，愉悦地进行审美体验时，他才能意识到个性体现共性、特殊连着普遍的无限性，才能体验有限与无限、暂时与永恒的辩证法。在这里，个性就是作为共同性的个性存在，作为普遍性的特殊存在，作为永恒性的暂时存在。共同性、普遍性、无限性、永恒性就存在于个体性、特殊性、有限性和暂时性之中。这就是个体不朽性的根据。

从这里我们可以理解到，无限性并不在遥远的天边，不朽性也不在死后的未来，它们就在个体生命的现在，就在现实人生的实践过程中，就在为他人服务的工作中。人确实是高贵的，同时又是低微的；在人身上包含着无限的东西，也包含着有限的东西，人是有限和无限的统一。人比其他一切动物高贵的地方就在于他能保持这种矛盾，容忍并消解这种矛盾。意识到这一点，正是人的自我意识的哲理的觉醒。

还是让我们再看看费尔巴哈在《基督教的本质》第19章里所发表的言论吧。他说"工作就是服务"，人们所从事的工作种类越高，就越是与其合而为一，并且把它当做自己生活的本质和目的。"谁在生活时意识到类是一个真理，那谁就将自己的为了别人的存在，将自己的为了公众、公益的存在，当做是与自己的本质之存在同一的存在，当做是自己的永垂不朽的存在。"这段话虽然带有思辨的晦涩，但却是朴实而深刻的。

（三）走出狭隘的局限

对死和不朽的不自觉，反映着人类对生的不自觉，即主体意识的不成熟。个人也是这样。当一个人还没有自觉到作为人的普遍性、无限性、永恒性时，他还只是一个自然人或一个动物；或者还是一个对人生没有觉悟的人。所不同的是，动物不自觉其自然存在，不是把自我作为目的而存在；自然人是自觉自我的自然存在，也有自我的生存目的。至于对人生没有觉悟的人，也可以说是"庸人"，是不自觉其社会的存在，只自觉其个人狭隘的、自私的存在。在这种有限的个体中，他追求自己的目的，根据自己的欲求决定自己的行为；他只知道他自己，只满足自己的特殊欲求，而与群体、共体相脱离，更与无限和永恒无缘。这样，他就仅仅把自己局限在有限性中，而丧失了与普遍性、无限性、永恒性的联系。他的生命的结束，也就是他的一切的、永远的结束。

不言而喻，只要一个人停留在这种不觉醒的阶段，他就只能是行为的个体私欲原则的奴隶，就没有跳出有限性的束缚而追求无限性的自由。只有跳出这种狭隘性、有限性的束缚，才能追求人生的自在自为的自由。这正如黑格尔所说："精神生活之所以异于自然生活，特别是异于禽兽的生活，即在于其不停留在它的自在存在的阶段，而力求达到自为存在。"[①]黑格尔的话虽然说得比较晦涩，但意思还是清楚的。他强调的就是人不能只满足于动物的自然需要，也不能像无教化的自然人一样，只追求自私的利益，而应当像真正的大写的人一样生活，发挥精神的力量，遵循事物的规律和生活的普遍原则，去自主地创造人生。这样就能超越自在存在的有限性，实现自为存在的无限的、不朽的价值。正是在这里，善的目的既是实现了的，又是没有实现的；既是现实的，又是可能的。这就是善的实现的无限递进。

当然，黑格尔的人生哲学是把人看做自我意识和精神发展环节的。按照他的精神哲学，人生的不朽，事实上就是他所设想的绝对精神的永恒发展。这种人生的不朽与宗教家所设想的灵魂永生、佛性永存等，在本质上是一样的。我在这里较多地引用了黑格尔的言

[①] [德] 黑格尔：《小逻辑》，贺麟译，商务印书馆1980年，第89页。

论，是取其辩证的思维方式和哲理智慧，以便更好地理解和把握人生，对他所说人生的具体内容，则要做具体分析。如果我们能够从精神的能动性上去看待人生，那么，我们就会理解：其实，我们比宇宙更伟大。尽管我们的生命有限，但人是有意识的有限。人可以在有限的时空中穿透时空，在有限中获得无限，在瞬间获得永恒。科学的人生不朽观，既不是指未来天国的无限，大千世界的无际，也不是指绝对精神、理念的发展，而是指在物质运动的时空中，在人类的实践中存在的人的精神活动的无限多样性、继承性及其历史发展。在我们的现实生活中，这个人生有限与无限的道理，按受国人敬仰的战士雷锋的名言所说："把有限的生命投入到无限的为人民服务之中去。"

四、事业与不朽

（一）何谓"不朽"

什么是不朽？通常的理解就是在人死后还能继续存在着什么。继续存在着什么呢？是肉体？事实证明不可能。是精神，是人格？精神与人格以什么方式存在着？不朽只是死后的事情吗？怎样才能不朽？这些问题都引起过很多奇想和争论。

古代人把不朽想象为灵魂的不朽。古希腊有一种灵魂转世的观念，相信在人死后，灵魂就脱出肉体再转生到另外一个肉体中，即通过另外一个人的诞生才转生出来。不过不一定转生为人，也可能转生到动物身上，成为动物的灵魂，或者变成一头牛，或者变成一只狗，或变成其他什么。这要看前世的善恶而定。欧洲中世纪基督教的"灵魂不死"观念，实际上是借以证明灵魂的神性，证明人的本质是神，是上帝。而封建专制主义的价值观则把"不死"专门用来赞颂贵族和帝王。中国古代也有类似的观念，相信现世的人是由前世的什么灵魂脱生的。比较普遍的、悠久的观念是相信人死后灵魂到了阴间，与死去的先人、亲人团聚。当然，也颂扬帝王的"万万岁"。这种观念往往带有浓厚的迷信色彩和政治意义。

在人生哲学中的不朽观，早有比较精致的理论。例如，古希腊哲学家论证灵魂不朽，其根源在于灵魂有正义、有内善。苏格拉底说："正义本身最有益于灵魂自身。"他认为，为人正义，死后灵魂就不因身体之死而朽灭；如果灵魂中有不正义之恶，就会使心灵崩溃、毁灭，即使身体活着，也可以说人已死了。他强调人的不朽在于心灵有善德。这同中国古代传统思想是一致的，也是各民族道德观念发展的共同点。

在古希腊，这种观念到柏拉图、亚里士多德时代，更进一步提高到心灵美的境界。心灵美是人生的至善和绝对价值，是人的内在的无限主体性美。人生要能不朽，就必须使自己由纯朴、有限的自我，提升到理性的、普遍的人格的自我，把实体的人上升到主体的人。这种观念在雅典政治家伯利克里悼念阵亡将士的演说中，得到了充分的反映。伯利克里高度赞扬在卫国战争中阵亡的将士的英雄气概，认为他们牺牲之际，顷刻之间就达到了生命的顶点，同时也是光荣的顶点。他说英雄们的光荣，在于为国家事业献身的精神、责任感和勇敢的行为，在于为人民和国家贡献了自己的生命，因此他们获得了永远长青的赞美，永远留在人们的心中，他们把整个地球作为纪念物。这就是说，英雄的不朽是在高尚精神和牺牲行动中产生的，是通过自己对国家、民族的贡献而永远为人们所纪念的。所谓"灵魂不死"是宗教迷信的观念。但古希腊哲学家强调正义的灵魂有不朽的价值,却具有积极的道德意义,也是揭示了人生不朽的内在精神方面。"不死"是价值的表明,它注定只归于那些配得上有不死的价值的人。

在这种比较重视个体与整体关系的不朽观中,还有一个近代的例子值得注意,这就是托尔斯泰的不朽观。

托尔斯泰作为一个俄国贵族,在社会政治思想方面有他的局限性,在伦理观上也是"仁爱主义"的典型。不过,在人生不朽观上,托尔斯泰有些思想还是很有价值的。他的不朽观是理想主义的。他认为,生命只能是与世界的一定的联系。从这个思想出发,他强调了个人对生命的主动性、创造性,他认为个人在与世界的一定关系中,应有一定的理智。很好地理解这种关系,同时又要存有深厚的感情,积极地去创造新的关系,此即生命的运动。生命的运动既然创造了一种与世界的新关系,那么在肉体生命死亡后,他所创造的与世界的关系还将继续存在,并且发挥它的作用,不仅像他活着时那样起作用,甚至更加有力,数倍于生前地起作用。对于这种关系来说,死亡是不存在的;或者说,就人的自然方面来说,人生确实是有限的,同时也是有死的,但就人的精神方面来说却是可以不死的、无限的。

生命是与世界的一定的联系,人生的过程就是建立与世界联系的过程,体现这种联系的就是人生所成就的事业。真正的伟人、杰出的英雄,创造了伟大的业绩,同世界和人类有着密切的联系,有着广泛的影响。因此,即使他们死去,他们所受的损失也只是轻微的、暂时的,因为他们留下了伟大的业绩、密切的联系和广泛的影响。这种对世界的联系和影响,将永远发生作用,而且要比他本人在世时所起的作用还大。

普通人则相反,首先把看得见的肉体要求当做生命的目的,被强烈的感觉欲望所蒙蔽,他们不能理解理性所指示的同世界联系的目标。他们不能忍受献身于看不见的、理性的目的,甚至惧怕、反感。他们不知生命的本质是什么,一生的活动都是努力为了自己的生存而奔波,都是努力获得个人的欢乐、幸福,逃避不幸和死亡,最后结果却使他的人生同他的寿命一起结束。因为他的生命只为"小我",只同偏私的、易逝的事物联系起来,像动物一样同世界和人类没有建立联系,所以也只能像动物一样死去,而没有留下什么影响。实在说来,这正是人生的不理智。人生的辩证法正是:看得见的、感受得着的享受转瞬即逝,而看不见的、理性所能达到的仁德和功绩,则能永世长存。在这个意义上,可以说自我牺牲是生命不朽的不可缺少的条件。

值得注意的是,托尔斯泰在强调用理性理解生命同世界的联系时,也强调用爱来实现同世界的联系。没有理智的人,也不会有真正的感情;而没有真正的感情,就必然带来人生的痛苦。他认为,真正的爱是不知有苦难的。爱越少,受到的苦难折磨就越大;爱越大,苦难的折磨就越小。他相信,理智的生命活动完全是在爱中进行的,它能消除任何苦难。因此,生命同世界的联系就是爱。

托尔斯泰注意到,人生的不朽要在人们心中有情感的基础,要有爱的纽带。这个思想在阶级存在和阶级对抗中往往表现为阶级感情,讲普遍的人性爱是不切实际的。但是在人民中间,这个思想还是有根据的,也是有积极意义的。人与人之间如果没有感情,就没有人对人的留恋和死后的长久怀念,因而也就没有在别人心中的不朽。每一代人的生活都有每一代人的情感特征,这种情感特征也以一定的方式反映在不朽的意识中。这种情感越强,在人们心目中的不朽观念就越强。因此,应有爱的情感贯穿于人生的不朽之中。

（二）三不朽

中国传统哲学离宗教较远，对神灵、佛仙也并不过于重视。但是中国传统人生哲学很重视人生的不朽，并从生的价值来理解人生的不朽，当然，也可以说是人死后的不朽。中国儒家人生哲学对于不朽，正是注重生的不朽。自孔子的思想开始，就是抱着"未知生，焉知死"的观念，是从"生"来理解"死"和对待不朽的。中国传统的人生不朽思想，最典型的表述就是"三不朽"说。《左传·襄公二十四年》记载，鲁大夫叔孙豹回答范宣子问什么是不朽时说："太上有立德，其次有立功，其次有立言，虽久不废，此之谓不朽。"并指出，"世不绝祀"之世禄，只是保姓爱氏，以守宗谱，并不是不朽。意思是，对一个人来说，人生的不朽不是显赫的家世及高官厚禄，而是以高尚的品德为后人所效法；能为国家和人民立下功劳，建立功业；能在思想上留下可遵循的善言，在理论上有所贡献。[①]其身虽殁，其言传于后世，即所谓"死而不朽"。

一般说来，思想、品德可以说是一个人的内在精神方面，功业则是人生的外在贡献方面。两个方面统一起来，就是儒家所一贯倡导的"内圣外功"的境界。唐甄说："生贵莫如人，人贵莫如心，心贵莫如圣，圣贵莫如功。"又说，"性不尽，非圣；功不见，非性。"[②]这两段话，清楚地揭示了内圣的实质及其同外功的关系。人生贵在内心的纯朴、高尚，同时要表现为行动的功业建树。"圣"的境界在尽性，而尽性的意义就在于"见功"。可见人生不朽的内容，归根结底是要为国家、人民建立功业。所以，"内圣外功"是

[①] 中国人生哲学史上还有魏源的"四不朽"说。四不朽即立德、立功、立言、立节。所谓"节"，魏源解为"意气"，所谓"君子之节，仁者之勇也"。如不在魏源所解的特殊意义上，"立节"可归于"立德"范围内。

[②] （清）唐甄：《潜书》，中华书局1955年，第55页。

人生不朽的精华所在。

在这里，中国传统人生哲学的内在逻辑是：养生是第一步，也是低层次，虽然是人生的基础，但是如要仅仅停留在这一步，人生将会倒退至饱食终日、无所用心的状态，几近动物的生命；因此，还必须进到社会实践层次，积极进取，有所作为，使生命在社会生活中赋有意义，使生存进升到有意义的生活。但只是停留在这一步，也还只是常人的生活，还可能若明若暗、或进或退；因此，还必须加强道德修养，提高精神境界，使身心与事业同进，与历史共存，即立德、立功、立言，铸就不朽的人生。

中国传统的不朽观，与现代科学的不朽观基本上是一致的。现代科学所说的不朽，不是什么"灵魂不死"或"灵魂转世"，而是指存在的不朽，包括物的不朽和人生的不朽。物的不朽是指静力学意义上的物体静止，人生的不朽则是动力学意义上的活生生的有思想的人的不朽。这种不朽既表现为人们内心的精神、品德，也表现为它们的客体化的实践结果。它首先是通过人们之间的思想、感情的亲近和继承性实现的。由于人与人之间的这种特殊关系，人的精神能够在保持智慧、经验的主要内容上，转移到别人的意识中，扩展到普遍的共同意识中，成为人类经验和智慧的积淀，流入历史，构成不朽的文化星群。

这里要特别提出科学思想和理论不朽的意义。科学思想和理论一经产生，就永远处在一种改善、继承和发展的过程中。每一个理论课题的提出和解决，都深化着科学思想和理论的普遍性问题，而这些问题一经解决就永远进入科学和理论发展的长河之中。欧几里得几何学原理、牛顿物理学定律、爱因斯坦相对论等科学思想和理论之所以不朽，就在于它在人类对自然界的认识的长河里，注入了尽管是相对的但却是永恒不灭的真理，并且不断地促进人类科学思想的进步，形成新的思想和理论。马克思恩格斯的思想和理论是通过他们的著作传播的。在他们去世以后，是通过他们的继承者和马克思的子女（主要是艾琳娜）的努力，使之以应有的方式永世长存。这种思想的传播是没有任何力量能够阻挡的。科学的思想史、理论发展史，就是科学思想和理论的表现形式和不朽的证明。这是存在的无限性的反映，借用黑格尔的一句话说就是："个体的生命的死亡就是精神的前进。"

人的精神继承性的根本意义，就在于人类的行为、劳动和生活的客体化。所谓客体化，不是人的关系变成物的关系，而是人的思想和意志转化为外部世界的变化，即通过劳动创造世界；不仅是个人的劳动，而且是社会的生产实践，共同使人的思想和意志客体化。实践是实现人们之间思想和感情交流、继承的基础。在社会实践中，每个人都是在别人的生命中存在着、继续着，因而成为人生不朽的因素。关于这一点，费尔巴哈说得很实在，他说：工作就是服务，人们为之服务的业务，规定了人的判断、思维方式、意念。并且，所从事的业务的种类越高，人就越是与其合而为一。他还说谁在生活中意识到这一点，"谁就将自己的为了别人的存在，将自己的为了公众、公益的存在，当做是与自己的本质之存在同一的存在，当做是自己的永垂不朽的存在"。[①]

这里有两个基本的心理取向：一个是对真理的追求。个人如果不预先从别人那里得到某种真理的知识，就不可能认识世界和预见世界的变化、发展；而如果不用某种新的贡献充实这种知识内容，他也不可能使自己客体化。渴望了解外部世界，探索世界变化、发展的规律性，这是实践着的人的内在禀性。正是这种禀性使生活的

[①]《费尔巴哈哲学著作选集》上卷，生活·读书·新知三联出店1962年，第207页。

理想具有了动力学的性质,并使思想、意志的客体化和不朽成为可能。

第二个心理取向,就是道德理想。在人的意识中的不朽的东西,就是对理想和善的追求,是自我完善的期待和为他人、为社会献身的道德理想。不朽的人,就是道德上有自我意识的人,就是有道德的人,即所谓"仁者寿""寿同宇宙仁道";亦如《化书》所说,"君子惟道是贵,惟德自守,所以能万世不朽"。[①]人的道德理想和真理追求相融合,就构成人的内在人格,并通过劳动创造和事业成就表现出来。因此,不朽的真谛归根到底在于劳动和创造,在于责任和贡献;不朽的人就是劳动者和创造者,就是承担着对人类、对人民的责任并做出伟大贡献的人。当个人把理智、激情和人格客体化的时候,当人性在世界上获得不朽的存在的时候,就是人生最幸福、最壮美的时候。一个人能有这种幸福和光荣,死亦足矣!

上述中国传统的"三不朽"观和现代科学的不朽观,有一个共同点就是,强调人生的主动精神,强调积极进取的不朽的意义。在现代科学人生观看来,个体必须是有活力的、自主的、有创造性的,才能够在整体中保存自己的贡献而不朽。如果个体的行为和生活没有活力和自主性、没有进取精神和创造,那么它的存在就是被异化的、残缺不全的,甚至可以说是虚空的,因而也不具有不朽性。因为不朽在于精神、人格和劳动创造。这正是中国传统的"三不朽"思想所包含的基本精神。

"三不朽"的根本精神在于"立"。不立就没有德、功、言。立就是自觉自主地去思想、去创造、去履行责任、去建功立业。孟子所说"先立乎其大者,则小者不能夺"的思想,在不朽观上正是继

[①] (五代)谭峭:《化书》。

承了古代的传统精神。其实,这种精神还可以上溯到更早的"自强不息"的观念。自强才能不息,而不息就具有不朽的意义。从这一点上来说,任何一个人只要积极进取,诚实劳动,对社会做出有益的贡献,他的一生就具有不朽的意义。

(三)站在生命之上

写最后这一小节的标题,让我思索颇久。思索之后,我选定尼采《生命的定律》诗中的一句:"要真正体验生命,你必须站在生命之上!"我借用这句诗,意欲表达一种高屋建瓴、俯视生命、把握自己的精神。人生不朽的范围和时间,有大小、久暂的差别。但这个差别不是天赋的、命定的,而是由人们对一生的把握和创造的价值决定的。在这里,说出"个人同世界的联系",正是说出了问题的关键所在。

一个人如果只把自己同自己联系起来,他就失去了同他人和社会的联系,只剩下个人的小天地,他的死就会像一个小小动物一样,轻轻地在世上消失,在人们心目中也不会留下记忆。

一个人如果只把自己同财产、荣誉、权力联系起来,就会造成一颗紧缩的心,一旦失去这些东西,就会像失去"自我"一样,失魂落魄,痛不欲生。他一旦离世,这一切都将同他分离,或者说同他一起装进棺材,腐朽、消失。

一个人如果只把自己同孩子联系起来,认为孩子就是自己的延续,一旦孩子夭折或身无子女,就会失去生活的力量和价值,在身后也不能以事业的进取精神和功绩影响后代。这样的人,把自己人生的目标、范围划得太低、太小,因而不能同世界相联系,不能通过自己为他人、为社会的劳动和贡献留下不朽的印迹。

一个人一旦把自己的"我"看做唯一的现实,到了把自我与世界对立起来的地步,他在思想、精神方面就必然成为一个不折不扣的穷光蛋。他不但没有思想,精神空虚,而且除了他的自我之外,他同现实世界也失去了联系,他只能守着"爱自己如上帝"的原则,在极端孤苦的冰冷躯壳中死去。

如果人们能够认清自己同世界的联系,并依据自己的条件,在行动中实现一定程度的联系,打破种种狭隘的自私目的和生活的小天地,就会在可能的条件下,做出对他人、对社会有益的贡献,从而在同世界的联系中留下自己不朽的业绩。

这样说,并不是说人人都与世界联系起来,从事世界的活动。这里说的"世界"是指个人身外的外部世界,包括个人直接联系或间接联系的现实世界。因此,个人所能有的不朽的范围和时间,是由个人一生实践的内容和影响的范围决定的。

一位善良的母亲,把自己的一生心血献给了子女和家庭,维持了家业,培养了子女,即使她没有直接在国家、社会上承担职责,做出业绩,她仍然是一位伟大的母亲。她将在她的子女和家族范围内,具有不朽的价值,为她的子女和家族以及她的生活中所影响到的人们所永远怀念。

一个集体内的先进的或普通的劳动者,当他以诚实的劳动、良好的品德和丰富的劳动成果贡献于集体时,他就在这个集体中创造了不朽的功业。在这个范围内,他将为人们永久纪念,他的光荣事迹将留存后世。

同样,一个国家、一个民族的英雄,为国家、民族做出了杰出贡献,他就将在自己的国家、民族范围内,在国家和民族的历史上,留下不朽的业绩,为国人和同胞所永远纪念。

世界上一切伟大的科学家、思想家、艺术家和革命家,在世界科学史、思想史、艺术史和革命史上,做出了伟大的贡献,造福人类，推动世界历史的进步，影响了全世界以及全人类的历史，所以他们的不朽也将是世界性及历史性的。借用老子的话说："修德于邦，其德乃半，修之于天下，其德乃普。"正因为这样，所以人们往往用"不死""永垂不朽"来赞扬伟大人物，以至把"不朽"只归于伟大人物。

这里的道理并不复杂。马克思在 17 岁时就做了回答："为共同目标而工作，自身也变得更加高尚，如果我们选择了能够最大限度地为人类而工作的职业，我们就不会屈服在它的重负之下，因为这是为一切人所做的牺牲；到那时，我们所体验到的就不是那可怜的、有限的、利己主义的快乐，我们的幸福将属于亿万的人。我们的事业虽然默默无闻，但却永远具有积极的意义，高尚的人们将在我们的墓前洒下热泪。"正是站在这样高尚的起点上，马克思为人类做出了伟大的贡献，在有限的生命中获得了永生。马克思的一生证明，生命如果和时代的崇高事业相联系，它就会是永恒的，不朽就是个人的世界历史性存在。

所以，人生的不朽问题，根本上说不在死后，而是在生前的立德、立功、立言上。人生的不朽也不在于有死无死——因为人是必死的，而在于面对死亡是否"及身而暂"，是否人死如灯灭，如虫亡。"死是另一个层次的生命"，这句话如果不为宗教意识所模糊，就还具有提高人生信念的深刻哲理。如果一个人的死不是简单地表现为肉体的死亡，而是在于伟大精神、贡献的客体化和历史作用，在于把有限的生命同无限的历史结合在一起，在于把有限的生命同无限的为人民服务联系起来，那么这样的生命正是"死而不亡""虽死犹生"。用当代著名诗人臧克家的诗来吟唱，那就是：

有的人活着

他已经死了；
有的人死了
他还活着。

有的人
骑在人民头上："啊，我多伟大！"
有的人
俯下身子给人民当牛马。

有的人
把名字刻入石头，想不朽；
有的人
情愿做野草，等着地下的火烧。

有的人
他活着别人就不能活；
有的人
他活着为了多数人更好地活。

骑在人民头上的
人民把他摔垮；
给人民做牛马的
人民永远记住他！

把名字刻入石头的
名字比尸首烂得更早；

只要春风吹过的地方
到处是青青的野草。

他活着别人就不能活的人。
他的下场可以看到；
他活着为了多数人更好地活着的人，
群众把他抬举得很高，很高。①

  从这个意义上说，个体人生的不朽，也不在于生子生孙，子孙相继，而在于思想、人格和贡献，这是真正的人生不朽的含义。这种不朽就在于实现了自己的价值，为他人的幸福做出了努力，为社会的进步做出了贡献。个人的生命不可能与宇宙同在，而只能是它的一粒微尘，一个瞬间。但是，个体是人类整体的个体，在个体生命的律动和价值中，又蕴含着整体和永恒的因素，在有限之中包含着无限，哪怕是清水一滴，善行一件，都绝不会毫无意义。

  人生像是在运动场上赛跑，跑道就是人生的旅程。人生向着目标终点赛跑，有人跑得快，有人跑得慢，只要坚持跑下去就能有成绩，只要停下退出就会一无所成。人和人不一定是一样的，在人生的跑道上，有的人选择放弃自己的人生，有的人选择平淡地度过一生，有的人却努力奋斗，在短暂的一生中成就辉煌。

  人生究竟在追求什么？每个人都有自己的答案。

---

①这首诗是臧克家1949年为纪念鲁迅先生而作。